高等职业教育课程改革系列教材

电力电子技术及应用

主　编　李谟发　陈文明
副主编　邓　鹏　吕雨农
参　编　罗胜华　叶云洋　宋运雄
周惠芳　袁　泉　刘宗瑶
李治琴　张龙慧　周　展
练红海

机械工业出版社

本书包括家用调光灯、直流电动机调速器、中频感应加热炉、静止无功补偿装置、开关电源、变频器六个项目。每个项目结合技能要求配有项目描述、项目分析、多个任务、项目实施、项目小结及项目测试。本书在介绍相关理论知识的同时，突出工程实践，注重学生的技能培养。

本书适合作为高职高专院校电气自动化技术专业、智能控制技术专业等自动化类相关专业及新能源类专业的教材，也可供从事电力电子技术工作的工程技术人员和参加维修电工技能鉴定的人员参考。

为方便教学，本书配有电子课件、习题解答、模拟试卷及答案等，凡选用本书作为教材的学校，均可来电索取，咨询电话：010-88379375；电子邮箱 wangzongf@163. com。

图书在版编目（CIP）数据

电力电子技术及应用/李谟发，陈文明主编. —北京：机械工业出版社，2019. 7（2022. 1 重印）
高等职业教育课程改革系列教材
ISBN 978-7-111-62515-5

Ⅰ. ①电… Ⅱ. ①李… ②陈… Ⅲ. ①电力电子技术-高等职业教育-教材 Ⅳ. ①TM1

中国版本图书馆 CIP 数据核字（2019）第 070596 号

机械工业出版社（北京市百万庄大街 22 号 邮政编码 100037）
策划编辑：王宗锋 责任编辑：王宗锋 高亚云
责任校对：王明欣 封面设计：陈 沛
责任印制：郜 敏
北京中科印刷有限公司印刷
2022 年 1 月第 1 版第 2 次印刷
184mm×260mm · 11. 5 印张 · 284 千字
标准书号：ISBN 978-7-111-62515-5
定价：32. 00 元

电话服务	网络服务
客服电话：010-88361066	机 工 官 网：www. cmpbook. com
010-88379833	机 工 官 博：weibo. com/cmp1952
010-68326294	金 书 网：www. golden-book. com
封底无防伪标均为盗版	机工教育服务网：www. cmpedu. com

前　言

电力电子技术及应用是自动化类、新能源类专业的一门专业基础课程，本课程所涉及的知识内容在相关行业中起着非常重要的作用。本书根据高等职业教育培养高素质技术技能型人才的目标，结合高等职业教育的教学目标和学生学习特点，本着工学交替、项目引导、“教学做”一体化的原则编写而成。

本书每个项目由实际电力电子类相关产品的简单介绍，引出每个项目的学习任务，项目中由浅入深安排了多个任务、项目实施、知识拓展、项目小结与项目测试。

全书共分六个项目，分别为家用调光灯、直流电动机调速器、中频感应加热炉、静止无功补偿装置、开关电源及变频器。每个项目都以电力电子技术设备为载体，力求使学生懂结构和原理、会选用和使用。六个项目基本覆盖了电力电子技术 AC－DC、DC－DC、AC－AC、DC－AC 和 AC－DC－AC 五个方面的电能变换电路及应用。对于电路中用到的电力电子器件，本书从内部结构、原理、选用与测量等方面做了详细的介绍。每个项目注重理论和实践的结合，既强调基础知识，又力求体现新产品与新技术，对提高学生的电力电子技术及应用和开拓学生的视野有所帮助。

本书由湖南电气职业技术学院李谟发和陈文明担任主编，李谟发负责统稿，邓鹏、吕雨农任副主编，罗胜华、叶云洋、宋运雄、周惠芳、袁泉、刘宗瑶、李治琴、张龙慧、周展、练红海参与编写。本书在编写过程中，参考了许多同行专家的书刊并引用了一些资料，获得了不少启发，难以一一列举，在此一并表示衷心的感谢。

由于编者水平有限，书中难免有疏漏和不妥之处，恳请广大读者批评指正。

编　者

目　　录

项目一　家用调光灯

【项目描述】

家用调光灯在日常生活中的应用非常广泛，其种类也很多。旋动调光旋钮便可以调节灯泡的亮度。同时，家用调光灯电路也是维修电工职业资格证书考核中经常考核的项目。家用调光灯及电路原理图如图 1-1 所示。

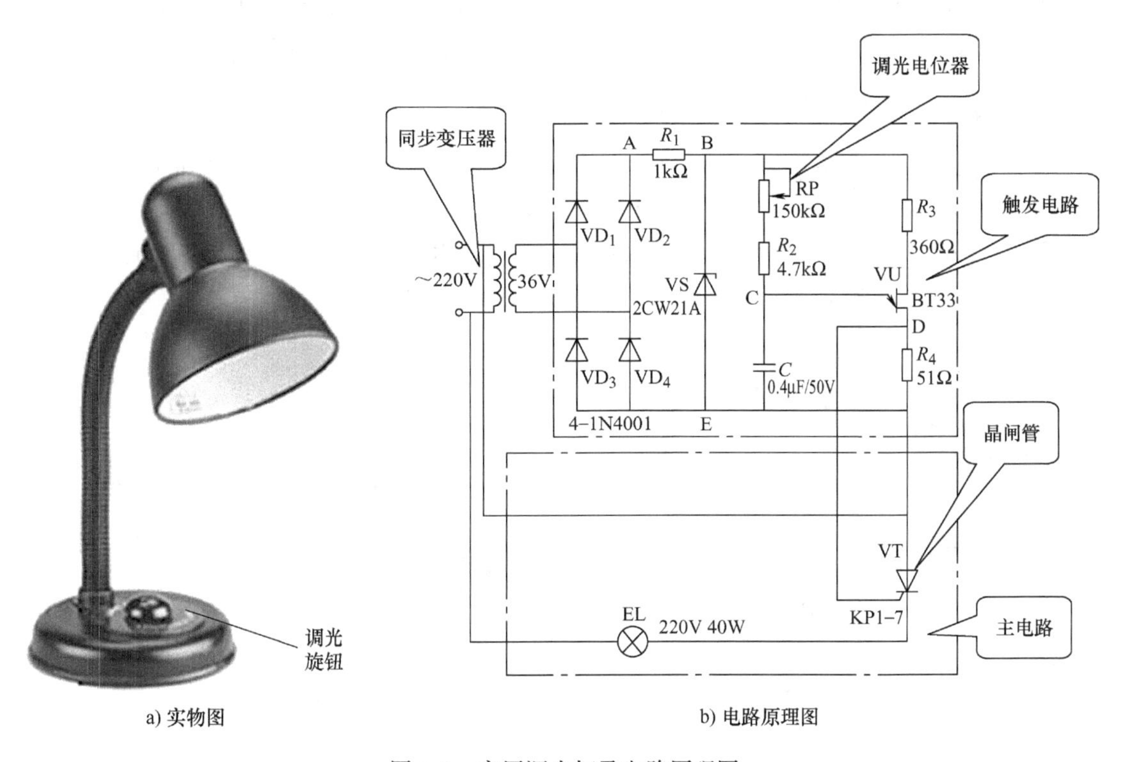

a) 实物图　　　b) 电路原理图

图 1-1　家用调光灯及电路原理图

【项目分析】

如图 1-1b 所示，家用调光灯电路由主电路和触发电路两部分构成，晶闸管 VT 和灯泡 EL 组成了单相半波可控整流主电路，二极管 $VD_1 \sim VD_4$、稳压二极管 VS、单结晶体管 VU 和电阻与电容构成了单结晶体管触发电路。调节电位器 RP 可以改变电容 C 的充放电时间，也就改变了单结晶体管的导通时间，从而改变了晶闸管的门极所加触发电压的时间，这样就达到了调节灯泡亮度的目标。下面通过对主电路及触发电路的分析使学生理解电路的工作原理，进而掌握分析电路的方法。

任务一　电力二极管的结构与工作原理分析

一、学习目标

1）认识电力二极管。
2）会选用电力二极管。
3）能判别电力二极管的极性。

二、相关知识

电力二极管（Power Diode）又称为功率二极管或半导体整流器，如图 1-2 所示，其在 20 世纪 50 年代初期就获得应用。由于其结构简单、工作可靠，因此主要用于高电压、大功率及不需要调压的整流场合。图 1-1b 中，$VD_1 \sim VD_4$组成的电路就是单相桥式不可控整流电路。

1. 电力二极管的结构与伏安特性

（1）结构　电力二极管是以半导体 PN 结为基础的，它实际上是由一个面积较大的 PN 结和两端引线以及封装组成的。从 PN 结的 P 型端引出的电极称为阳极 A，从 PN 结的 N 型端引出的电极称为阴极 K。电力二极管的外形、结构及电气图形符号如图 1-3 所示。从外形上看，电力二极管主要有塑封型、螺栓型和平板型三种封装形式。

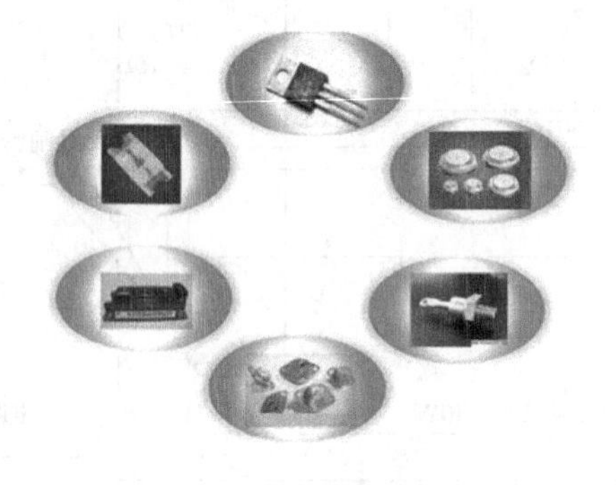

图 1-2　电力二极管

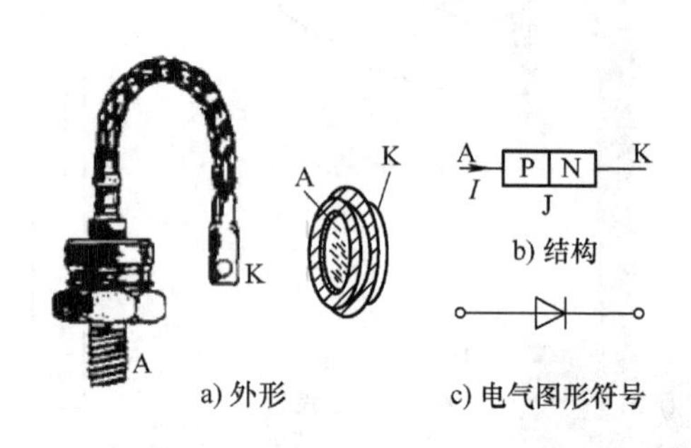

图 1-3　电力二极管的外形、结构及电气图形符号

（2）伏安特性　电力二极管的静态特性主要是指其伏安特性，其曲线如图 1-4 所示。当电力二极管承受的正向电压大到一定值（门槛电压）时，正向电流才开始明显增加，处于稳定导通状态。与正向电流 I_F对应的电力二极管两端的电压 U_F即为其正向电压降。当电力二极管承受反向电压时，只有少子引起的微小而数值恒定的反向漏电流。但当反向电压增加到雪崩击穿电压时，PN 结内产生雪崩击穿，反向电流急剧增大，这会导致电力二极管击穿

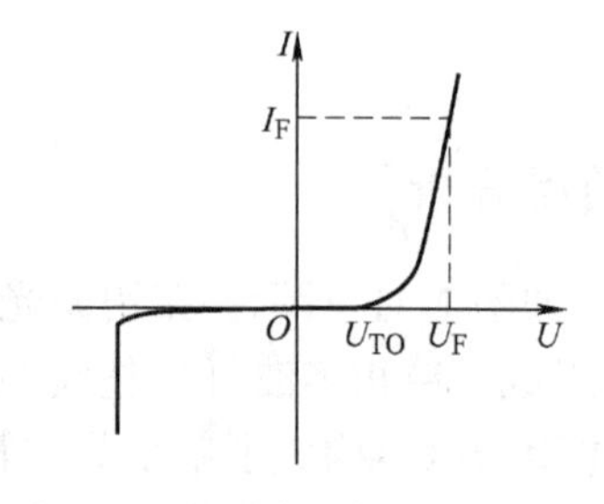

图 1-4　电力二极管的伏安特性

损坏。

2. 电力二极管的工作原理

从电力二极管的伏安特性可知，当外加电压使电力二极管阳极 A 的电位高于阴极 K 的电位时，此时的电压称为正向电压，电力二极管处于正向偏置状态（简称正偏），称为正向导通状态。此时 PN 结表现为低阻状态，可以流过较大的电流。

当外加电压使电力二极管阳极 A 的电位低于阴极 K 的电位时，此时的电压称为反向电压，电力二极管处于反向偏置状态（简称反偏），称为反向截止状态。此时 PN 结表现为高阻状态，几乎没有电流流过。电力二极管就是利用其单向导电特性工作的。

3. 电力二极管的主要参数和选用

（1）电力二极管的主要参数　器件参数是定量描述器件性能和安全工作范围的重要数据，是合理选择和正确使用器件的依据。参数一般从产品手册中查到，也可以通过直接测量得到。

1）额定电流 I_{Dn}。指在规定的管壳温度（简称壳温，用 T_C 表示）和散热条件下，其允许流过的最大工频正弦半波电流的平均值。该值是按照电流的发热效应来定义的，因此使用时应按有效值相等的原则来选取额定电流，并应留有一定的裕量。当用在频率较高的场合时，开关损耗造成的发热往往不能忽略。当采用反向漏电流较大的电力二极管时，其断态损耗造成的发热效应也不小。

2）额定电压 U_{Dn}。指电力二极管在指定温度下，流过某一指定的稳态正向电流时对应的正向压降。有时参数表中也给出在指定温度下流过某一瞬态正向大电流时器件的最大瞬时正向压降。

3）反向重复峰值电压 U_{RRM}。指对电力二极管所能重复施加的反向最高峰值电压，通常是其雪崩击穿电压 U_B 的 2/3。使用时，往往按照电路中电力二极管可能承受的反向最高峰值电压的两倍来选定。

4）最高工作结温 T_{JM}。结温是指管芯 PN 结的平均温度，用 T_J 表示。最高工作结温 T_{JM} 是指在 PN 结不致损坏的前提下所能承受的最高平均温度。T_{JM} 通常为 125～175℃。

5）反向恢复时间 t_{rr}。关断过程中，电流降到 0 起到恢复反向阻断能力止的时间。

6）浪涌电流 I_{FSM}。指电力二极管所能承受最大的连续一个或几个工频周期的过电流。

（2）电力二极管的选用

1）电力二极管的反向重复峰值电压 U_{RRM} 应满足：

$$U_{RRM} = (2 \sim 3)U_{Dm}$$

式中，U_{Dm} 为电力二极管可能承受的最大反向电压，选用时取相应标准系列值。

2）电力二极管的额定电流 I_{Dn} 应满足：

$$I_{Dn} \geqslant (1.5 \sim 2)\frac{I_{Dm}}{1.57}$$

式中，I_{Dm} 为流过电力二极管的最大有效值电流，选用时取相应标准系列值。

（3）电力二极管的测试　电力二极管可以通过数字万用表的二极管档来测试。用红表笔接假设的阳极 A，用黑表笔接假设的阴极 K，若数字万用表读数显示 0.7V 左右，则表示此假设正确。若数字万用表读数显示0V，则表示此管已坏。若数字万用表读数无穷大，则表示所接管脚与假设的相反。

(4) 电力二极管使用时的注意事项　使用电力二极管时，必须保证规定的冷却条件；若冷却条件不能满足，则必须降低容量使用。若规定风冷的器件使用在自冷却条件下，则只能允许用到额定电流的1/3左右。

4. 电力二极管的主要类型

(1) 普通二极管　普通二极管（General Purpose Diode）又称整流二极管（Rectifier Diode），多用于开关频率不高（1kHz以下）的整流电路中。其反向恢复时间较长（一般在5μs以上），这在开关频率不高时并不重要，在参数表中甚至不列出这一参数。但其正向电流定额和反向电压定额却可以达到很高，分别可达数千安和数千伏以上。

(2) 快恢复二极管　恢复过程很短，特别是反向恢复过程很短（一般在5μs以下）的二极管被称为快恢复二极管（Fast Recovery Diode，FRD），简称快速二极管。工艺上多采用了掺金措施，结构上有的采用PN结型结构，也有的采用对此加以改进的PiN结构。特别是采用外延型PiN结构的快恢复外延二极管（Fast Recovery Epitaxial Diode，FRED），其反向恢复时间更短（可低于50ns），正向压降也很低（0.9V左右），但其反向耐压多在1200V以下。不管是什么结构，快恢复二极管从性能上可分为快速恢复和超快速恢复两个等级。前者反向恢复时间为数百纳秒或更长，后者则在100ns以下，甚至可达到20~30ns。

(3) 肖特基二极管　以金属和半导体接触形成的势垒为基础的二极管称为肖特基势垒二极管（Schottky Barrier Diode，SBD），简称为肖特基二极管。肖特基二极管在信息电子电路中早就得到了应用，但直到20世纪80年代，由于工艺的发展才得以在电力电子电路中广泛应用。与以PN结为基础的电力二极管相比，肖特基二极管的优点在于：反向恢复时间很短（10~40ns），正向恢复过程中也不会有明显的电压过冲；在反向耐压较低的情况下其正向压降也很小，明显低于快恢复二极管。因此，其开关损耗和正向导通损耗都比快恢复二极管还要小，效率高。肖特基二极管的缺点在于：当所能承受的反向耐压提高时其正向压降也会高得不能满足要求，因此多用于200V以下的低压场合；反向漏电流较大且对温度敏感，因此反向稳态损耗不能忽略，而且必须更严格地限制其工作温度。

任务二　晶闸管的结构与工作原理分析

一、学习目标

1) 认识晶闸管的外形结构并掌握其工作原理。
2) 会选用晶闸管。
3) 会测试晶闸管的管脚并判别其好坏。

二、相关知识

1. 晶闸管的外形与结构

晶闸管（Thyristor）是一种由硅单晶材料制成的大功率半导体变流器件，外形有塑封型、螺栓型和平板型三种封装形式，如图1-5所示，引出阳极A、阴极K和门极G三个连接端，对于螺栓型封装，通常螺栓是其阳极，能与散热器紧密连接且安装方便。平板型封装的晶闸管可由两个散热器将其夹在中间。

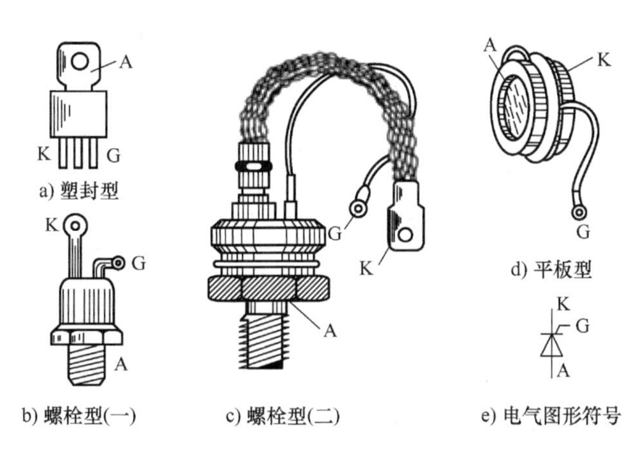

图1-5 常见晶闸管封装形式及电气图形符号

晶闸管的结构如图1-6所示，它具有四层半导体三个PN结。由最外层的P_1层和N_2层引出两个电极，分别为阳极A和阴极K，由中间P_2层引出的电极是门极G。

由于普通晶闸管电流容量大、耐压高且开通可靠，已广泛应用于相控整流、逆变、交流调压、直流变换等领域，成为特大功率低频（200Hz以下）装置中的主要器件。

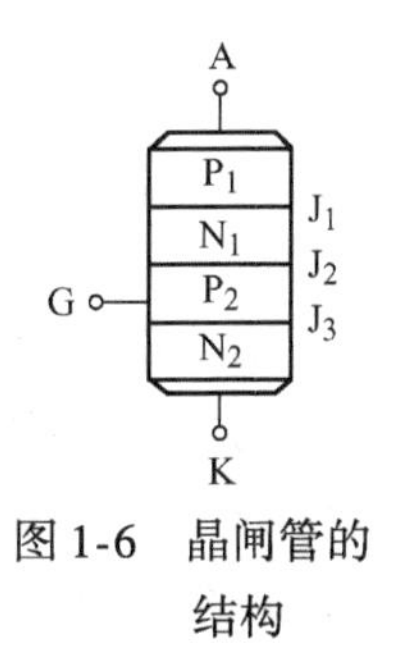

图1-6 晶闸管的结构

2. 晶闸管的工作原理

（1）晶闸管的导通关断条件　为了说明晶闸管的工作原理，先做一个实验，实验电路如图1-7所示。阳极电源E_A连接负载（白炽灯）接到晶闸管的阳极A与阴极K，组成晶闸管的主电路。流过晶闸管阳极的电流称为阳极电流I_A，晶闸管阳极和阴极两端电压称为阳极电压U_A。门极电源E_G连接晶闸管的门极G与阴极K，组成控制电路，也称为触发电路。流过门极的电流称为门极电流I_G，门极与阴极之间的电压称为门极电压U_G。用灯泡来观察晶闸管的通断情况。该实验分九个步骤进行。

第一步：按图1-7a接线，阳极和阴极之间加反向电压，门极和阴极之间不加电压，指示灯不亮，晶闸管不导通。

第二步：按图1-7b接线，阳极和阴极之间加反向电压，门极和阴极之间加反向电压，指示灯不亮，晶闸管不导通。

第三步：按图1-7c接线，阳极和阴极之间加反向电压，门极和阴极之间加正向电压，指示灯不亮，晶闸管不导通。

第四步：按图1-7d接线，阳极和阴极之间加正向电压，门极和阴极之间不加电压，指示灯不亮，晶闸管不导通。

第五步：按图1-7e接线，阳极和阴极之间加正向电压，门极和阴极之间加反向电压，指示灯不亮，晶闸管不导通。

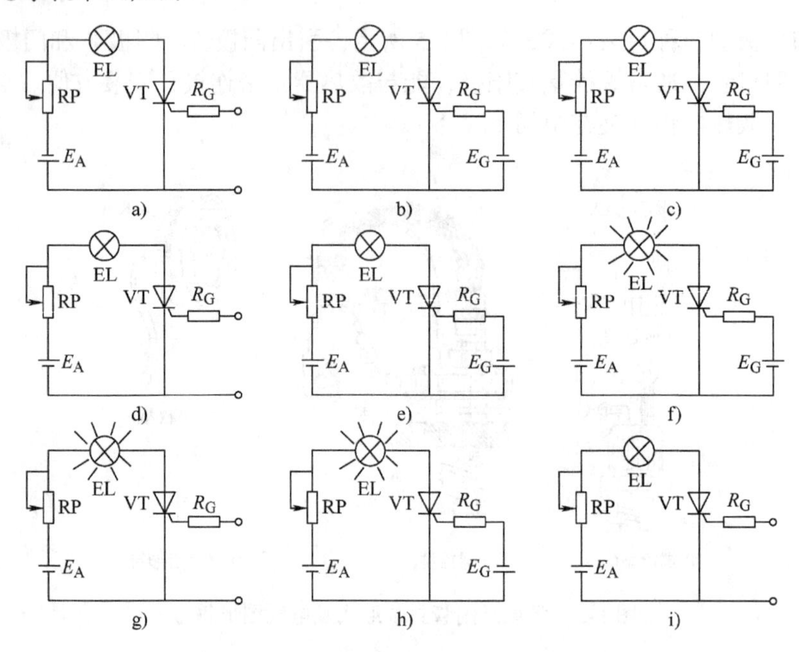

图 1-7　晶闸管导通关断条件实验电路

第六步：按图 1-7f 接线，阳极和阴极之间加正向电压，门极和阴极之间也加正向电压，指示灯亮，晶闸管导通。

第七步：按图 1-7g 接线，去掉触发电压，指示灯亮，晶闸管仍导通。

第八步：按图 1-7h 接线，门极和阴极之间加反向电压，指示灯亮，晶闸管仍导通。

第九步：按图 1-7i 接线，去掉触发电压，将电位器阻值加大，晶闸管阳极电流减小，当电流减小到一定值时，指示灯熄灭，晶闸管关断。

实验现象与结论见表 1-1。

表 1-1　晶闸管导通和关断实验现象与结论

<table>
<tr><th colspan="2" rowspan="2">实验顺序</th><th rowspan="2">实验前灯的情况</th><th colspan="2">实验时晶闸管条件</th><th rowspan="2">实验后灯的情况</th><th rowspan="2">结论</th></tr>
<tr><th>阳极电压 U_A</th><th>门极电压 U_G</th></tr>
<tr><td rowspan="6">导通实验</td><td>1</td><td>暗</td><td>反向</td><td>零</td><td>暗</td><td rowspan="3">晶闸管在反向阳极电压作用下，不论门极为何电压，它都处于关断状态</td></tr>
<tr><td>2</td><td>暗</td><td>反向</td><td>反向</td><td>暗</td></tr>
<tr><td>3</td><td>暗</td><td>反向</td><td>正向</td><td>暗</td></tr>
<tr><td>1</td><td>暗</td><td>正向</td><td>零</td><td>暗</td><td rowspan="3">晶闸管同时在正向阳极电压与正向门极电压作用下，才能导通</td></tr>
<tr><td>2</td><td>暗</td><td>正向</td><td>反向</td><td>暗</td></tr>
<tr><td>3</td><td>暗</td><td>正向</td><td>正向</td><td>亮</td></tr>
<tr><td rowspan="4">关断实验</td><td>1</td><td>亮</td><td>正向</td><td>正向</td><td>亮</td><td rowspan="3">已导通的晶闸管在正向阳极作用下，门极失去控制作用</td></tr>
<tr><td>2</td><td>亮</td><td>正向</td><td>零</td><td>亮</td></tr>
<tr><td>3</td><td>亮</td><td>正向</td><td>反向</td><td>亮</td></tr>
<tr><td>4</td><td>亮</td><td>正向（逐渐减小到接近于零）</td><td>任意</td><td>暗</td><td>晶闸管在导通状态时，当阳极电压减小到接近于零时，晶闸管关断</td></tr>
</table>

实验说明：

1）当晶闸管承受反向阳极电压时，无论门极是否有正向触发电压或者承受反向电压，晶闸管都不导通，只有很小的反向漏电流流过管子，这种状态称为反向阻断状态。说明晶闸管像整流二极管一样，具有单向导电性。

2）当晶闸管承受正向阳极电压时，门极加上反向电压或者不加电压，晶闸管不导通，这种状态称为正向阻断状态。这是二极管所不具备的。

3）当晶闸管承受正向阳极电压时，门极加上正向触发电压，晶闸管导通，这种状态称为正向导通状态。这就是晶闸管闸流特性，即可控特性。

4）晶闸管一旦导通后维持阳极电压不变，将触发电压撤除，管子依然处于导通状态，即门极对管子不再具有控制作用。

结论：

导通条件：正向阳极电压，即 $U_A>0$。

正向门极电压，即 $U_G>0$。

关断条件：阳极电流小于维持电流 I_H，即 $I_A<I_H$。

自然关断：$I_A<I_H$。

强迫关断：$U_A<0$。

（2）晶闸管的导通关断原理　晶闸管导通的工作原理可以用双晶体管模型来解释，如图 1-8 所示。

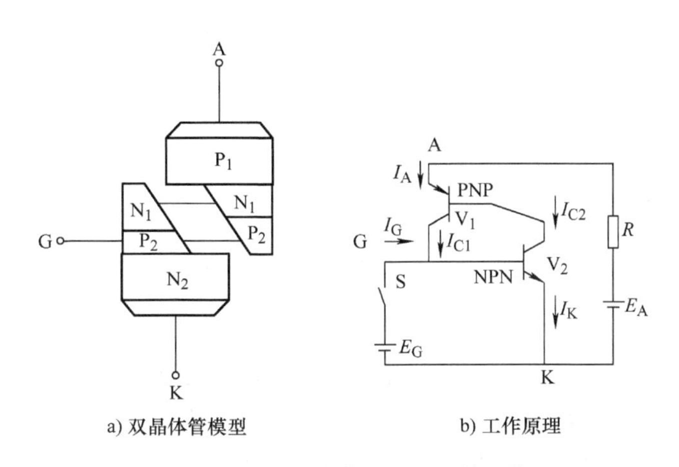

图 1-8　晶闸管的双晶体管模型及其工作原理

如在器件上取一倾斜的截面，则晶闸管可以看作由 $P_1N_1P_2$ 和 $N_1P_2N_2$ 构成的两个晶体管 V_1 和 V_2 组合而成的。

如果外电路向门极注入电流 I_G，也就是注入驱动电流，则 I_G 流入晶体管 V_2 的基极，即产生集电极电流 I_{C2}，它构成晶体管 V_1 的基极电流，放大成集电极电流 I_{C1}，又进一步增大了 V_2 的基极电流，如此形成强烈的正反馈，最后 V_1 和 V_2 进入完全饱和状态，即晶闸管导通。此时如果撤掉外电路注入门极的电流 I_G，由于晶闸管内部已形成了强烈的正反馈，仍然维持导通状态。正反馈过程如下：

$$I_G\uparrow \longrightarrow I_{B2}\uparrow \longrightarrow I_{C2}(=\beta_2 I_{B2})\uparrow = I_{B1}\uparrow \longrightarrow I_{C1}(=\beta_1 I_{B1})\uparrow$$

晶闸管一旦导通，即使 $I_G=0$，但因 I_{C1} 的电流在内部直接流入 $N_1P_2N_2$ 管的基极，晶闸管仍将继续保持导通状态。若要晶闸管关断，只有降低阳极电压到零或对晶闸管加上反向阳极电压，使 I_{C1} 的电流减少至 $N_1P_2N_2$ 管接近截止状态，即流过晶闸管的阳极电流小于维持电流，晶闸管方可恢复阻断状态。

所以，对晶闸管的驱动过程更多的是称为触发，产生注入门极的触发电流 I_G 的电路称为门极触发电路。也正是由于通过其门极只能控制其开通，不能控制其关断，晶闸管才被称为半控型器件。

3. 晶闸管的特性与主要参数

（1）晶闸管的阳极伏安特性　晶闸管的阳极与阴极间电压和阳极电流之间的关系，称为阳极伏安特性。晶闸管阳极伏安特性曲线如图 1-9 所示。

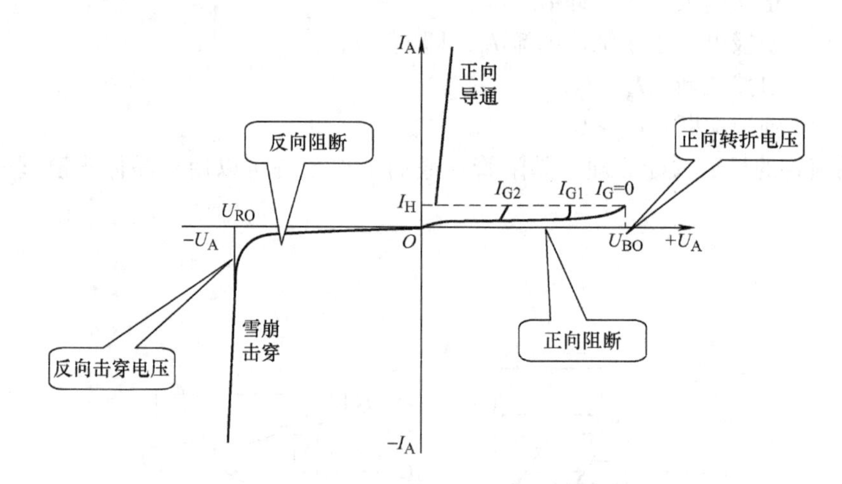

图 1-9　晶闸管阳极伏安特性曲线

图中第Ⅰ象限为正向特性，当 $I_G=0$ 时，在晶闸管两端所加正向电压 U_A 未增到正向转折电压 U_{BO} 时，晶闸管都处于正向阻断状态，只有很小的正向漏电流。当 U_A 增到 U_{BO} 时，漏电流急剧增大，晶闸管导通，正向电压降低，其特性和二极管的正向伏安特性相仿，称为正向转折或“硬开通”。多次“硬开通”会损坏管子，晶闸管通常不允许这样工作。一般采用对晶闸管的门极加足够大的触发电流使其导通，门极触发电流越大，正向转折电压越低。

晶闸管的反向伏安特性如图 1-9 中第Ⅲ象限所示，它与整流二极管的反向伏安特性相似。处于反向阻断状态时，只有很小的反向漏电流，当反向电压超过反向击穿电压 U_{RO} 时，反向漏电流急剧增大，造成晶闸管反向击穿而损坏。

（2）晶闸管的常用参数

1）正向重复峰值电压 U_{DRM}。指在门极断路而结温为额定值时，允许重复加在器件上的正向峰值电压。

2）反向重复峰值电压 U_{RRM}。指在门极断路而结温为额定值时，允许重复加在器件上的反向峰值电压。

3）额定电压 U_{Tn}（重复峰值电压）。通常取晶闸管的 U_{DRM} 和 U_{RRM} 中较小的标值作为该器件的额定电压。

4）通态平均电流 $I_{T(AV)}$。指在环境温度为40℃和规定的冷却状态下，稳定结温不超过额定结温时所允许流过的最大工频正弦半波电流的平均值。此参数为标称其额定电流的参数。使用时，应按实际电流与通态平均电流所造成的发热效应相等，即有效值相等的原则来选取晶闸管。

5）维持电流 I_H。在室温下门极断开时，器件从较大的通态电流降到刚好能保持导通的最小阳极电流称为维持电流 I_H。维持电流与器件容量、结温等因素有关，额定电流大的管子维持电流也大，同一管子结温低时维持电流增大，维持电流大的管子容易关断。同一型号的管子其维持电流也各不相同。

6）擎住电流 I_L。在晶闸管加上触发电压，当器件从阻断状态刚转为导通状态时就去除触发电压，此时要保持器件持续导通所需要的最小阳极电流，称为擎住电流 I_L。对同一个晶闸管来说，通常擎住电流比维持电流大数倍。

7）门极触发电流 I_{GT} 和门极触发电压 U_{GT}。室温下，在晶闸管的阳极与阴极间加上6V的正向阳极电压，管子由断态转为通态所必需的最小门极电流，称为门极触发电流。产生门极触发电流所必需的最小门极电压，称为门极触发电压。

需要注意的是，为了保证晶闸管可靠导通，常常采用实际的触发电流比规定的触发电流大3～5倍的、前沿陡峭的强触发脉冲。

8）断态电压临界上升率 du/dt。du/dt 是在额定结温和门极开路的情况下，不导致从断态到通态转换的最大阳极电压上升率。限制器件正向电压上升率的原因是：在正向阻断状态下，反偏的 J_2 结相当于一个结电容，如果阳极电压突然增大，便会有一充电电流流过 J_2 结，相当于有触发电流。若 du/dt 过大，即充电电流过大，就会造成晶闸管的误导通。所以在使用时，应采取保护措施，使其不超过规定值。

9）通态电流临界上升率 di/dt。di/dt 是在规定条件下，晶闸管能承受而无有害影响的最大通态电流上升率。如果阳极电流上升太快，则晶闸管刚一开通时，会有很大的电流集中在门极附近的小区域内，造成 J_2 结局部过热而使晶闸管损坏。因此，在实际使用时要采取保护措施，使其被限制在允许值内。

（3）晶闸管的选型

1）晶闸管的型号。普通晶闸管的型号及含义如下：

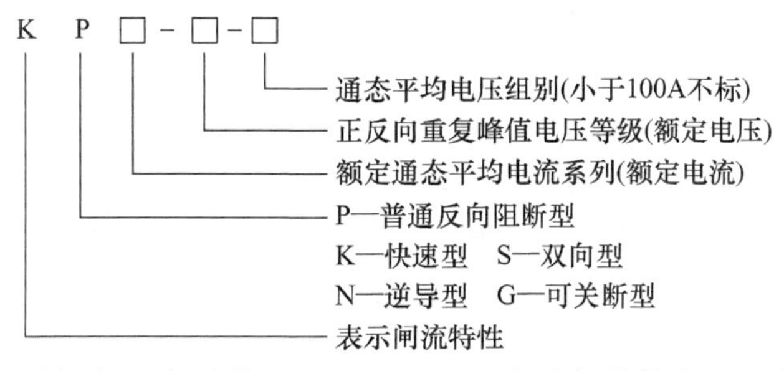

例如KP10-20表示额定通态平均电流10A，正反向重复峰值电压（额定电压）为2000V的普通反向阻断型晶闸管。

2）晶闸管额定电压 U_{Tn} 的确定。在晶闸管的名牌上，额定电压是以电压等级的形式给出的，通常标准电压等级规定如下：

电压在1000V以下，每100V为一级；电压为1000V~3000V，每200V为一级，用百位数或千位和百位数表示级数。

在使用过程中，环境温度的变化、散热条件以及出现的各种过电压都会对晶闸管产生影响，因此在选择管子的时候，应当使晶闸管的额定电压是实际工作时可能承受的最大电压U_{TM}的2~3倍，即

$$U_{Tn} \geqslant (2 \sim 3) U_{TM}$$

3）晶闸管额定电流$I_{T(AV)}$的确定。由于整流设备的输出端所接负载用平均电流来表示，因此晶闸管额定电流的标定采用的是平均电流，而不是有效值。但是管子的发热又与流过管子的有效值I_T有关，两者的关系如下：

$$I_T = 1.57 I_{T(AV)}$$

在实际选择晶闸管时，其额定电流的确定一般按以下原则：管子在额定电流时的电流有效值大于其所在电路中可能流过的最大电流的有效值I_{TM}，同时取1.5~2倍的裕量，关系式如下：

$$1.57 I_{T(AV)} = I_T \geqslant (1.5 \sim 2) I_{TM}$$

所以

$$I_{T(AV)} \geqslant (1.5 \sim 2) I_{TM} / 1.57$$

例1-1 一晶闸管接在220V交流电路中，通过晶闸管电流的有效值为50A，问如何选择晶闸管的额定电压和额定电流？

解： 晶闸管额定电压

$$U_{Tn} \geqslant (2 \sim 3) U_{TM} = (2 \sim 3) \times \sqrt{2} \times 220\text{V} = 622 \sim 933\text{V}$$

按晶闸管参数系列取800V，即8级。

晶闸管额定电流

$$I_{T(AV)} \geqslant (1.5 \sim 2) \frac{I_{TM}}{1.57} = (1.5 \sim 2) \times \frac{50}{1.57}\text{A} = 48 \sim 64\text{A}$$

按晶闸管参数系列取50A。

例1-2 图1-1b所示的调节灯电路中，输入电压为220V交流电压，灯泡额定功率为40W，试确定本电路中晶闸管的型号。

解： 第一步：单相半波可控整流调光电路中晶闸管可能承受的最大电压为

$$U_{TM} = \sqrt{2} U_2 = \sqrt{2} \times 220\text{V} \approx 311\text{V}$$

第二步：考虑2~3倍的裕量。

$$(2 \sim 3) U_{TM} = (2 \sim 3) \times 311\text{V} = 622 \sim 933\text{V}$$

第三步：确定所需晶闸管的额定电压等级。因为电路无储能元器件，因此选择电压等级为7级的晶闸管就可以满足正常工作的需要。

第四步：根据白炽灯的额定参数计算出其阻值R_d的大小，即

$$R_d = \frac{(220\text{V})^2}{40\text{W}} = 1210\Omega$$

第五步：确定流过晶闸管电流的有效值。在单相半波可控整流电路中，当$\alpha = 0°$时，流过晶闸管的电流最大，且电流的有效值是平均值的1.57倍。这里暂且给出流过晶闸管的平

均电流为（公式在本项目任务三中有分析）

$$I_d = 0.45\frac{U_2}{R_d} = 0.45 \times \frac{220V}{1210\Omega} = 0.08A$$

由此可得，当 $\alpha = 0°$时流过晶闸管电流的最大有效值为

$$I_{TM} = 1.57I_d = 1.57 \times 0.08A = 0.126A$$

第六步：考虑1.5～2倍的裕量

$$(1.5 \sim 2)I_{TM} = (1.5 \sim 2) \times 0.126A \approx 0.189 \sim 0.252A$$

第七步：确定晶闸管的额定电流 $I_{T(AV)}$

$$I_{T(AV)} \geqslant \frac{0.189}{1.57} \sim \frac{0.252}{1.57}A \text{ 即 } 0.12 \sim 0.16A$$

因为电路无储能元器件，因此选择额定电流为1A的晶闸管就可以满足正常工作的需要。由以上分析可以确定晶闸管应选用的型号为：KP1-7。

任务三　调光灯主电路——单相半波可控整流电路分析

一、学习目标

1）掌握单相半波可控整流电路的电路结构及工作原理。

2）会结合波形图分析单相半波可控整流电路。

二、相关知识

1. 电阻性负载

调光灯主电路实际上就是负载为阻性的单相半波可控整流电路，对电路的输出电压 u_d 和晶闸管两端电压 u_T 波形的分析在调试及修理过程中是非常重要的。现在假设触发电路正常工作，对电路工作情况分析如下。先介绍分析过程中用到的几个基本概念。

触发延迟角 α：从晶闸管开始承受正向阳极电压起到晶闸管导通期间所对应的电角度。

导通角 θ_T：晶闸管在一个周期内导通的电角度。

移相：改变 α 的大小即改变触发脉冲在每个周期内出现的时刻，称为移相。移相的目的是改变晶闸管的导通时间，最终改变直流侧输出电压的平均值。这种控制方式称为相控。

移相范围：在晶闸管承受正向阳极电压时，α 的变化范围称为移相范围。

接通电源后，便可在负载两端得到脉动的直流电压，其输出电压的波形可以用示波器进行测量。改变晶闸管的触发时刻，即触发延迟角 α 的大小，就可改变输出电压的波形。下面主要分析 $\alpha = 0°$、$\alpha = 30°$时的输出波形。

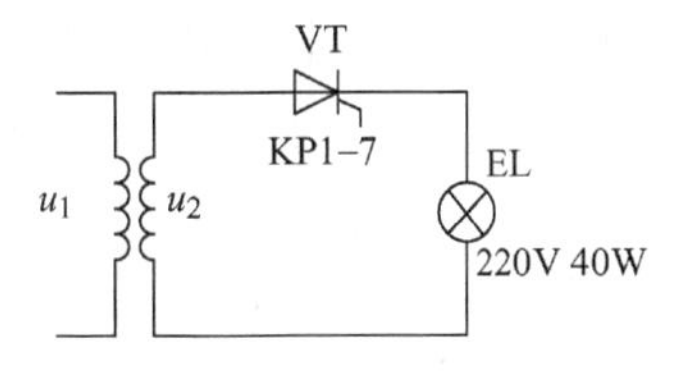

图1-10　调光灯主电路（单相半波可控整流电路）

图1-10所示为单相半波可控整流电路，整流变压器起变换电压和隔离的作用，其一次电压和二次电压瞬时值分别用

u_1和 u_2表示，二次电压 u_2为 50Hz 正弦波，其有效值为 U_2。

（1）工作原理

1）$\alpha=0°$时的波形分析。图 1-11 是 $\alpha=0°$时实际电路中输出电压和晶闸管两端电压的理论波形。

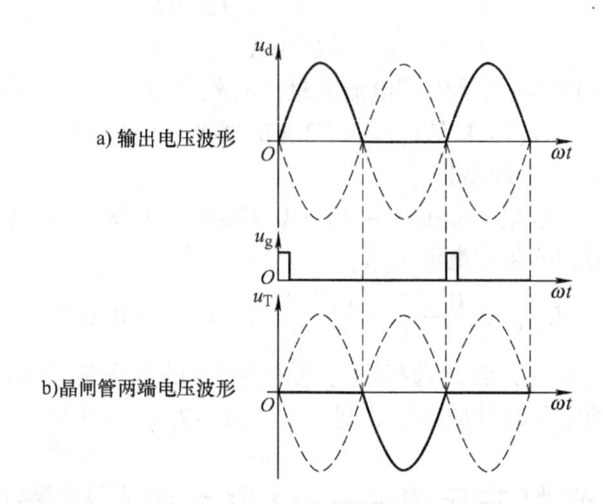

图 1-11　$\alpha=0°$时输出电压和晶闸管两端电压的理论波形

从图 1-11a 可以看出，在电源电压 u_2 正半周区间内，当电源电压过零点时，即 $\alpha=0°$时，加入触发脉冲使晶闸管 VT 触发导通，负载上得到输出电压 u_d 的波形与电源电压 u_2 相同；当电源电压 u_2 再次过零时，晶闸管承受反向电压将立即关断，输出电压 u_d 为零；在电源电压 u_2 整个负半周区间内，晶闸管承受反向电压不能导通，直到下一周期 $\alpha=0°$时触发电路再次施加触发脉冲时，晶闸管方可再次导通。

图 1-11b 所示为 $\alpha=0°$时晶闸管两端电压 u_T 的理论波形。在晶闸管导通期间，忽略晶闸管的管压降，$u_T=0$；在晶闸管截止期间，管子将承受全部反向电压。

2）$\alpha=30°$时的波形分析。改变触发延迟角 α 的大小，即改变晶闸管的触发时刻，可改变输出电压的波形，图 1-12a 所示为 $\alpha=30°$的输出电压的理论波形。在 $\alpha=30°$时，晶闸管承受正向电压，此时一旦加入触发脉冲信号，晶闸管就会导通，负载上可得到与电源电压 u_2 相同波形的输出电压 u_d；同样当电源电压 u_2 再次过零时，晶闸管也同时关断，负载上得到的输出电压 u_d 为零；当电源电压再次由过零点到 $\alpha=30°$的区间上，尽管晶闸管承受正向电压，但由于没有触发脉冲，晶闸管依然处于截止状态。

图 1-12b 所示为 $\alpha=30°$时晶闸管两端电压的理论波形。其分析过程与 $\alpha=0°$相同。

3）其他角度时的波形分析。继续改变触发脉冲的加入时刻，可以分别得到触发延迟角 α 为 60°、90°时输出电压和晶闸管两端电压的波形，如图 1-13 所示。其原理请自行分析。

（2）波形分析总结　从波形图中分析可得，在触发延迟角 α 之前，晶闸管承受正向阳极电压，但没有触发信号，输出电压为零；在触发延迟角 α 时刻，有触发信号输入到门极，晶闸管导通，输出电压等于输入电压。因此在 $0\sim\pi$ 内，调节触发信号到来的时刻，也就是改变触发延迟角 α 的大小，就可以改变输出电压的大小。

从波形图中进一步确定：只有触发脉冲在晶闸管阳极电压为正的区间内出现，电路中晶

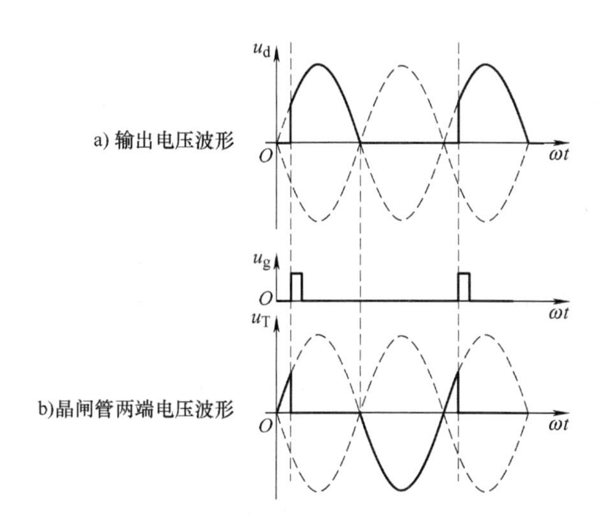

图 1-12　$\alpha=30°$时输出电压和晶闸管两端电压的理论波形

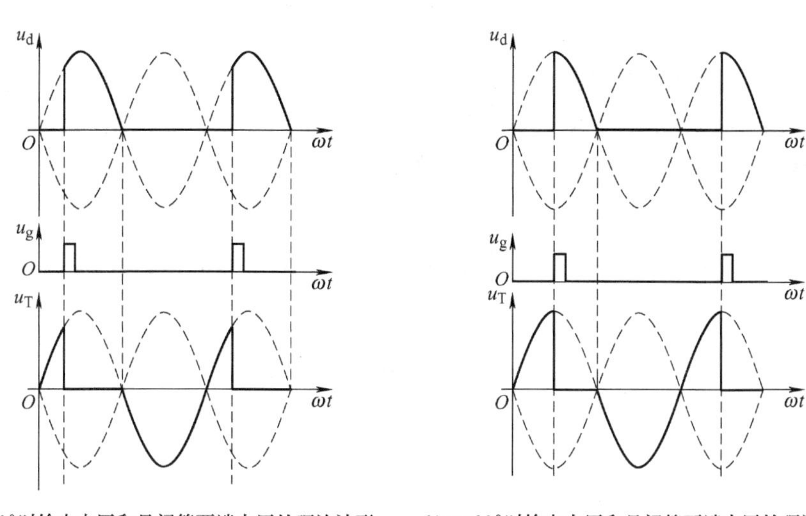

图 1-13　$\alpha=60°$及 90°时输出电压和晶闸管两端电压的理论波形

闸管才能够被触发导通。因此必须根据被触发晶闸管的阳极电压，提供相应的触发电路的同步信号，以确保晶闸管需要脉冲的时刻触发电路能够准确送出脉冲。

由以上分析可以得出：

1）单相半波整流电路中，改变 α 大小即改变触发脉冲在每个周期出现的时刻，则 u_d和 i_d的波形也随之改变，但是直流输出电压瞬时值 u_d的极性不变，其波形只在 u_2的正半周出现，这种通过对触发脉冲的控制实现改变输出电压大小的控制方式称为相位控制方式，简称相控方式。

2）触发延迟角 α 的移相范围为 0°～180°。

（3）基本的物理量计算

1）输出电压平均值为

$$U_d = \frac{1}{2\pi}\int_{\alpha}^{\pi}\sqrt{2}U_2\sin\omega t\mathrm{d}(\omega t) = 0.45U_2\frac{1+\cos\alpha}{2}$$

2）负载电流平均值为

$$I_d = \frac{U_d}{R_d} = 0.45\frac{U_2}{R_d}\frac{1+\cos\alpha}{2}$$

3）负载电压有效值为

$$U = \sqrt{\frac{1}{2\pi}\int_{\alpha}^{\pi}(\sqrt{2}U_2\sin\omega t)^2\mathrm{d}(\omega t)} = U_2\sqrt{\frac{\pi-\alpha}{2\pi}+\frac{\sin2\alpha}{4\pi}}$$

4）负载电流有效值为

$$I = \frac{U_2}{R_d}\sqrt{\frac{\pi-\alpha}{2\pi}+\frac{\sin2\alpha}{4\pi}}$$

5）晶闸管可能承受的最大电压 U_{TM} 为

$$U_{TM} = \sqrt{2}U_2$$

6）功率因数 $\cos\varphi$ 为

$$\cos\varphi = \frac{P}{S} = \frac{UI}{U_2I} = \sqrt{\frac{\pi-\alpha}{2\pi}+\frac{\sin2\alpha}{4\pi}}$$

例 1-3 单相半波可控整流电路带阻性负载，电源电压 U_2 为 220V，要求直流输出电压为 50V，直流输出平均电流为 20A，求晶闸管的触发延迟角 α、输出电流有效值、电路功率因数、晶闸管的额定电压和额定电流，并选择晶闸管的型号。

解：

（1）由 $U_d = 0.45U_2\frac{1+\cos\alpha}{2}$ 计算直流输出电压 U_d 为 50V 时的晶闸管触发延迟角 α。可得：

$$\cos\alpha = \frac{2\times50\text{V}}{0.45\times220\text{V}} - 1 \approx 0$$

求得 $\alpha = 90°$。

（2）负载电阻 $R_d = \frac{U_d}{I_d} = \frac{50\text{V}}{20\text{A}} = 2.5\Omega$

当 $\alpha = 90°$ 时，输出电流有效值 $I = \frac{U_2}{R_d}\sqrt{\frac{\pi-\alpha}{2\pi}+\frac{\sin2\alpha}{4\pi}} = 44\text{A}$

（3）电路功率因数 $\cos\varphi = \frac{P}{S} = \frac{UI}{U_2I} = \sqrt{\frac{\pi-\alpha}{2\pi}+\frac{\sin2\alpha}{4\pi}} = 0.5$

（4）根据额定电流有效值大于等于实际电流有效值 I 的原则，则 $I_{T(AV)} \geqslant (1.5\sim2)\frac{I}{1.57}$，即晶闸管的额定电流为 $I_{T(AV)} \geqslant 42\sim56.1\text{A}$。按电流等级可取额定电流 50A。

晶闸管的额定电压 $U_{Tn} \geqslant (2\sim3)U_{TM} = (2\sim3)\times\sqrt{2}\times220\text{V} = 622\sim933\text{V}$。按电压等级可取额定电压 700V，即 7 级。故而选择晶闸管型号为：KP50－7。

2. 电感性负载

工业应用中，电动机的励磁线圈、输出串接电抗器的负载等属于电感性负载，此类负载与电阻性负载有很大不同。为了便于分析，在电路中把电感 L_d 与电阻 R_d 分开，如图 1-14 所示。

电感线圈是储能元件，是不消耗能量的。当电流 i_d 流过线圈时，该线圈就储存有磁场能量，i_d 越大，线圈储存的磁场能量也越大，当 i_d 减小时，电感线圈就要将所储存的磁场能量释放出来，试图保持原有的电流方向和电流大小。众所周知，能量的存放是不能突变的，可见当流过电感线圈的电流 i_d 增大时，L_d 两端就要产生感应电动势，即 $u_L = L_d \dfrac{\mathrm{d}i_d}{\mathrm{d}t}$，其方向应阻止 i_d 的增大，如图 1-14a 所示；反之，i_d 要减小时，L_d 两端感应电动势的方向应阻碍 i_d 减小，如图 1-14b 所示。

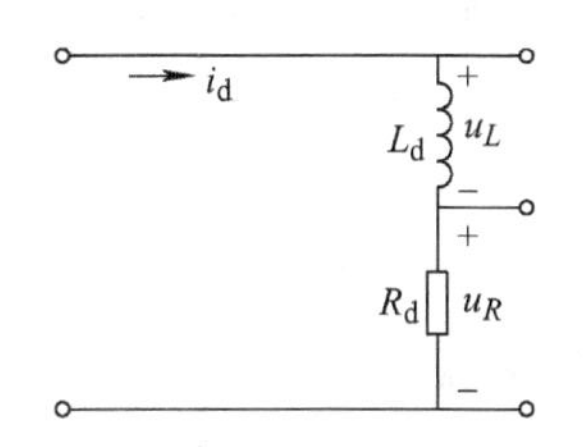

a) 电流 i_d 增大时 L_d 两端感应电动势方向

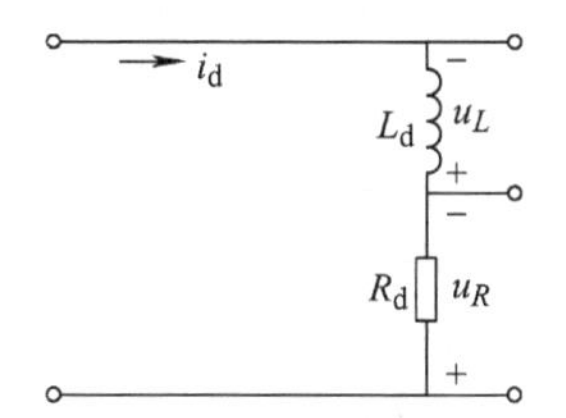

b) 电流 i_d 减小时 L_d 两端感应电动势方向

图 1-14 电感线圈对电流变化的阻碍作用

（1）无续流二极管

1）电路结构。图 1-15 所示为带电感性负载的单相半波可控整流电路，它由整流变压器 T、晶闸管 VT、平波电抗器 L_d 和电阻 R_d 组成。

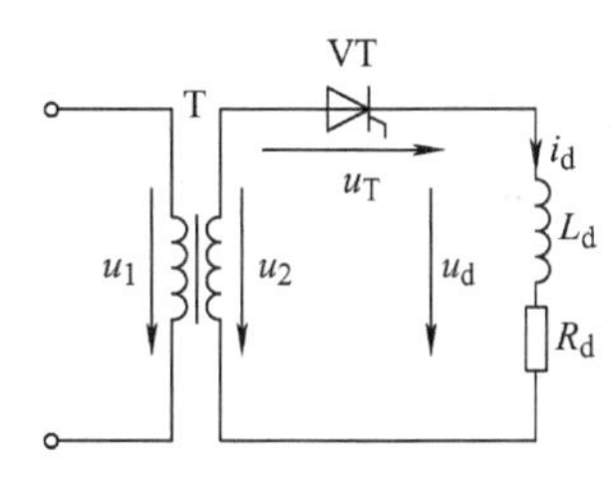

图 1-15 带电感性负载的单相半波可控整流电路

图 1-16 所示为电感性负载不接续流二极管时某一触发延迟角 α 下输出电压及电流的理论波形。

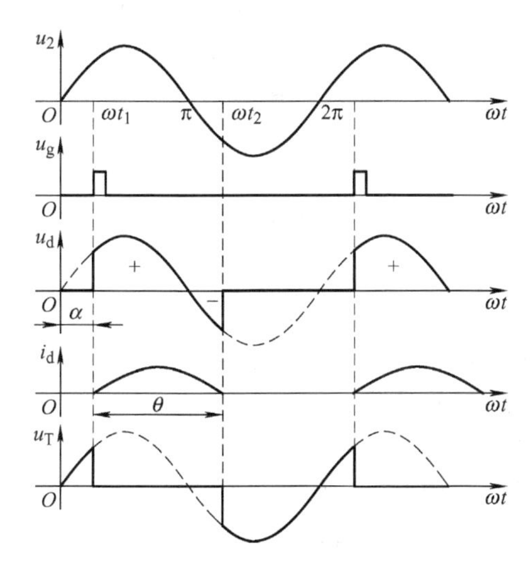

图 1-16 电感性负载不接续流二极管时输出电压及电流波形

2）工作原理。0 ~ ωt_1 期间，晶闸管阳极电压大于零，此时晶闸管门极没有触发信号，晶闸管处于正向阻断状态，输出电压和电流都等于零。

ωt_1 ~ ωt_2 期间，在 ωt_1 时刻，门极加上触发信号，晶闸管被触发导通，电源电压 u_2 施加在负载上，输出电压 $u_d = u_2$ 。由于电感的存在，在 u_d 的作用下，负载电流 i_d 只能从零按指数规律逐渐上升。此时。输入的交流电源能量一部分供给电阻 R_d 消耗掉，另一部分供给电感 L_d 作为磁场能储存。

π ~ ωt_2 期间，在 π 时刻，交流电压过零，由于电感的存在，流过晶闸管的阳极电流仍大于零，晶闸管会继续导通，此时电感储存的能量一部分释放变成电阻的热能，同时另一部分送回电网。在 ωt_2 时刻，电感的能量全部释放完后，晶闸管在电源电压 u_2 的反压作用下截止。直到下一个周期的正半周的 $2\pi + \alpha$ 时刻，晶闸管再次被触发导通。如此循环，其输出电压、电流波形如图 1-16 所示。

结论：由于电感在正半周的储能，晶闸管在电源电压由正到负的过零点也不会关断，使负载电压波形出现部分负值，其结果是输出电压平均值 U_d减小。电感越大，维持导电时间越长，输出电压负值部分占的比例越大，U_d减少越多。当电感 L_d非常大时（满足 $\omega L_d \gg R_d$，通常 $\omega L_d > 10R_d$即可），对于不同的触发延迟角 α，导通角 θ 将接近（$2\pi - 2\alpha$），这时负载上得到的电压波形正负面积接近相等，平均电压 $U_d \approx 0$。此时，不管如何调节触发延迟角 α，U_d值总是很小，电流平均值 I_d也很小，没有实用价值。

实际的单相半波可控整流电路在带有电感性负载时，都在负载两端并联有续流二极管。在晶闸管关断时，该二极管能为负载提供续流回路，故称为续流二极管，作用是使负载不出现负电压。

（2）接续流二极管

1）电路结构。为了使电源电压过零变负时能及时地关断晶闸管，使 u_d波形不出现负值，又能给电感线圈 L_d提供续流旁路，可以在整流输出端并联二极管，如图 1-17 所示。由于该二极管是为电感负载在晶闸管关断时提供续流回路，故称为续流二极管。

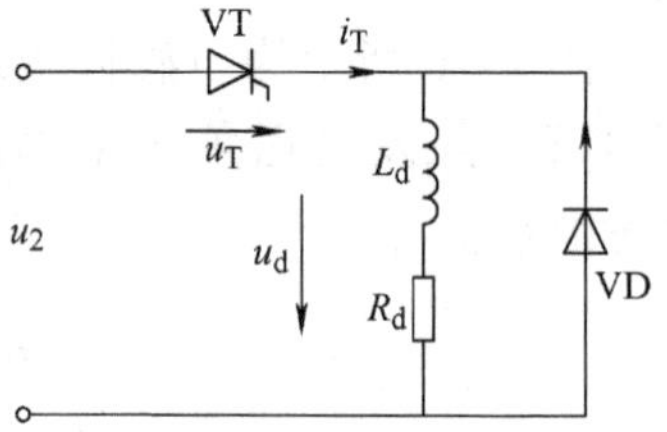

图 1-17　电感性负载接续流二极管电路

2）工作原理。图 1-18 所示为电感性负载接续流二极管时某一触发延迟角 α 下输出电压及电流的理论波形。

从波形图可以看出：

在电源电压正半周（0 ~ π 区间），晶闸管承受正向电压，触发脉冲在 α 时刻触发晶闸管导通，负载上有输出电压和电流。在此期间续流二极管 VD 承受反向电压而关断。

在电源电压负半周（π ~ 2π 区间），电感的感应电动势使续流二极管 VD 承受正向电压导通续流，此时电源电压 $u_2 < 0$，u_2通过续流二极管使晶闸管承受反向电压而关断，负载两端的输出电压仅为续流二极管的管压降。如果电感足够大，续流二极管一直导通到下一周期晶闸管导通，使电流 i_d连续，且 i_d波形近似为一条直线。

结论：电感性负载加续流二极管后，输出电压波形与电阻性负载波形相同，可见续流二极管的作用是提高输出电压。负载电流波形连续且近似为一条直线，如果电感无穷大，则负载电流为一直线。流过晶闸管和续流二极管的电流波形是矩形波。

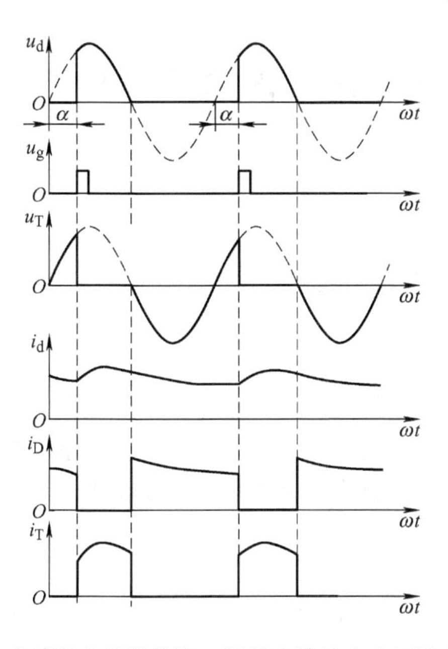

图 1-18　电感性负载接续流二极管电路输出电压及电流波形

3）基本的物理量计算。

① 输出电压平均值 U_d 与输出电流平均值 I_d：

$$U_d = 0.45U_2 \frac{1+\cos\alpha}{2}$$

$$I_d = \frac{U_d}{R_d} = 0.45\frac{U_2}{R_d}\frac{1+\cos\alpha}{2}$$

② 流过晶闸管电流的平均值 I_{dT} 和有效值 I_T：

$$I_{dT} = \frac{\pi-\alpha}{2\pi}I_d$$

$$I_T = \sqrt{\frac{1}{2\pi}\int_{\alpha}^{\pi} I_d^2 \mathrm{d}(\omega t)} = \sqrt{\frac{\pi-\alpha}{2\pi}}I_d$$

③ 流过续流二极管电流的平均值 I_{dD} 和有效值 I_D：

$$I_{dD} = \frac{\pi+\alpha}{2\pi}I_d$$

$$I_D = \sqrt{\frac{\pi+\alpha}{2\pi}}I_d$$

④ 晶闸管和续流二极管承受的最大正反向电压：晶闸管和续流二极管承受的最大正反向电压都为电源电压的峰值，即

$$U_{TM} = U_{DM} = \sqrt{2}U_2$$

单相半波可控整流电路具有电路简单、调控方便等优点，但其输出的直流电压、电流脉动大，变压器利用率低且二次侧通过含直流分量的电流，变压器存在直流磁化现象，将降低设备的使用容量，因此在实际中，其只用于一些对输出波形要求不高的小容量场合。在中小容量、负载要求较高的晶闸管可控整流电路中，较常用的是单相桥式全控整流电路，将在项目二中介绍。

任务四　单结晶体管的结构与工作原理分析

一、学习目标

1）认识单结晶体管。
2）会分析单结晶体管自激振荡电路。

二、相关知识

从前面的知识学习中可知，要使晶闸管导通，除了加上正向阳极电压外，还必须在门极和阴极之间加上适当的正向触发电压与电流。为门极提供触发电压与电流的电路称为触发电路。触发电路中最为关键的器件为单结晶体管。下面就来学习单结晶体管。

1. 单结晶体管的结构

单结晶体管又称为双基极二极管，它具有一个 PN 结，内部结构如图 1-19a 所示，等效电路如图 1-19b 所示，其三个管脚分别为发射极 e、第一基极 b_1、第二基极 b_2。

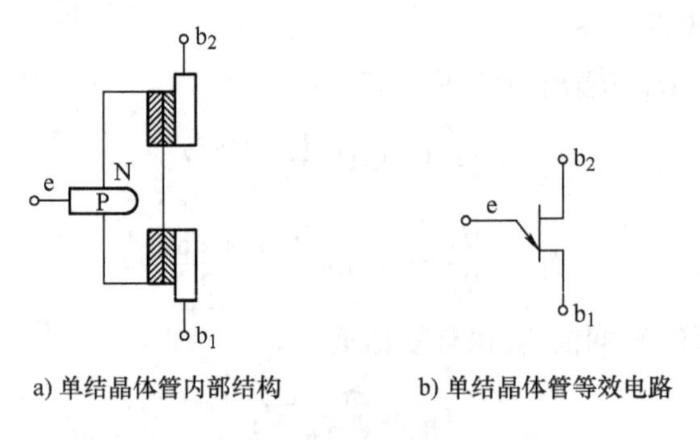

a) 单结晶体管内部结构　　b) 单结晶体管等效电路

图 1-19　单结晶体管的内部结构与等效电路

触发电路常用的国产单结晶体管的型号主要有 BT31、BT33、BT35，其实物图及管脚如图 1-20 所示。

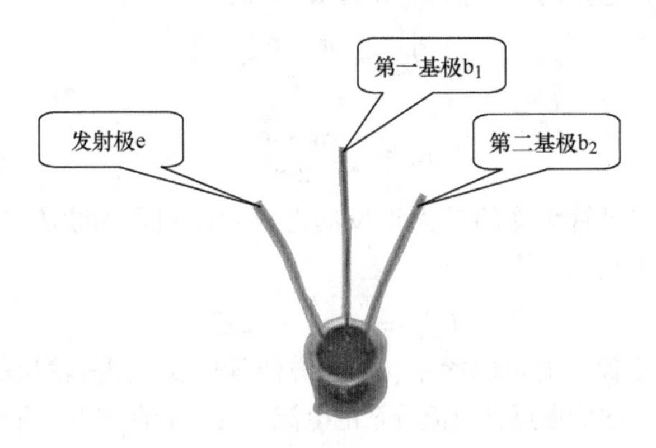

图 1-20　单结晶体管实物图及管脚

2. 单结晶体管的伏安特性

将单结晶体管接成图 1-21a 所示试验电路，开关 S 接通时，两个基极之间的电压为 U_{bb}，管子内部 A 点电位为

$$U_A = \frac{r_{b1}}{r_{b1} + r_{b2}} U_{bb} = \eta U_{bb}$$

式中，η 是单结晶体管的分压比，由内部结构决定，通常为 0.3 ~ 0.9。

当两基极 b_1 和 b_2 间加某一固定直流电压 U_{bb} 时，发射极电流 I_e 与发射极正向电压 U_e 之间的关系曲线称为单结晶体管的伏安特性 $I_e = f(U_e)$，如图 1-21b 所示。

当开关 S 断开时，I_{bb} 为零，加发射极电压 U_e 时，得到图 1-21b 所示伏安特性曲线①，该曲线与二极管伏安特性曲线相似。

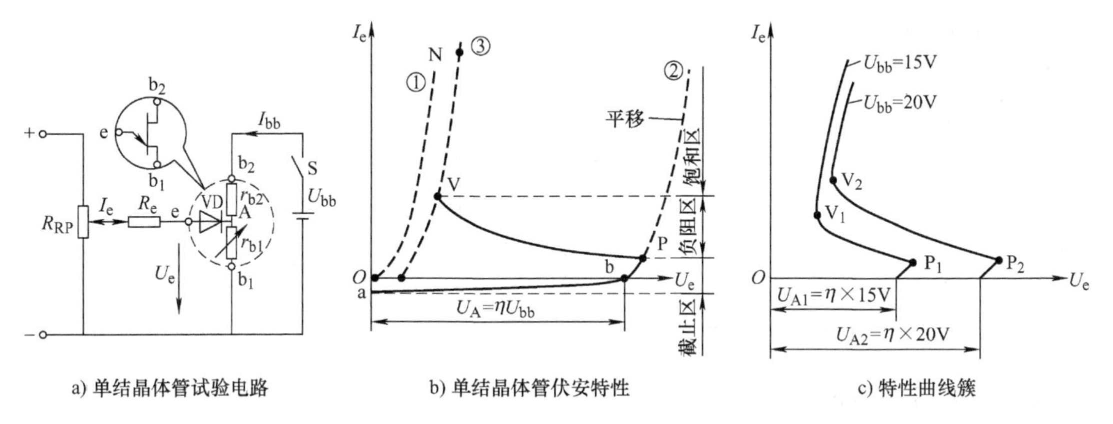

a) 单结晶体管试验电路　　b) 单结晶体管伏安特性　　c) 特性曲线簇

图 1-21　单结晶体管试验电路与伏安特性

（1）截止区 aP 段　当 $0 < U_e < \eta U_{bb}$ 时，发射结处于反向偏置，管子截止，发射极只有很小的反向漏电流。随着 U_e 的增大，反向漏电流逐渐减小；当 $U_e = \eta U_{bb}$ 时，发射结处于零偏，管子截止，电路此时工作在特性曲线与横坐标交点 b 处，$I_e = 0$；当 $\eta U_{bb} < U_e < \eta U_{bb} + U_D$ 时，发射结处于正向偏置，管子截止，发射极只有很小的正向漏电流。随着 U_e 的增大，正向漏电流逐渐增大。

（2）负阻区 PV 段　当 $U_e \geqslant \eta U_{bb} + U_D = U_P$ 时，发射结处于正向偏置，管子电流形成正反馈，特点是 I_e 显著增加，r_{b1} 阻值迅速减小，U_e 相应下降，这种电压随电流增加反而下降的特性，称为负阻特性，管子由截止区进入负阻区的临界点 P 称为峰点，与其对应的发射极电压和电流，分别称为峰点电压 U_P 和峰点电流 I_P。随着发射极电流 I_e 不断上升，U_e 不断下降，降到 V 点后，U_e 不再下降，V 点称为谷点，与其对应的发射极电压和电流，称为谷点电压 U_V 和谷点电流 I_V。谷点电压是维持管子导通的最小发射极电压，一旦 $U_e < U_V$，管子重新截止。

（3）饱和区 VN 段　当硅片中载流子饱和后，欲使 I_e 继续增大，必须增大电压 U_e，单结晶体管处于饱和导通状态。改变 U_{bb}，器件等效电路中的 U_A 和特性曲线中的 U_P 等也随之改变，从而可获得一簇单结晶体管伏安特性曲线，如图 1-21c 所示。

3. 单结晶体管的主要参数

单结晶体管的主要参数有基极间电阻 R_{bb}、分压比 η、峰点电流 I_P、谷点电压 U_V、谷点电流 I_V及耗散功率等。国产单结晶体管的型号主要有 BT31、BT33、BT35 等，BT 表示特种半导体管，其主要参数见表 1-2。

表 1-2　单结晶体管的主要参数

<table>
<tr><th colspan="2">参数名称</th><th>分压比
η</th><th>基极电阻
$R_{bb}/k\Omega$</th><th>峰点电流
$I_P/\mu A$</th><th>谷点电流
I_V/mA</th><th>谷点电压
U_V/V</th><th>饱和电压
U_e/V</th><th>最大反压
U_{bbmax}/V</th><th>发射极反向漏
电流 $I_{eo}/\mu A$</th><th>耗散功率
P_{max}/mW</th></tr>
<tr><td colspan="2">测试条件</td><td>$U_{bb}=20V$</td><td>$U_{bb}=3V$
$I_e=0$</td><td>$U_{bb}=0$</td><td>$U_{bb}=0$</td><td>$U_{bb}=0$</td><td>$U_{bb}=0$
$I_e=I_{emax}$</td><td></td><td>U_{b2e}为
最大值</td><td>—</td></tr>
<tr><td rowspan="4">BT33</td><td>A</td><td rowspan="2">0.45～0.9</td><td rowspan="2">2～4.5</td><td rowspan="8"><4</td><td rowspan="8">>1.5</td><td rowspan="2"><3.5</td><td rowspan="2"><4</td><td>≥30</td><td rowspan="8"><2</td><td rowspan="4">300</td></tr>
<tr><td>B</td><td>≥60</td></tr>
<tr><td>A</td><td rowspan="2">0.3～0.9</td><td rowspan="2">>4.5～12</td><td rowspan="2"><4</td><td rowspan="2"><4.5</td><td>≥30</td></tr>
<tr><td>B</td><td>≥60</td></tr>
<tr><td rowspan="4">BT35</td><td>A</td><td rowspan="2">0.45～0.9</td><td rowspan="2">2～4.5</td><td><3.5</td><td rowspan="2"><4</td><td>≥30</td><td rowspan="4">500</td></tr>
<tr><td>B</td><td><3.5</td><td>≥60</td></tr>
<tr><td>A</td><td rowspan="2">0.3～0.9</td><td rowspan="2">>4.5～12</td><td rowspan="2"><4</td><td rowspan="2"><4.5</td><td>≥30</td></tr>
<tr><td>B</td><td>≥60</td></tr>
</table>

4. 单结晶体管自激振荡电路

利用单结晶体管的负阻特性和 RC 电路的充放电特性，可以组成单结晶体管自激振荡电路。单结晶体管自激振荡电路的电路图和波形图如图 1-22 所示。

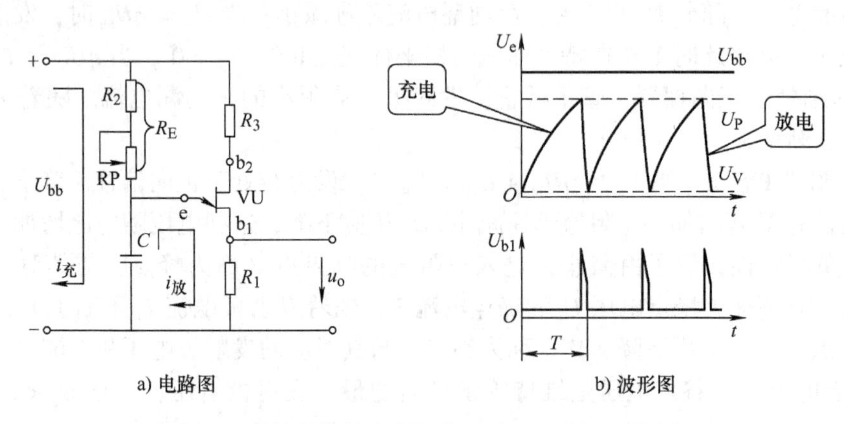

a) 电路图　　b) 波形图

图 1-22　单结晶体管自激振荡电路的电路图和波形图

电源未接通时，电容器初始没有电压，当电路接通以后，单结晶体管是截止的，电源经电阻 R_2、RP 对电容 C 进行充电，电容电压从零起按指数规律上升，充电时间常数为 R_EC；当电容两端电压达到单结晶体管的峰点电压 U_P时，单结晶体管导通，电容开始放电，由于放电回路的电阻很小，因此放电很快，放电电流在电阻 R_1 上产生了尖脉冲。随着电容放电，电容电压降低，当电容电压降到谷点电压 U_V 以下，单结晶体管截止，接着电源又重新对电容进行充电。如此周而复始，在电容 C 两端会产生一个锯齿波，在电阻 R_1 两端将产生一个尖脉冲波，如图 1-22b 所示。

任务五　调光灯控制电路——单结晶体管触发电路分析

一、学习目标

1）会分析单结晶体管触发电路的工作原理。

2）掌握触发电路主要元器件的选择。

二、相关知识

上述单结晶体管自激振荡电路输出的尖脉冲可以用来触发晶闸管，但不能直接用作触发电路，还必须解决触发脉冲与主电路的同步问题，因此还需对自激振荡电路加以设计。

对晶闸管触发电路来说，首先触发信号应该具有足够的触发功率（触发电压和触发电流），以保证晶闸管可靠导通；其次触发脉冲应有一定的宽度，脉冲的前沿要陡峭；最后触发脉冲必须与主电路晶闸管的阳极电压同步并能根据电路要求在一定的移相范围内移相。由单结晶体管组成的触发电路，具有简单、可靠、触发脉冲前沿陡、抗干扰能力强以及温度补偿性能好等优点。可见由单结晶体管组成的触发电路完全可以满足晶闸管的触发信号的要求。

单结晶体管触发电路由同步电路、移相控制与脉冲形成三部分组成，如图 1-23 所示。

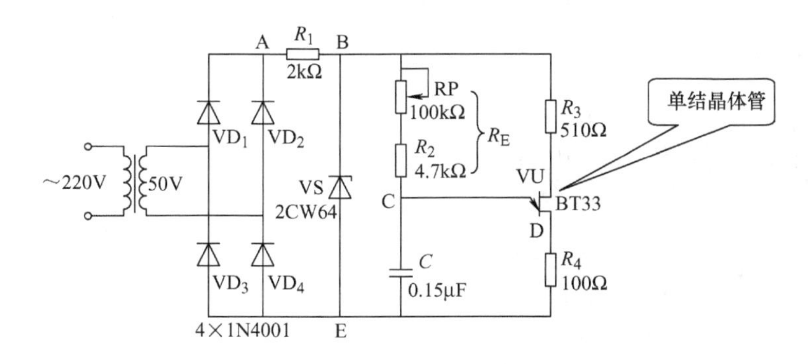

图 1-23　单结晶体管触发电路

1. 同步电路

（1）同步的概念　触发信号和电源电压在频率和相位上相互协调的关系叫同步。例如，在单相半波可控整流电路中，触发脉冲应出现在电源电压正半周范围内，而且每个周期的 α 角相同，确保电路输出波形不变，输出电压稳定。

（2）同步电路组成　同步电路由同步变压器、桥式整流电路 VD_1 ~ VD_4、电阻 R_1 及稳压管 VS 组成。同步变压器一次侧与晶闸管整流电路接在同一相电源上，交流电压经同步变压器降压、单相桥式整流后再经过稳压管稳压削波形成一梯形波电压，作为触发电路的供电电压。梯形波电压零点与晶闸管阳极电压过零点一致，从而实现触发电路与整流主电路的同步。

（3）波形分析　单结晶体管触发电路的调试以及在今后使用过程中的检修，主要是通过几个点的典型波形来判断各元器件是否正常，我们将通过理论波形与实测波形的比较来进行分析。

1）桥式整流后脉动电压的波形（图1-23中A点）。将示波器Y_1探头的测试端接于A点，接地端接于“E”点，调节旋钮“t/div”和“v/div”，使示波器稳定显示至少一个周期的完整波形，测得波形如图1-24a所示。由电子技术的知识我们可以知道“A”点为由VD_1～VD_4 4个二极管构成的桥式整流电路的输出波形，图1-24b为理论波形，对照进行比较。

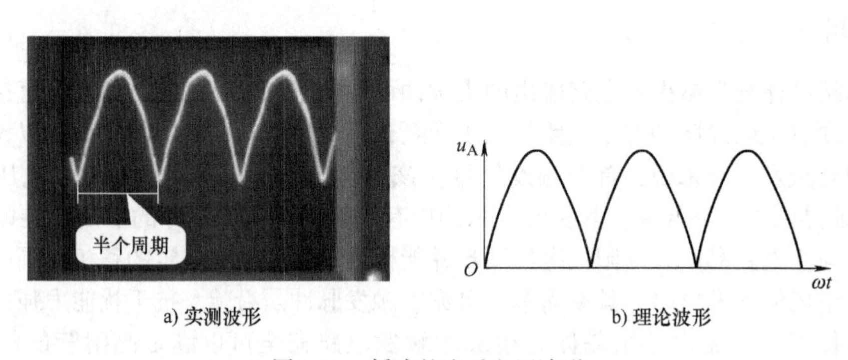

a) 实测波形　　b) 理论波形

图1-24　桥式整流后电压波形

2）削波后梯形波电压波形（图1-23中B点）。将Y_1探头的测试端接于B点，测得B点的波形如图1-25a所示，该点波形是经稳压管削波后得到的梯形波，图1-25b为理论波形，对照进行比较。

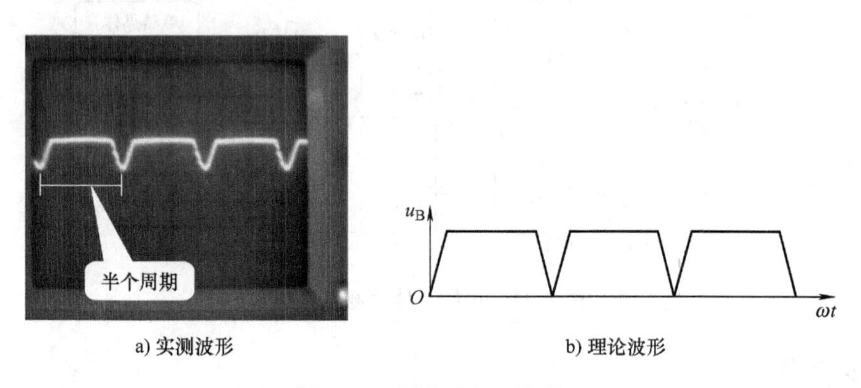

a) 实测波形　　b) 理论波形

图1-25　削波后电压波形

2. 脉冲移相与形成

（1）电路组成　脉冲移相与形成电路实际上就是上述的自激振荡电路。脉冲移相电路由电阻R_E和电容C组成，脉冲形成电路由单结晶体管、温度补偿电阻R_3、输出电阻R_4组成。

改变自激振荡电路中充电电阻的阻值，就可以改变充电时间常数 τ_C，图中用电位器 RP 来实现这一变化，例如：

RP 接入电阻↑→τ_C↑→出现第一个脉冲的时间后移→α↑→U_d↓

（2）波形分析

1）电容电压的波形（图 1-23 中 C 点）。将 Y_1 探头的测试端接于 C 点，测得 C 点的波形如图 1-26a 所示。由于电容每半个周期在电源电压过零点从零开始充电，当电容两端电压上升到单结晶体管峰点电压时，单结晶体管导通，触发电路送出脉冲，电容的容量和充电电阻 R_E 的大小决定了电容两端的电压从零上升到单结晶体管峰点电压的时间，因此在本节中的触发电路无法实现在电源电压过零点即 $\alpha=0°$时送出触发脉冲。图 1-26b 为理论波形，对照进行比较。

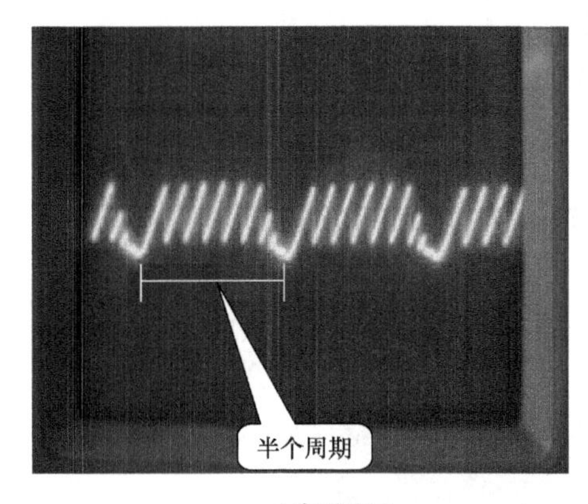

a) 实测波形

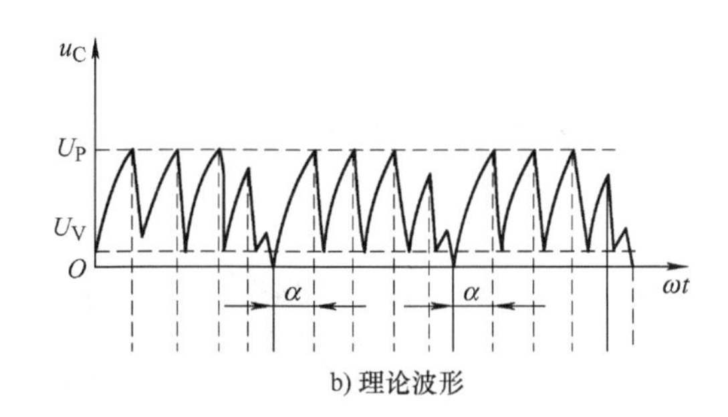

b) 理论波形

图 1-26 电容两端电压波形

调节电位器 RP 的旋钮，观察 C 点的波形的变化范围。图 1-27 所示为调节电位器后得到的波形。

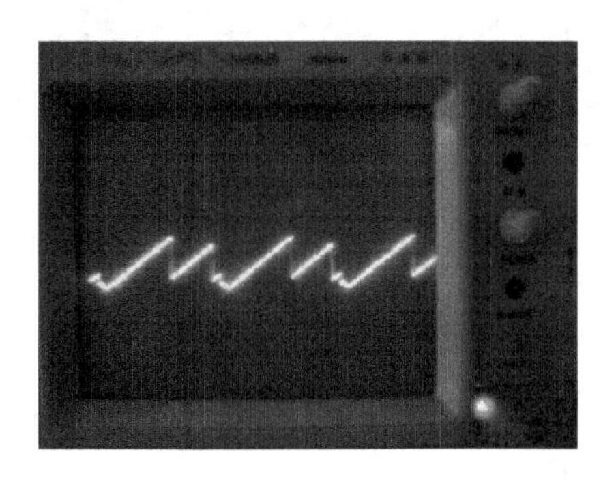

图 1-27 调节 RP 后电容两端电压波形

2）输出脉冲的波形（图 1-23 中 D 点）。将 Y_1 探头的测试端接于 D 点，测得 D 点的波形如图 1-28a 所示。单结晶体管导通后，电容通过单结晶体管的 eb_1 迅速向输出电阻 R_4 放电，在 R_4 上得到很窄的尖脉冲。图 1-28b 为理论波形，对照进行比较。

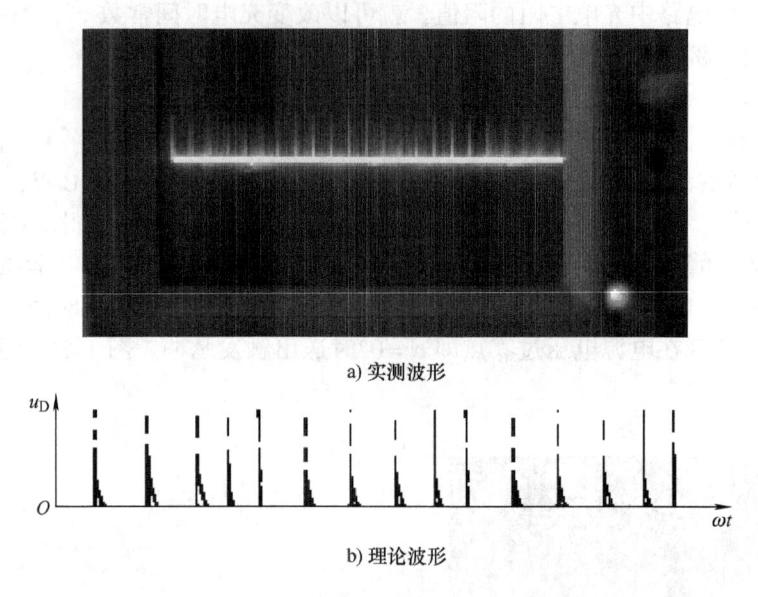

a) 实测波形

b) 理论波形

图 1-28　输出波形

调节电位器 RP 的旋钮，观察 D 点的波形的变化范围。图 1-29 所示为调节电位器后得到的波形。

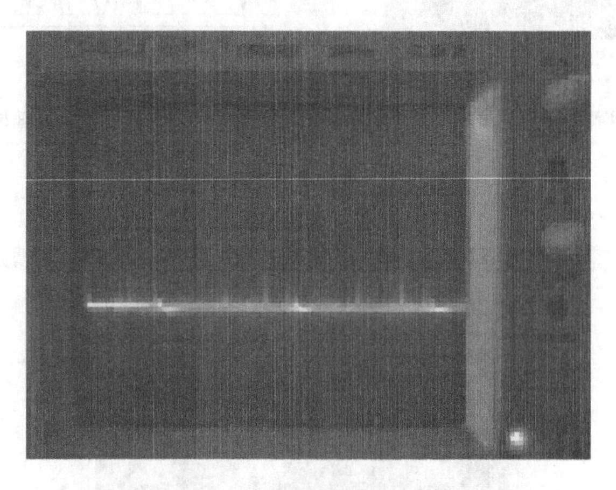

图 1-29　调节 RP 后输出波形

（3）触发电路各元件的选择

1）充电电阻 R_E 的选择。改变充电电阻 R_E（RP 与 R_2 之和）的大小，就可以改变自激振荡电路的频率，但是频率的调节有一定的范围，如果充电电阻 R_E 选择不当，将使单结晶体管自激振荡电路无法形成振荡。

充电电阻 R_E 的取值范围为

$$\frac{U-U_V}{I_V}<R_E<\frac{U-U_P}{I_P}$$

式中，U 是加于图 1-23 中 B、E 两端的触发电路电源电压；U_V 是单结晶体管的谷点电压；I_V 是单结晶体管的谷点电流；U_P 是单结晶体管的峰点电压；I_P 是单结晶体管的峰点电流。

2）电阻 R_3 的选择。电阻 R_3 是用来补偿温度对峰点电压 U_P 的影响，通常取值范围为200～600Ω。

3）输出电阻 R_4 的选择。输出电阻 R_4 的大小将影响输出脉冲的宽度与幅值，通常取值范围为50～100Ω。

4）电容 C 的选择。电容 C 的大小与脉冲宽窄和 R_E 的大小有关，通常取值范围为0.1～1μF。

项目实施 单相半波可控整流电路安装与调试

一、实训目的

1）能判别晶闸管的好坏，能判别单结晶体管的管脚。

2）掌握单结晶体管触发电路的调试步骤和方法。

3）掌握单相半波可控整流电路接电阻性负载及电感性负载时的工作情况以及其整流输出电压波形。

4）了解续流二极管的作用。

5）熟悉单相半波可控整流电路故障的分析与处理。

二、仪器器材

模块化电力电子实训装置、数字示波器、万用表。

三、实训内容及原理

1. 晶闸管的简单测试

在实际使用过程中，可用万用表对晶闸管的好坏进行简单的判断。

1）万用表置于 $R\times100$ 档，将红表笔接晶闸管的阳极，黑表笔接晶闸管的阴极，万用表显示值应为∞，如图1-30所示。再将黑表笔接晶闸管的阳极，红表笔接晶闸管的阴极，万用表显示值也为∞，如图1-31所示。晶闸管正反向阻值均很大，其原因是晶闸管是四层三端半导体器件，在阳极和阴极之间有三个PN结，无论如何加电压，总有一个PN结处于反向阻断状态。

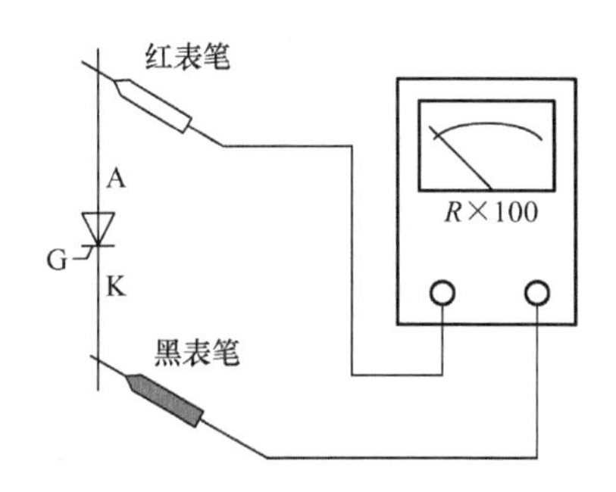

图1-30 红表笔接阳极、黑表笔接阴极测试

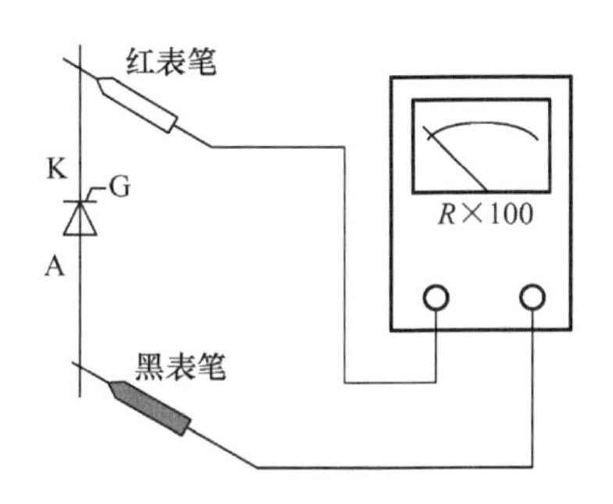

图1-31 黑表笔接阳极、红表笔接阴极测试

2）将红表笔接晶闸管的门极，黑表笔接晶闸管的阴极，测得阻值应不大，如图1-32所示。再将黑表笔接晶闸管的门极，红表笔接晶闸管的阴极，测得阻值也应不大，如图1-33所示。

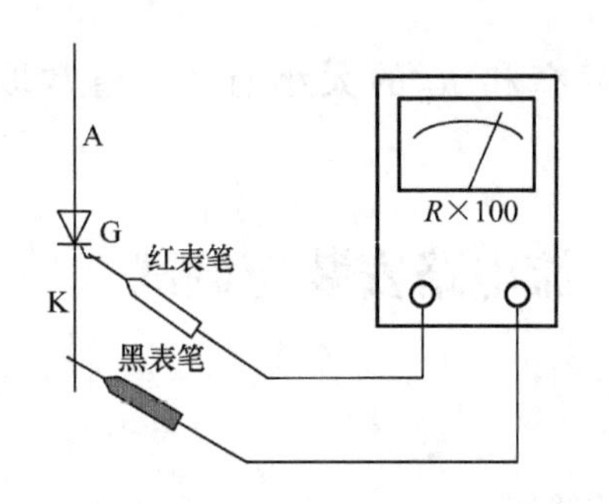

图1-32　红表笔接门极、黑表笔接阴极测试

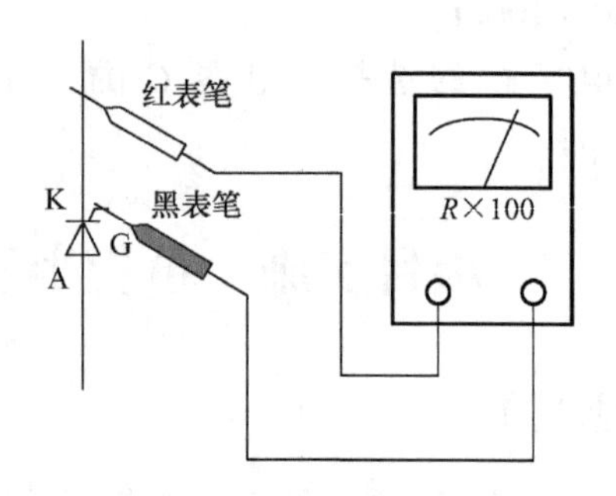

图1-33　黑表笔接门极、红表笔接阴极测试

2. 单结晶体管外观和管脚判别

采用万用表测试晶体管的三个电极，通过各管脚之间的相互关系对管子的好坏进行简单的判别。常用的方法是将万用表置于电阻 $R\times1k$ 档，红表笔接 e 脚，黑表笔接 b_1脚，测量 b_1-e 两脚的电阻，如图1-34所示。再将万用表黑表笔接 b_2脚，红表笔接 e 脚，测量 b_2-e 两脚的电阻，如图1-35所示。若单结晶体管正常，两次测量的电阻值均应较大，通常为几十千欧。

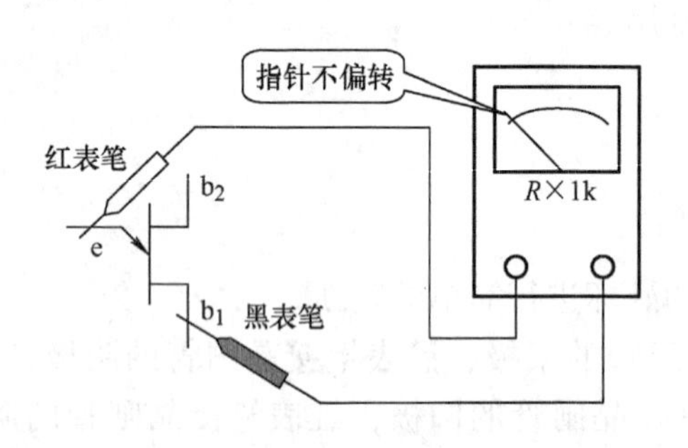

图1-34　红表笔接 e 脚、黑表笔接 b_1 脚测量

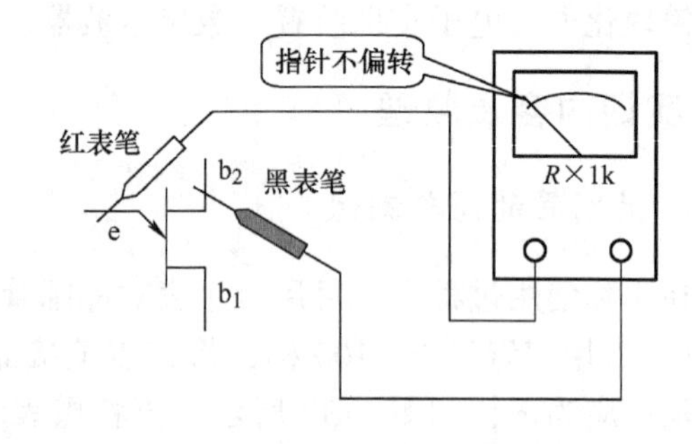

图1-35　黑表笔接 b_2 脚、红表笔接 e 脚测量

将万用表黑表笔接 e 脚，红表笔接 b_1脚，再次测量 b_1-e 两脚的电阻，如图1-36所示。再将万用表黑表笔接 e 脚，红表笔接 b_2脚，再次测量 b_2-e 两脚的电阻，如图1-37所示。若单结晶体管正常，两次测量的电阻值均应较小，通常为几千欧，而且 $r_{b1}>r_{b2}$。

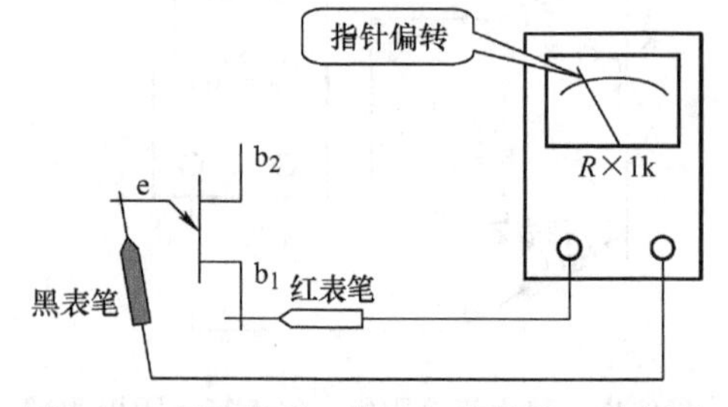

图1-36　黑表笔接 e 脚、红表笔接 b_1脚测量

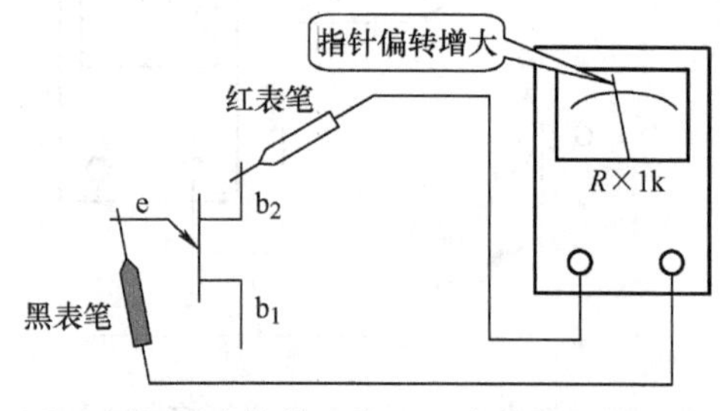

图1-37　黑表笔接 e 脚、红表笔接 b_2脚测量

将万用表红表笔接 b_1脚，黑表笔接 b_2脚，再次测量 b_1-b_2两脚的电阻，如图 1-38 所示。再将万用表黑表笔接 b_1脚，红表笔接 b_2脚，再次测量 b_1-b_2两脚的电阻，如图 1-39 所示。若单结晶体管正常，则 b_1-b_2两脚间电阻应为固定值。

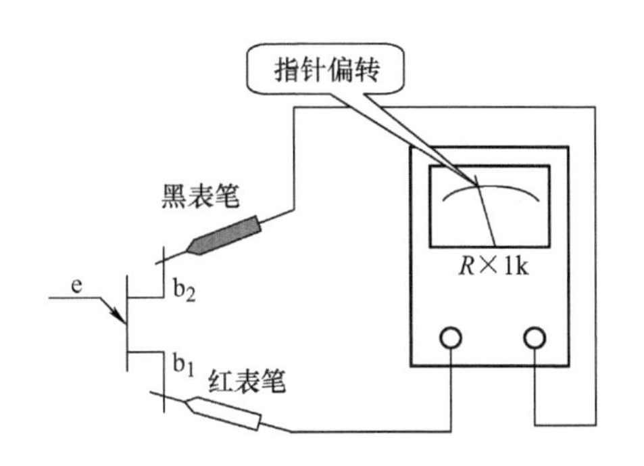

图 1-38　红表笔接 b_1脚、黑表笔接 b_2脚测量

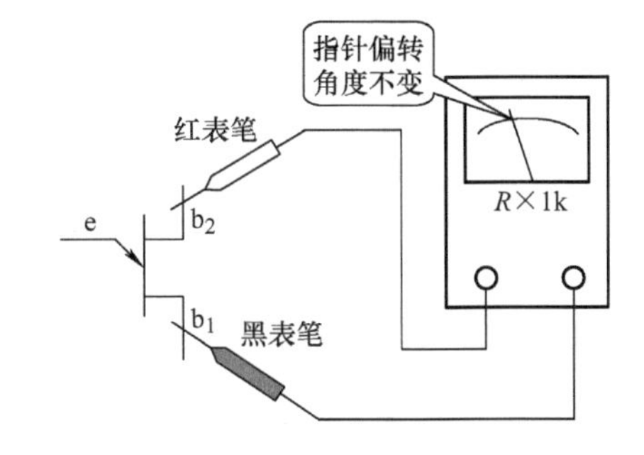

图 1-39　黑表笔接 b_1脚、红表笔接 b_2脚测量

3. 单结晶体管触发电路

利用单结晶体管（又称双基极二极管）的负阻特性和 *RC* 的充放电特性，可组成频率可调的自激振荡电路，如图 1-40 所示，$\alpha=90°$时各点电压波形如图 1-41 所示。电位器 RP_1 已装在面板上，同步信号已在内部接好，所有的测试信号都在面板上引出。

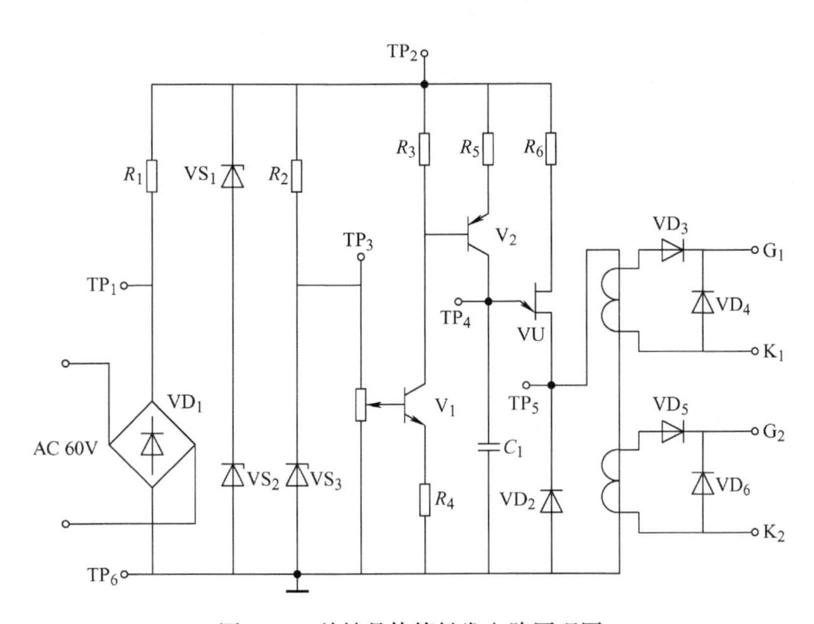

图 1-40　单结晶体管触发电路原理图

4. 单相半波可控整流电路

单相半波可控整流电路接线图如图 1-42 所示，从实训装置中的三相四线制电源模块中取单相 220V 的电源接主电路与单结晶体管触发电路。为了能够实现同步触发，主电路与触发电路必须取同一相电源。电路中电阻性负载用灯泡来等效，可实现调光灯电路的调试。

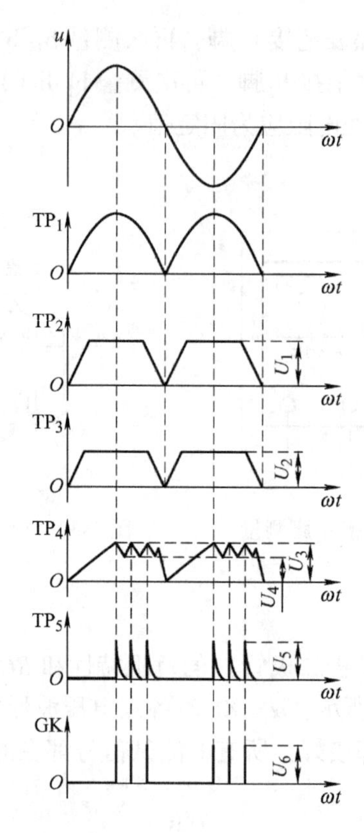

图 1-41 单结晶体管触发电路各点的电压波形（$\alpha=90°$）

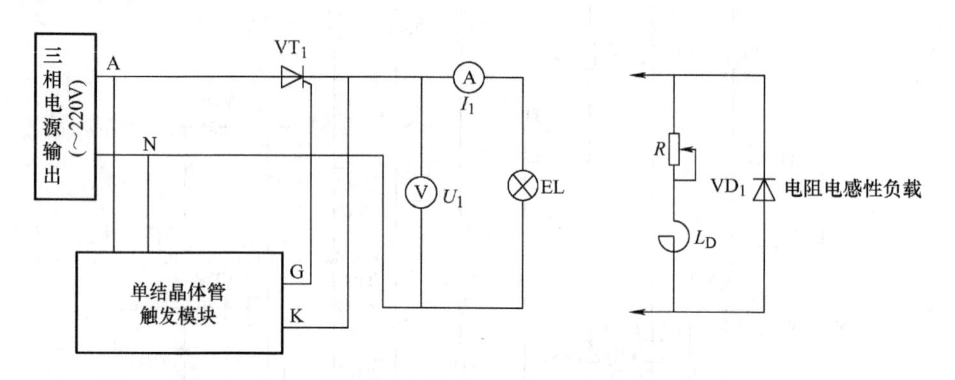

图 1-42 单相半波可控整流电路接线图

四、实训方法

1. 单结晶体管触发电路实训方法

1）根据单结晶体管的测试电路要求，在模块化电力电子实训装置上选取对应的模块。

2）根据选取的模块与对应的原理要求正确接线。

3）接线后启动电源，依次测量各点的波形，调节移相电位器 RP_1，测量各点波形的变化，最后观测输出的 G、K 间触发电压波形，观测其能否在 30°～170°内移相。

4）当 $\alpha=30°$、60°、90°、120°时，将单结晶体管触发电路的各观测点波形描绘下来，并与图 1-41 的各点波形进行比较。

2. 单相半波可控整流电路实训方法

1）根据单相半波可控整流电路的测试要求，在模块化电力电子实训装置上选取对应的模块。

2）根据选取的模块与对应的原理要求正确接线。

3）接线后启动电源，分别接电阻性负载与电感性负载，并进行调试。

4）在电阻性负载实训时，用示波器观测负载电压 U_d、晶闸管 VT 两端电压 u_T的波形，调节电位器 RP_1，观察灯泡的亮暗变化，并观测 $\alpha=30°$、60°、90°、120°、150°时 u_d、u_T的波形，并测量直流输出电压 U_d和电源电压 U_2，记录于表 1-3 中。

表 1-3　记录 U_d和 U_2（电阻性负载）

α	30°	60°	90°	120°	150°
U_2					
U_d（记录值）					
U_d/U_2					
U_d（计算值）					

5）将负载电阻 R 改成电阻电感性负载（由电阻器与平波电抗器 L_d串联而成）。暂不接续流二极管 VD_1，在不同阻抗角［阻抗角 $\varphi=\arctan(\omega L/R)$］，保持电感量不变，改变 R 的电阻值，注意电流不要超过 1A 情况下，观察并记录 $\alpha=30°$、60°、90°、120°、150°时的直流输出电压值 U_d及 u_T的波形，相应值记录于表 1-4 中。

表 1-4　记录 U_d和 U_2（电阻电感性负载）

α	30°	60°	90°	120°	150°
U_2					
U_d（记录值）					
U_d/U_2					
U_d（计算值）					

接入续流二极管 VD_1，重复上述实验，观察续流二极管的作用，以及续流二极管两端电压波形的变化。计入表 1-5 中。

表 1-5　记录 U_d和 U_2（接入续流二极管 VD_1）

α	30°	60°	90°	120°	150°
U_2					
U_d（记录值）					
U_d/U_2					
U_d（计算值）					

五、实训报告

1）画出 $\alpha=60°$时，单结晶体管触发电路各点输出电压的波形及其幅值。

2）画出 $\alpha=90°$时，接电阻性负载和电阻电感性负载时的 u_d、u_T波形。

3）画出电阻性负载时 $U_d/U_2=f(\alpha)$的实验曲线，并与计算值 U_d的对应曲线相比较。

4）分析实训中出现的故障现象，写出体会。

六、注意事项

1）为避免晶闸管意外损坏，实训时要注意以下几点：

① 在主电路未接通时，首先要调试触发电路，只有触发电路工作正常后，才可以接通主电路。

② 要选择合适的负载电阻和电感，避免过电流。在无法确定的情况下，应尽可能选用大的电阻值。

2）由于晶闸管持续工作时，需要有一定的维持电流，故要使晶闸管主电路可靠工作，其通过的电流不能太小，否则可能会造成晶闸管时断时续，工作不可靠。实训中要保证晶闸管正常工作，负载电流必须大于 50mA。

知识拓展　门极关断（GTO）晶闸管

在大功率直流调速装置中，有的使用门极关断（GTO）晶闸管器件，如电力机车整流主电路中就是使用门极关断（GTO）晶闸管，通过控制 GTO 晶闸管来调节整流输出电压。

一、GTO 晶闸管的结构及工作原理

门极关断（GTO）晶闸管的主要特点是，既可用门极正向触发信号使其触发导通，又可向门极加负向触发电压使其关断。

门极关断（GTO）晶闸管与普通晶闸管一样，也是 PNPN 四层三端器件，图 1-43 是门极关断（GTO）晶闸管的外形及图形符号。GTO 晶闸管是多元的功率集成器件，它内部包含了数十个甚至是数百个共阳极的 GTO 元，这些小的 GTO 元的阴极和门极在器件内部并联在一起，且每个 GTO 元阴极和门极距离很短，有效地减小了横向电阻，因此可以从门极抽出电流而使它关断。

a) 外形

K
G
VT
A

b) 图形符号

图 1-43　门极关断（GTO）晶闸管的外形及图形符号

其内部结构如图 1-44 所示。

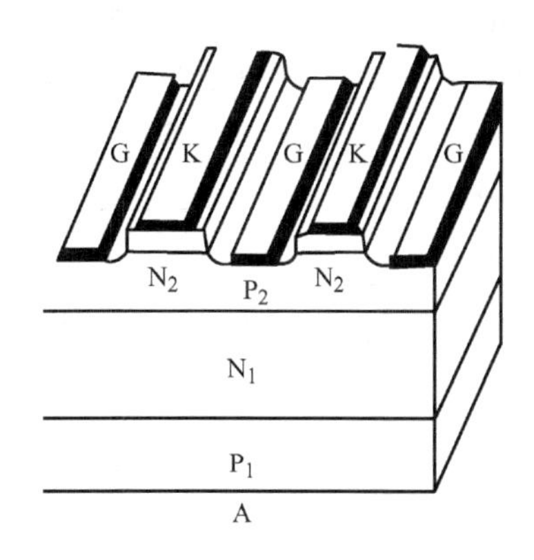

图 1-44 门极关断（GTO）晶闸管的内部结构

GTO 晶闸管的触发导通原理与普通晶闸管相似，阳极加正向电压，门极加正触发信号后，GTO 晶闸管导通。给门极加上足够大的负电压，可以使 GTO 晶闸管关断。

二、GTO 晶闸管的驱动电路

GTO 晶闸管的触发导通过程与普通晶闸管相似，但影响它关断的因素却很多，GTO 晶闸管的门极关断技术是其正常工作的基础。

理想的门极驱动信号（电流、电压）波形如图 1-45 所示，其中实线为电流波形，虚线为电压波形。

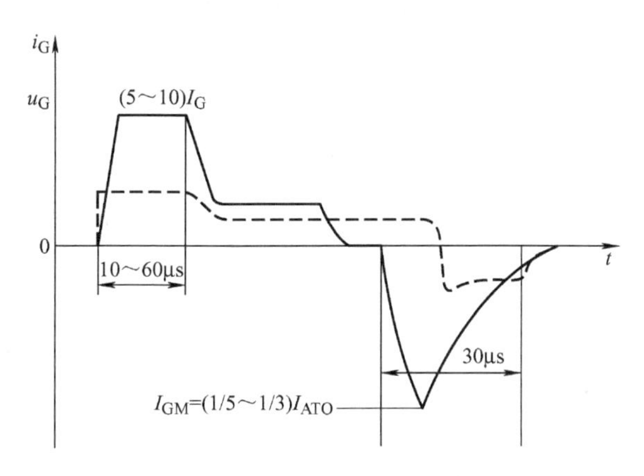

图 1-45 GTO 晶闸管门极驱动信号波形

GTO 晶闸管触发导通时，门极电流脉冲应前沿陡、宽度大、幅度高、后沿缓。这是因为上升陡峭的门极电流脉冲可以使所有的 GTO 元几乎同时导通，而脉冲后沿太陡则容易产生振荡。

门极关断电流脉冲的波形前沿要陡、宽度足够、幅度较高、后沿平缓。这是因为关断电流脉冲前沿陡可缩短关断时间，而后沿坡度太陡则可能产生正向门极电流，使 GTO 晶闸管导通。

GTO晶闸管门极驱动电路包括门极导通电路、门极关断电路和门极反偏电路。图1-46为一双电源供电的门极驱动电路。该电路由门极导通电路、门极关断电路和门极反偏电路组成。该电路可用于三相GTO晶闸管逆变电路。

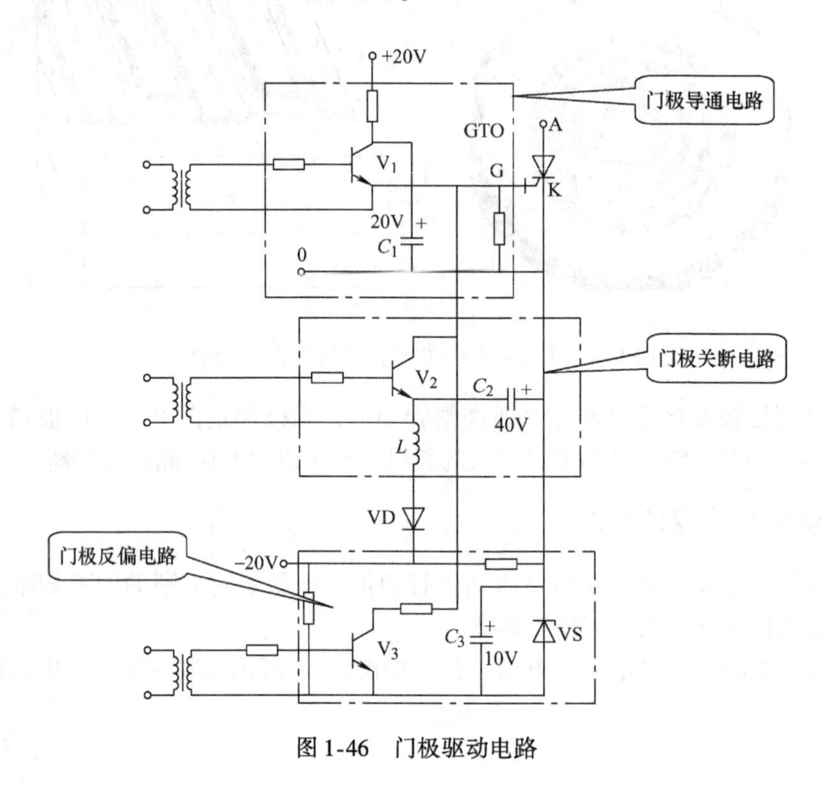

图1-46　门极驱动电路

1. 门极导通电路

在无导通信号时，晶体管 V_1 未导通，电容 C_1 被充电到电源电压，约为20V。当有导通信号时，V_1 导通，产生门极电流。已充电的电容 C_1 可加快 V_1 的导通，从而增加门极导通电流前沿的陡度。此时，电容 C_2 被充电。

2. 门极关断电路

当有关断信号时，晶体管 V_2 导通，C_2 经GTO晶闸管的阴极、门极、V_2 放电，形成峰值90V、前沿陡度大、宽度大的门极关断电流。

3. 门极反偏电路

电容 C_3 由稳压管VS钳位，其两端得到上正下负、数值为10V的电压。当晶体管 V_3 导通时，此电压作为反偏电压加在GTO晶闸管的门极上。

项目小结

1. 晶闸管是一种大功率半导体变流器件，它具有三个PN结、四层半导体结构，三个引出极为阳极 A、阴极 K 和门极 G。

2. 单相半波可控整流电路（调光灯电路）移相范围为 0°~180°，晶闸管可能承受的最大电压为 $U_{TM}=\sqrt{2}U_2$。

3. 单相半波可控整流电路电阻性负载电路参数的计算

输出电压平均值的计算公式为

$$U_d = 0.45U_2\frac{1+\cos\alpha}{2}$$

负载电流平均值的计算公式为

$$I_d = \frac{U_d}{R_d} = 0.45\frac{U_2}{R_d}\frac{1+\cos\alpha}{2}$$

负载电流有效值的计算公式为

$$I = \frac{U_2}{R_d}\sqrt{\frac{\pi-\alpha}{2\pi}+\frac{1}{4\pi}\sin 2\alpha}$$

4. 利用单结晶体管的负阻特性和 RC 电路的充放电特性，可以组成单结晶体管自激振荡电路。

项 目 测 试

一、选择题

1. 普通晶闸管的额定电流是用电流的（　　）表示的。

A. 有效值　　B. 瞬时值　　C. 平均值　　D. 最大值

2. 已经导通的晶闸管可被关断的条件是流过晶闸管的电流（　　）。

A. 减少至维持电流以下　　B. 减少至擎住电流以下

C. 减少至门极触发电流以下　　D. 减少至 5A 以下

3. 型号 KP10-12G 中，数字“10”表示（　　）。

A. 额定电压 10V　　B. 额定电压 1000V

C. 额定电流 10A　　D. 额定电流 1000A

4. 单结晶体管伏安特性的负阻区是在（　　）。

A. 峰点与谷点之间　　B. 电压小于谷点电压的区域

C. 电流大于谷点电流的区域　　D. 电压大于峰点电压的区域

5. 单结晶体管自激振荡电路输出的电压波形是（　　）。

A. 锯齿波　　B. 正弦波　　C. 矩形波　　D. 尖脉冲

6. 单结晶体管的两个基极 b_1、b_2 在使用时（　　）。

A. b_2 电位必须高于 b_1　　B. b_2 电位必须低于 b_1

C. 可以交换接线　　D. 需要查手册才能确定接法

7. 单相半波可控整流电路中，晶闸管可能承受的反向峰值电压为（　　）。

A. U_2　　B. $\sqrt{2}U_2$　　C. $2\sqrt{2}U_2$　　D. $\sqrt{6}U_2$

8. 单相半波可控整流电路带电阻性负载，在 $\alpha=60°$ 时输出电压平均值为（　　）。

A. $0.34U_2$　　B. $0.45U_2$　　C. $0.75U_2$　　D. $0.9U_2$

9. 单相半波可控整流电阻性负载电路中，触发延迟角的最大移相范围是（　　）。

A. 0°～90°　　B. 0°～120°

C. 0°～150°　　D. 0°～180°

二、判断题

1. 给晶闸管加上正向阳极电压时它就会导通。（　　）
2. 晶闸管导通后，流过晶闸管的电流大小由管子本身电特性决定。（　　）
3. 晶闸管在使用时必须加散热器。（　　）
4. 晶闸管的关断条件是阳极电流小于管子的擎住电流，即 $I_A < I_L$。（　　）
5. 单相半波可控整流电路的移相范围为0°～180°。（　　）
6. 普通晶闸管为全控型器件。（　　）
7. 单结晶体管是一种具有负阻特性的双基极二极管。（　　）
8. 单结晶体管触发电路中，发射极电阻无论取多大都能正常工作。（　　）
9. 单相半波可控整流电路接电阻性负载时，必须要接续流二极管。（　　）
10. 单相半波可控整流电路带大电感负载时，必须并联续流二极管才能正常工作。（　　）

三、思考题

1. 晶闸管导通的条件是什么？导通后流过晶闸管的电流由什么决定？晶闸管的关断条件是什么？如何实现？晶闸管导通与阻断时其两端电压各为多少？

2. 调试图1-47所示晶闸管电路，在断开负载 R 测量输出电压 U_d 是否可调时，发现电压表读数不正常，接上 R 后一切正常，请分析原因。

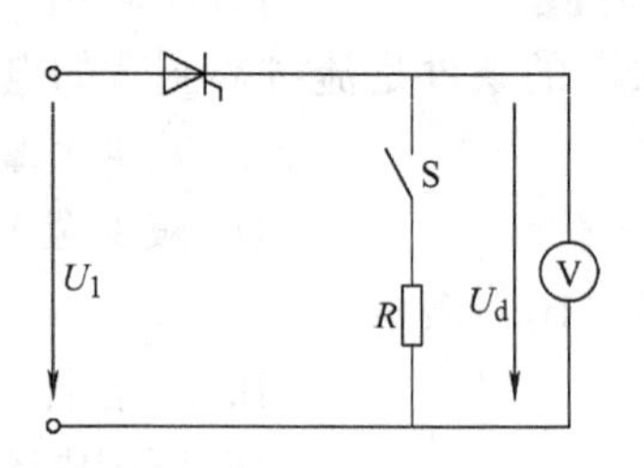

图1-47　晶闸管电路

3. 说明晶闸管型号KP100-8E代表的意义。

4. 晶闸管的额定电流和其他电气设备的额定电流有什么不同？

5. 某晶闸管测得 $U_{DRM}=840V$，$U_{RRM}=980V$，试确定此晶闸管的额定电压。

6. 有些晶闸管触发导通后，触发脉冲结束时它又关断，是什么原因？

7. 有一单相半波可控整流电路，带电阻性负载 $R_d=10\Omega$，交流电源直接从220V电网获得，试求：

（1）输出电压平均值 U_d 的调节范围。

（2）计算晶闸管电压与电流并选择晶闸管。

8. 画出单相半波可控整流电路，当 $\alpha=60°$ 时，以下三种情况的 u_d、i_T 及 u_T 的波形。

（1）电阻性负载。

（2）大电感负载不接续流二极管。

（3）大电感负载接续流二极管。

9. 单相半波整流电路中，如①门极不加触发脉冲；②晶闸管内部短路；③晶闸管内部断开，试分析上述三种情况下晶闸管两端电压和负载两端电压波形。

10. 单结晶体管触发电路中，削波稳压管两端并接一只大电容，可控整流电路能工作吗？为什么？

11. 单结晶体管自激振荡电路是根据单结晶体管的什么特性工作的？振荡频率的高低与什么因素有关？

项目二　直流电动机调速器

【项目描述】

可控整流电路在电力电子技术中应用最为广泛。观察生产中使用的各类直流电动机调速器，会发现其输入的是交流220V 电压，而输出的电压可根据电动机转速的需要来进行调节。图 2-1 所示为一台 514C 型调速器，采用逻辑控制的无环流直流可逆调速系统，它的控制回路是转速-电流双闭环系统，外环是转速环，可采用速度反馈或电枢电压反馈。

图 2-1　单相直流调速器

【项目分析】

514C 型调速器的控制系统是某驱动器公司生产的一种以运算放大器作为调节元件的模拟式直流可逆调速系统。其结构主要包括主电路、控制电路以及保护电路。作为一种使用于工业环境中的扩展设备，514C 型调速器采用开放式的框架结构，整个调速器以散热器为基座，两组反并联的晶闸管模块直接固定在散热器上，组成该设备的主电路。该调速器主电路是本项目中将要学习的单相桥式整流电路与有源逆变电路。本项目也将对桥式整流电路中的主要控制电路进行拓展分析。

任务一　直流调速装置整流电路分析

一、学习目标

1）了解单相桥式晶闸管可控整流电路的电路组成形式。

2）掌握单相桥式晶闸管可控整流电路的工作原理。

3）掌握单相桥式晶闸管可控整流电路各主要点波形分析及参量计算。

二、相关知识

单相半波整流电路结构简单、调试方便、投资小，但只有半周工作，输出的直流电压脉动大，整流变压器利用率低而且有直流分量流过，所以，一般只用在小容量而且要求不高的场合。单相桥式整流电路输出的直流电压和电流的脉动程度比单相半波整流电路输出的直流电压、电流小，且可以改善变压器直流磁化的现象，提高变压器利用率，所以在小容量装置中得到广泛应用。单相桥式可控整流电路分为单相桥式全控整流电路和单相桥式半控整流电路。

1. 单相桥式全控整流电路

（1）电阻性负载

1）电路结构。单相桥式全控整流电路带电阻性负载的电路结构如图 2-2 所示，由整流变压器、4 只晶闸管 VT_1 ~ VT_4 以及负载电阻 R_d 组成。其中，VT_1、VT_2 阴极相连，为共阴极接法；VT_3、VT_4 阳极相连，为共阳极接法。VT_1 和 VT_4 在 u_2 正半周时有触发脉冲即导通，当 u_2 过零时关断；VT_2 和 VT_3 在 u_2 负半周时有触发脉冲即导通，当 u_2 过零时关断。

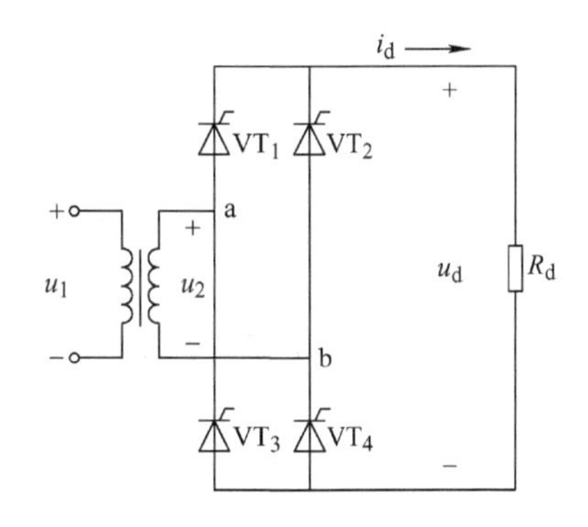

图 2-2　单相桥式全控整流电路带电阻性负载主电路

2）工作原理分析。改变晶闸管的触发时刻，即改变触发延迟角 α 的大小，即可改变输出电压的波形。图 2-3 所示为 $\alpha = 30°$ 时输出电压的理论波形。当电源电压 u_2 处于正半周时，在 ωt_1 时刻即 $\alpha = 30°$ 时加入触发脉冲，VT_1 和 VT_4 同时导通，忽略晶闸管的管压降，电源电压 u_2 全部加在电阻两端，输出电压 u_d 波形与电源电压 u_2 正半周的波形相同，在 ωt_2 时刻，电源电压 u_2 过零时，晶闸管 VT_1 和 VT_4 承受反压关断；当电源电压 u_2 处于负半周时，在相同的触发延迟角 ωt_3 时刻，即 $\alpha = 30°$ 时触发晶闸管 VT_2 和 VT_3 同时导通，在此段时间输出电压仍然为正向，电阻两端获得与 u_2 正半周相同的整流输出电压波形，在 ωt_4 时刻，电源电压 u_2 过零重新变正时，VT_2 和 VT_3 承受反压关断。如此循环工作下去，在电阻两端得到脉动的直流电压，波形如图 2-3a 所示。

图 2-3b 所示为 $\alpha = 30°$ 时，晶闸管 VT_1 两端电压 u_{T1} 的理论波形。从图中可以看出，在 1 个周期内整个波形也分为 4 个部分：0 ~ ωt_1 期间，触发脉冲尚未加入，VT_1 ~ VT_4 均处于截止状态，如果 VT_1、VT_4 的漏电阻相等，则晶闸管 VT_1 承担一半的电源电压，即 $u_2/2$；在 ωt_1 ~ ωt_2 期间，晶闸管 VT_1 导通，忽略管压降，晶闸管两端的电压 $u_{T1} \approx 0$；在 ωt_2 ~ ωt_3 期间，由于 VT_1 ~ VT_4 均处于截止状态，使得 VT_1 承担一半的电源电压；ωt_3 ~ ωt_4 期间，当晶闸管 VT_3 被触发导通后，VT_1 将承受 u_2 的全部反向电压波形。

从图 2-3 中可见，负载上的直流电压输出波形与单相半波时相比多了一倍，由晶闸管所承受的电压波形可以看出，晶闸管的触发延迟角可从 0° ~ 180° 变化，即电路的移相范围为 0° ~ 180°，其导通角为 $\pi - \alpha$。晶闸管除在导通期间不受电压外，当一组管子导通时，电源电压 u_2 将全部加在未导通的晶闸管上；当 4 只晶闸管都处于截止状态时，假设管子的漏电阻相等，则每只管子承担电源电压 u_2 的一半。因此，晶闸管承受的最大反向电压为 $\sqrt{2}U_2$，而其承受的最大正向电压为 $\frac{\sqrt{2}}{2}U_2$。

3）参数计算。

① 输出电压平均值为

$$U_d = \frac{1}{\pi}\int_{\alpha}^{\pi}\sqrt{2}U_2\sin\omega t\mathrm{d}(\omega t) = \frac{2\sqrt{2}U_2}{\pi}\frac{1+\cos\alpha}{2} = 0.9U_2\frac{1+\cos\alpha}{2}$$

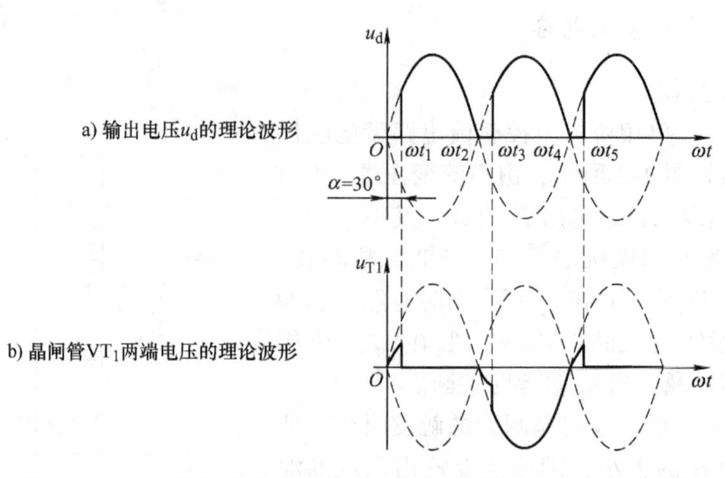

图 2-3　$\alpha=30°$单相桥式全控整流电路带电阻性负载时的理论波形

② 负载电流平均值为

$$I_d=\frac{U_d}{R_d}=\frac{2\sqrt{2}U_2}{\pi R_d}\frac{1+\cos\alpha}{2}=0.9\frac{U_2}{R_d}\frac{1+\cos\alpha}{2}$$

③ 输出电压有效值为

$$U=\sqrt{\frac{1}{\pi}\int_{\alpha}^{\pi}(\sqrt{2}U_2\sin\omega t)^2\mathrm{d}(\omega t)}=U_2\sqrt{\frac{1}{2\pi}\sin2\alpha+\frac{\pi-\alpha}{\pi}}$$

④ 负载电流有效值为

$$I=\frac{U_2}{R_d}\sqrt{\frac{1}{2\pi}\sin2\alpha+\frac{\pi-\alpha}{\pi}}$$

⑤ 流过每只晶闸管的电流的平均值为

$$I_{dT}=\frac{1}{2}I_d=0.45\frac{U_2}{R}\frac{1+\cos\alpha}{2}$$

⑥ 流过每只晶闸管的电流的有效值为

$$I_T=\sqrt{\frac{1}{2\pi}\int_{\alpha}^{\pi}\left(\frac{\sqrt{2}U_2}{R_d}\sin\omega t\right)^2\mathrm{d}(\omega t)}=\frac{U_2}{R_d}\sqrt{\frac{1}{4\pi}\sin2\alpha+\frac{\pi-\alpha}{2\pi}}=\frac{1}{\sqrt{2}}I$$

（2）电感性负载　实际应用中，采用的电动机负载是加反电动势性质的电感负载，为保证电流连续，需加装平波电抗器（大电感），其电路按大电感负载、电路处于稳态进行分析。

1）电路结构。单相桥式全控整流电路带电感性负载的主电路如图 2-4 所示。由整流变压器 T、4 只晶闸管 VT_1 ~ VT_4、平波电抗器 L 以及电阻 R 组成。

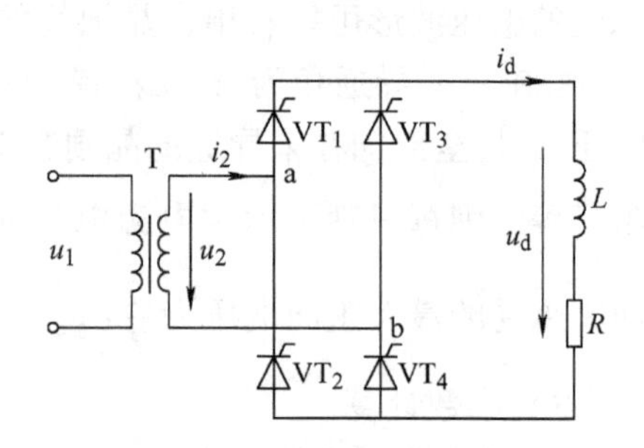

图 2-4　单相桥式全控整流电路带电感性负载主电路

2）工作原理分析。在电源 u_2 正半周，在 $\omega t=\alpha$ 时给 VT_1 和 VT_4 同时加触发脉冲，则 VT_1 和 VT_4 导通，输出电压 $u_d=u_2$。由此时刻到 VT_2 和 VT_3 被触发导通

时间段内，负载电流流通路径为 a→VT_1→L→R→VT_4→b。当电源电压 u_2 过零变负时，由于电感产生的自感电动势会使 VT_1 和 VT_4 继续导通，而输出电压仍为 $u_d=u_2$，所以出现了输出电压为负的情况。此时，晶闸管 VT_2 和 VT_3 虽然已承受正向电压，但还没给触发脉冲，所以不会导通。直到在负半周相当于 α 角的时刻，给 VT_2 和 VT_3 同时加触发脉冲，则因 VT_2 的阳极电压比 VT_1 高，VT_3 的阴极电位比 VT_4 低，故 VT_2 和 VT_3 被触发导通，VT_2 和 VT_3 的导通将使 VT_1 和 VT_4 由于承受反压而关断，负载电流也改为经过 VT_2 和 VT_3。由 VT_2 和 VT_3 被触发导通时刻到下个周期 VT_1 和 VT_4 导通时间段内，负载电流流通路径为 b→VT_3→L→R→VT_2→a。

由图 2-5 输出负载电压 u_d、负载电流 i_d 的波形可看出，与电阻性负载相比，u_d 的波形出现了负半周部分，i_d 的波形则是连续的近似直线，这是由于电感中的电流不能突变，电感起到了平波的作用，电感越大则电流越平稳。

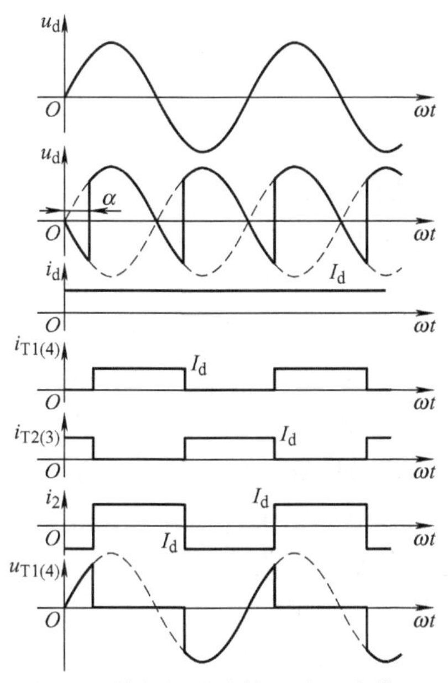

图 2-5　单相桥式全控整流电路带电感性负载时的理论波形

从晶闸管 VT_1、VT_4 两端电压 $u_{T1(4)}$ 的理论波形可以看出，在单相桥式全控整流大电感负载电路中，每只晶闸管导通 180°，当晶闸管 VT_1、VT_4 导通时，忽略管压降，晶闸管两端的电压 $u_{T1(4)}\approx0$；当晶闸管 VT_1、VT_4 处于截止状态时，VT_2、VT_3 导通，VT_1、VT_4 承受全部的反向电源电压。可得晶闸管承受的最大正、反向电压均为 $\sqrt{2}U_2$。两组管子轮流导通，每只晶闸管的导通时间较电阻性负载时延长了，导通角 $\theta_T=\pi$，与 α 无关。

3）参数计算。

① 输出电压平均值为

$$U_d=\frac{1}{\pi}\int_{\alpha}^{\pi+\alpha}\sqrt{2}U_2\sin\omega t\mathrm{d}(\omega t)=0.9U_2\cos\alpha$$

在 $\alpha=0°$ 时，输出电压 U_d 最大，$U_{d0}=0.9U_2$；在 $\alpha=90°$ 时，输出电压 U_d 最小，等于零。因此 α 的移相范围是 0°～90°。

② 负载电流平均值为

$$I_d=\frac{U_d}{R_d}=0.9\frac{U_2}{R_d}\cos\alpha$$

③ 晶闸管的电流平均值只有输出直流平均值的一半，即

$$I_{dT}=\frac{1}{2}I_d=0.45\frac{U_2}{R}\cos\alpha$$

④ 晶闸管电流的有效值为

$$I_T=\frac{1}{\sqrt{2}}I_d$$

（3）电感性负载带续流二极管　单相桥式全控整流大电感负载电路在 0°～90° 的范围内，负载电压的波形出现负半周，从而使电路输出电压平均值下降，为了扩大移相范围，去

掉输出电压的负值，提高 U_d的值，可以在负载两端并接续流二极管。

1）电路结构。单相桥式全控整流电路带大电感负载接续流二极管主电路如图 2-6 所示。电路由整流变压器 T、4 只晶闸管 $VT_1 \sim VT_4$、续流二极管 VD、平波电感器 L 以及电阻 R 组成。

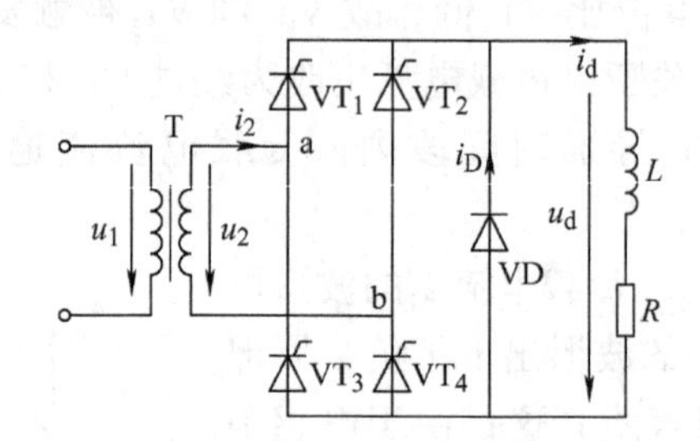

图 2-6　单相桥式全控整流电路带大电感负载接续流二极管主电路

2）工作原理分析。接入续流二极管后，$\alpha=60°$时输出电压 u_d 及晶闸管 VT_1 两端电压的理论波形如图 2-7 所示。

电源电压正半周时，晶闸管 VT_1和 VT_4在 $\alpha=60°$时被触发导通，整流输出电压 u_d 的波形与电源电压 u_2 正半周的波形相同。忽略管压降，晶闸管 VT_1两端电压 $u_{T1} \approx 0$。当电源电压 u_2 过零变负时，续流二极管承受正向电压而导通，晶闸管 VT_1 和 VT_4 承受反向电压而关断，$u_d \approx 0$，波形与横轴重合，此时负载电流 i_d 不再流回电源，而是经过续流二极管进行续流，释放电感中储存的能量。此时晶闸管 VT_1承受一半的电源电压。

在电源电压 u_2 负半周的相应时刻，晶闸管 VT_2和 VT_3被触发导通，续流二极管承受反向电压关断，在负载两端获得与 VT_1和 VT_4导通时相同的整流输出电压波形，晶闸管承受全部的反压；当电源电压 u_2 过零重新变正时，续流二极管再次导通进行续流，直至晶闸管 VT_1 和 VT_4再次被触发导通，如此电路完成 1 个周期的工作。可见，接入续流二极管后，其输出电压波形与电阻性负载波形相同。α 的移相范围为 0° ~ 180°。晶闸管可能承受的最大电压 $U_{TM}=\sqrt{2}U_2$。

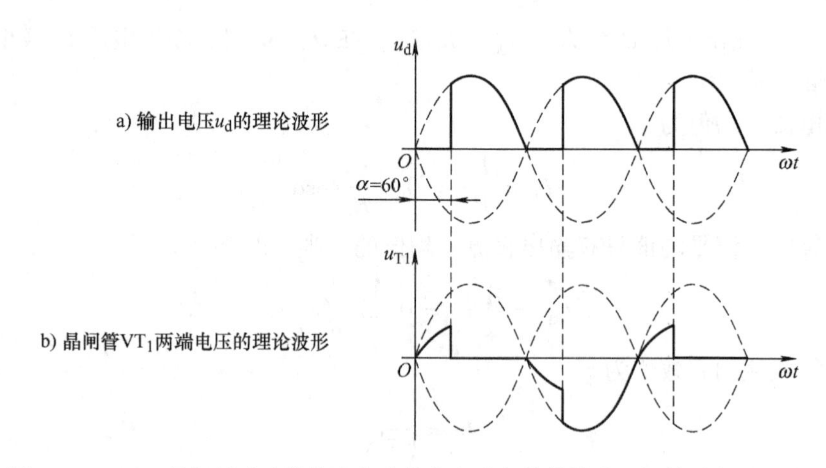

图 2-7　$\alpha=60°$单相桥式全控整流电路带大电感负载接续流二极管时的理论波形

3）参数计算。

① 输出电压平均值为

$$U_{\mathrm{d}} = \frac{1}{\pi}\int_{\alpha}^{\pi}\sqrt{2}U_2\sin\omega t\mathrm{d}(\omega t) = \frac{2\sqrt{2}U_2}{\pi}\frac{1+\cos\alpha}{2} = 0.9U_2\frac{1+\cos\alpha}{2}$$

② 负载输出电流平均值为

$$I_{\mathrm{d}} = \frac{U_{\mathrm{d}}}{R} = \frac{2\sqrt{2}U_2}{\pi R}\frac{1+\cos\alpha}{2} = 0.9\frac{U_2}{R}\frac{1+\cos\alpha}{2}$$

③ 流过晶闸管的电流平均值只有输出直流平均值的一半，即

$$I_{\mathrm{dT}} = \frac{1}{2}I_{\mathrm{d}} = 0.45\frac{U_2}{R}\frac{1+\cos\alpha}{2}$$

④ 流过晶闸管电流的有效值为

$$I_{\mathrm{T}} = \sqrt{\frac{1}{2\pi}\int_{\alpha}^{\pi}\left(\frac{\sqrt{2}U_2}{R}\sin\omega t\right)^2\mathrm{d}(\omega t)} = \frac{U_2}{\sqrt{2}R}\sqrt{\frac{1}{2\pi}\sin2\alpha + \frac{\pi-\alpha}{\pi}}$$

⑤ 变压器二次电流有效值 I_2 与输出直流电流有效值 I 相等，即

$$I = I_2 = \sqrt{\frac{1}{\pi}\int_{\alpha}^{\pi}\left(\frac{\sqrt{2}U_2}{R}\sin\omega t\right)^2\mathrm{d}(\omega t)} = \frac{U_2}{R}\sqrt{\frac{1}{2\pi}\sin2\alpha + \frac{\pi-\alpha}{\pi}}$$

2. 单相桥式半控整流电路

在单相桥式全控整流电路中，需要 4 只晶闸管，而且每次都要同时触发两只晶闸管，因此电路较为复杂。为了简化电路，实际上可以采用一只晶闸管来控制导通回路，用 1 只整流二极管来代替另一只晶闸管。因此可以把单相桥式全控整流电路中的 $\mathrm{VT_3}$ 和 $\mathrm{VT_4}$ 换成二极管 $\mathrm{VD_3}$ 和 $\mathrm{VD_4}$，就可构成单相桥式半控整流电路。

（1）电阻性负载

1）电路结构。单相桥式半控整流电路带电阻性负载时的主电路如图 2-8 所示。电路由整流变压器 T、两只晶闸管 $\mathrm{VT_1}$、$\mathrm{VT_2}$、两只整流二极管 $\mathrm{VD_3}$、$\mathrm{VD_4}$ 以及电阻 R 组成。

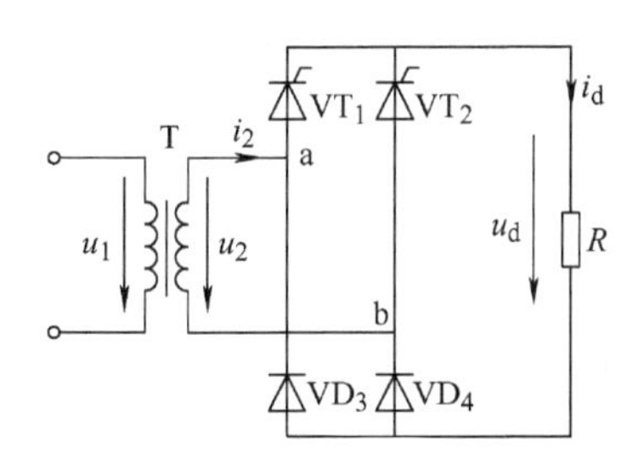

图 2-8　单相桥式半控整流电路带电阻性负载主电路

2）工作原理分析。改变晶闸管的触发时刻，即改变触发延迟角 α 的大小即可改变输出电压的波形，图 2-9 所示为 $\alpha=30°$ 时的理论波形。当电源电压 u_2 处于正半周时，在 ωt_1 时刻即 $\alpha=30°$ 时触发 $\mathrm{VT_1}$ 导通，此时二极管 $\mathrm{VD_4}$ 也因承受正向电压而导通，忽略管压降，电源电压 u_2 全部加在电阻两端，整流输出电压 u_{d} 波形与电源电压 u_2 正半周的波形相同，在 ωt_2 时刻，电源电压 u_2 过零时，晶闸管 $\mathrm{VT_1}$ 承受反压关断；当电源电压 u_2 处于负半周时，在相同

的触发延迟角 ωt_3时刻，即 $\alpha=30°$时触发晶闸管 VT_2导通，此时二极管 VD_1也因承受正向电压而导通，在此段时间输出电压仍然为正向，电阻两端获得与 u_2 正半周相同的整流输出电压波形，在 ωt_4时刻电源电压 u_2 过零时，VT_2承受反压关断。

按照上述原理分析，在电阻两端得到脉动的直流电压，波形如图 2-9a 所示。图 2-9b 所示为 $\alpha=30°$时，晶闸管 VT_1 两端电压 u_{T1}的理论波形。从图中可以看出，在一个周期内整个波形也分为 4 个部分：$0\sim\omega t_1$期间，触发脉冲尚未加入，二极管 VD_4承受正向电压而处于导通状态，二极管 VD_3反偏截止，VT_1、VT_2均处于截止状态，则晶闸管 VT_1承担全部的电源电压 u_2；在 $\omega t_1\sim\omega t_2$期间，晶闸管 VT_1导通，忽略管压降，晶闸管两端的电压 $u_{T1}\approx0$；在 $\omega t_2\sim\omega t_3$期间，VT_1关断，由于二极管 VD_3承受正向电压而处于导通状态，使得 VT_1两端不承受电压；$\omega t_3\sim\omega t_4$期间，当晶闸管 VT_2被触发导通后，VT_1将承受 u_2 的全部反向电压波形。

可见，工作情况同单相桥式全控整流电路相似，两只晶闸管仍是共阴极连接，即使同时触发两只管子，也只能是阳极电位高的晶闸管导通。而两只二极管是共阳极连接，总是阴极电位低的二极管导通。二极管与变压器二次电流波形可自行分析与绘制。

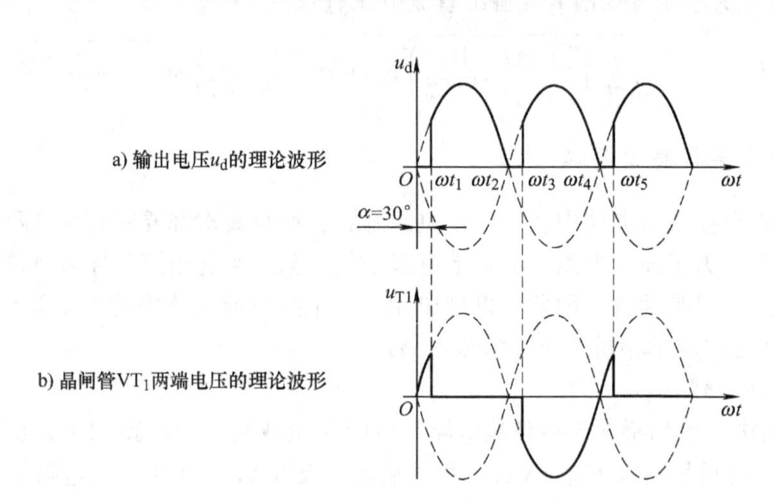

图 2-9　$\alpha=30°$单相桥式半控整流电路带电阻性负载时的理论波形

3）参数计算。

① 输出电压平均值为

$$U_d=\frac{1}{\pi}\int_{\alpha}^{\pi}\sqrt{2}U_2\sin\omega t\mathrm{d}(\omega t)=\frac{2\sqrt{2}U_2}{\pi}\frac{1+\cos\alpha}{2}=0.9U_2\frac{1+\cos\alpha}{2}$$

α 的移相范围是 $0°\sim180°$。

② 负载电流平均值为

$$I_d=\frac{U_d}{R}=\frac{2\sqrt{2}U_2}{\pi R}\frac{1+\cos\alpha}{2}=0.9\frac{U_2}{R}\frac{1+\cos\alpha}{2}$$

③ 流过晶闸管的电流平均值只有输出直流平均值的一半，即

$$I_{dT}=\frac{1}{2}I_d=0.45\frac{U_2}{R}\frac{1+\cos\alpha}{2}$$

④ 流过晶闸管电流有效值的为

$$I_{\mathrm{T}} = \sqrt{\frac{1}{2\pi}\int_{\alpha}^{\pi}\left(\frac{\sqrt{2}U_2}{R}\sin\omega t\right)^2 \mathrm{d}(\omega t)} = \frac{U_2}{\sqrt{2}R}\sqrt{\frac{1}{2\pi}\sin2\alpha + \frac{\pi - \alpha}{\pi}}$$

⑤ 变压器二次电流有效值 I_2 与输出直流电流 I 有效值相等，即

$$I = I_2 = \sqrt{\frac{1}{\pi}\int_{\alpha}^{\pi}\left(\frac{\sqrt{2}U_2}{R}\sin\omega t\right)^2 \mathrm{d}(\omega t)} = \frac{U_2}{R}\sqrt{\frac{1}{2\pi}\sin2\alpha + \frac{\pi - \alpha}{\pi}}$$

$$I_{\mathrm{T}} = \frac{1}{\sqrt{2}}I$$

⑥ 晶闸管可能承受的最大电压为

$$U_{\mathrm{TM}} = \sqrt{2}U_2$$

（2）电感性负载

1）电路结构。单相桥式半控整流电路带电感性负载时的主电路如图 2-10 所示。电路由整流变压器 T、两只晶闸管 VT_1、VT_2、两只整流二极管 VD_3、VD_4、平波电感器 L 以及电阻 R 组成。

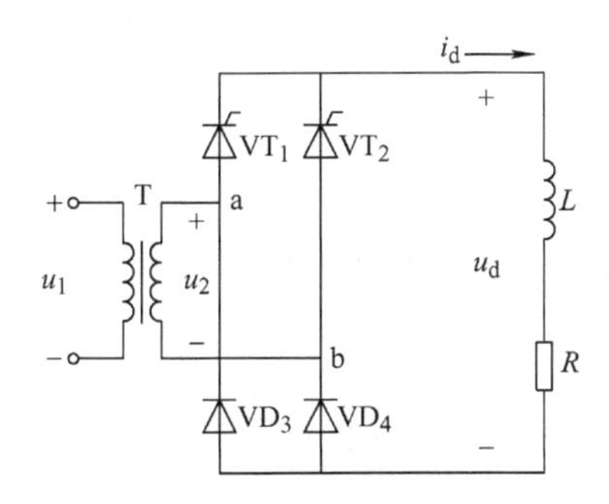

图 2-10　单相桥式半控整流电路带电感性负载主电路

2）工作原理分析。当电源电压为正半周时，在 ωt_1 时刻，即 $\alpha = 30°$ 时触发 VT_1 导通，此时二极管 VD_4 也因承受正向电压而导通，忽略晶闸管的管压降，电源电压 u_2 全部加在负载两端，整流输出电压 u_d 波形与电源电压 u_2 正半周的波形相同，晶闸管 VT_1 两端承受的电压 $u_{T1} \approx 0$，其波形与横轴重合。在 ωt_2 时刻，电源电压 u_2 过零进入负半周，在电感上产生感应电动势 e_L，极性为上负下正，而且其值大于电源电压 u_2。在 e_L 的作用下，负载电流方向不变，大于晶闸管 VT_1 的维持电流，VT_1 依然处于导通状态，此时二极管 VD_3 正偏导通，同时使 VD_4 承受反压关断，由 VT_1、VD_3 构成自然续流回路，其换相过程称为自然换相，忽略 VT_1、VD_3 的管压降，整流输出电压 $u_d \approx 0$，由于 VT_1 仍处于导通状态，其两端承受的电压波形依然与横轴重合，与电阻性负载波形相同，输出波形如图 2-11 所示。

当电源电压 u_2 在负半周时，在 ωt_3 时刻，触发晶闸管 VT_2 导通，在负载两端得到与正半周时相同的输出电压，晶闸管 VT_1 因 VT_2 导通而承受反压关断。在 ωt_4 时刻，电源电压 u_2 过零重新变正时，电路进入自然续流状态，整流输出电压 $u_d \approx 0$，晶闸管 VT_1 承受正向电源电压。

可见，在单相桥式半控整流大电感负载电路中，两只晶闸管触发换相，两只二极管过零

时进行换相。电路内部有自然续流的作用，输出电压没有负半周，负载电流 i_d 也不再流回电源，只要负载中的电感足够大，则负载电流 i_d 连续。α 的移相范围为 0° ~180°。晶闸管可能承受的最大电压为 $U_{TM}=\sqrt{2}U_2$。

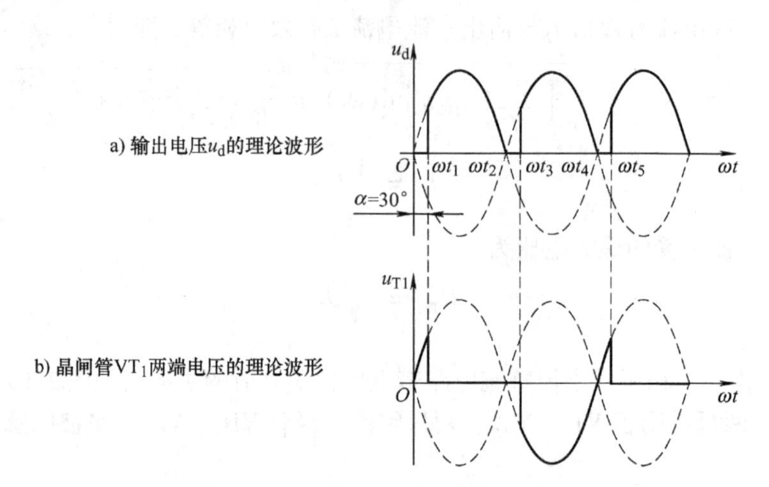

图 2-11　$\alpha=30°$单相桥式半控整流电路带大电感负载时的理论波形

3）参数计算。

① 输出电压平均值为

$$U_d=\frac{1}{\pi}\int_{\alpha}^{\pi}\sqrt{2}U_2\sin\omega t\,d(\omega t)=0.9U_2\frac{\cos\alpha+1}{2}$$

② 负载输出的平均电流值为

$$I_d=\frac{U_d}{R}=0.9\frac{U_2}{R}\frac{\cos\alpha+1}{2}$$

③ 流过晶闸管的电流平均值只有输出直流平均值的一半，即

$$I_{dT}=\frac{1}{2}I_d=0.45\frac{U_2}{R}\frac{\cos\alpha+1}{2}$$

④ 流过晶闸管电流的有效值为

$$I_T=\frac{1}{\sqrt{2}}I_d$$

因此可知单相桥式半控整流电路带大电感负载时的工作特点是：晶闸管在触发时刻换相，二极管则在电源过零时刻换相；电路本身就具有自然续流作用，负载电流可以在电路内部换相，所以，即使没有续流二极管，输出也没有负电压，与桥式全控电路不一样。

（3）接续流二极管的电感性负载　在单相半控桥式整流电路带大电感负载时不接续流二极管，电路也能正常工作，但可靠性不高，若突然关断触发电路或突然把触发延迟角 α 增大到 180°，电路会发生失控现象。

失控后，即使去掉触发电路，电路会出现正在导通的晶闸管一直导通，而两只二极管轮流导通的情况，使 u_d 仍会有输出，但波形是单相半波不可控的整流波形，这就是所谓的失控现象。

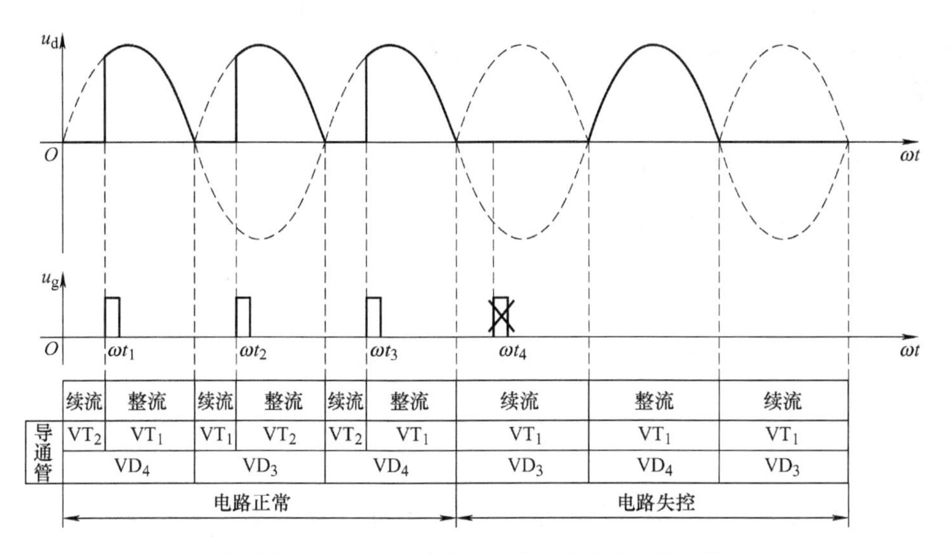

图 2-12　单相半控桥式整流电路带大电感负载电路失控时输出电压波形

在 ωt_3时刻，电源电压 u_2 处于正半周，触发电路正常送出触发脉冲 u_{g1} 使晶闸管 VT_1 触发导通，此时，VT_1和 VD_4导通，电路处于整流状态。当电源电压 u_2 过零进入负半周时，负载电流 i_d 由 VD_4换相到 VD_3，VT_1和 VD_3导通，电路进入自然续流状态。在 ωt_4时刻，电源电压 u_2 处于负半周，触发电路本应送出触发脉冲 u_{g2} 使晶闸管 VT_2触发导通，同时使 VT_1承受反向电压关断，但是由于某种原因造成触发脉冲 u_{g2} 突然丢失，此时 VT_2无法导通，只要电感 L 中储存的能量足够大，图 2-12 中的续流过程将继续进行直至电源电压 u_2 的负半周结束。

当电源电压 u_2 再次进入正半周时，VT_1承受正向电压继续导通，负载电流 i_d 由 VD_3换流到 VD_4，电路再次进入整流状态。如此循环下去，电路输出图 2-12 所示的电压波形。

也就是说，在单相半控桥式整流大电感负载电路中，出现触发延迟角 α 突然移到 180°或者脉冲突然丢失的情况，将会发生已导通的晶闸管持续导通无法关断，而两个整流二极管轮流导通的不正常现象，这种现象被称为失控现象。在生产实际中，电路一旦出现失控，已经导通的晶闸管将因过热而损坏，这是不允许的。

为解决失控现象，单相桥式半控整流电路带电感性负载时，仍需在负载两端并接续流二极管 VD。这样，当电源电压过零变负时，负载电流经续流二极管续流，使直流输出接近于零，迫使原导通的晶闸管关断。加了续流二极管后的电路如图 2-13 所示。

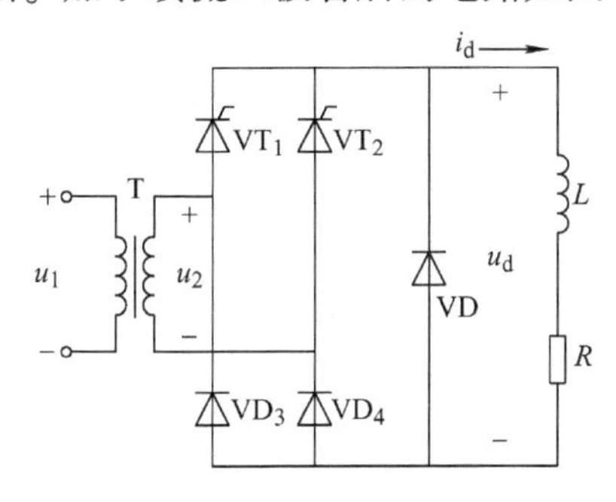

图 2-13　单相半控桥式整流电路带大电感负载接续流二极管主电路

可见，接入续流二极管后，其波形与电阻性负载波形相同。

单相半控桥式整流电阻性负载电路的数量关系如下：

① 输出电压平均值为

$$U_{\mathrm{d}} = \frac{1}{\pi}\int_{\alpha}^{\pi}\sqrt{2}U_2\sin\omega t\mathrm{d}(\omega t) = \frac{2\sqrt{2}U_2}{\pi}\frac{1+\cos\alpha}{2} = 0.9U_2\frac{1+\cos\alpha}{2}$$

② 负载输出的平均电流值为

$$I_{\mathrm{d}} = \frac{U_{\mathrm{d}}}{R} = \frac{2\sqrt{2}U_2}{\pi R}\frac{1+\cos\alpha}{2} = 0.9\frac{U_2}{R}\frac{1+\cos\alpha}{2}$$

③ 流过晶闸管的电流平均值只有输出直流平均值的一半，即

$$I_{\mathrm{dT}} = \frac{1}{2}I_{\mathrm{d}} = 0.45\frac{U_2}{R}\frac{1+\cos\alpha}{2}$$

任务二　直流调速装置有源逆变电路分析

一、学习目标

1）理解有源逆变的概念及实现有源逆变的条件。

2）掌握单相有源逆变电路的工作原理。

3）了解有源逆变失败的原因和最小逆变角的限制。

二、相关知识

生产中，经常对直流电动机有快速制动及可逆运行的要求，这就要求尽量快速地释放直流电动机因旋转而具有的动能。项目描述中提到的514C单相可逆直流调速器，采用单相的可逆系统进行控制，其核心就是晶闸管的可控整流和有源逆变电路的应用，对于可控整流，在任务一中已介绍了常用的各类可控整流电路。下面介绍单相有源逆变电路。

1. 概述

在工业生产中不但需要将固定频率、固定电压的交流电转变为可调电压的直流电，即可控整流，而且还需要将直流电转变为交流电，这一过程称为逆变。

整流与逆变的根本区别就表现在两者能量传送方向的不同。一个相控整流电路，只要满足一定条件，也可工作于有源逆变状态。

逆变与整流互为可逆过程，能够实现可控整流的晶闸管装置称为可控整流器；能够实现逆变的晶闸管装置称为逆变器。如果同一晶闸管装置既可以实现可控整流，又可以实现逆变，这种装置则称为变流器。

逆变电路可分为有源逆变和无源逆变两类。

1）直流电→逆变器→交流电→交流电网，这种将直流电变成和电网同频率的交流电并将能量回馈给电网的过程称为有源逆变。

主要应用有：直流电动机的可逆调速、绕线转子异步电动机的串级调速、高压直流输电等。

2）直流电→逆变器→交流电→用电器，这种将直流电变成某一频率或频率可调的交流电并供给用电器使用的过程称为无源逆变。

主要应用有：交流电动机变频调速、不间断电源（UPS）、开关电源、中频加热炉等。

2. 有源逆变的工作原理

（1）两电源间的能量传递　如图 2-14 所示，我们来分析一下两个电源间的功率传递问题。

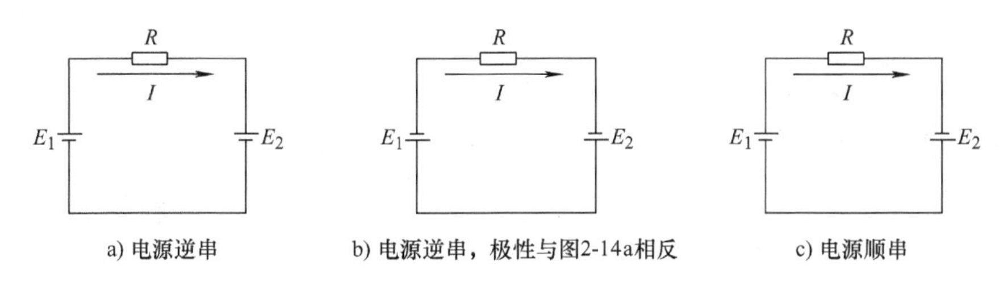

图 2-14　两个直流电源间的功率传递

图 2-14a 为两个电源同极性连接，称为电源逆串。当 $E_1 > E_2$ 时，电流 I 从 E_1 正极流出，流入 E_2 正极，为顺时针方向，其大小为

$$I = \frac{E_1 - E_2}{R}$$

在这种连接情况下，电源 E_1 输出功率 $P_1 = E_1 I$，电源 E_2 则吸收功率 $P_2 = E_2 I$，电阻 R 上消耗的功率为 $P_R = P_1 - P_2 = RI^2$，P_R 为两电源功率之差。

图 2-14b 也是两电源同极性相连，但两电源的极性与图 2-14a 正好相反。当 $E_2 > E_1$ 时，电流仍为顺时针方向，但是从 E_2 正极流出，流入 E_1 正极，其大小为

$$I = \frac{E_2 - E_1}{R}$$

在这种连接情况下，电源 E_2 输出功率，而 E_1 吸收功率，电阻 R 上消耗的功率仍然是两电源功率之差，即 $P_R = P_2 - P_1$。

图 2-14c 为两电源反极性连接，称为电源顺串。此时电流仍为顺时针方向，大小为

$$I = \frac{E_1 + E_2}{R}$$

此时电源 E_1 与 E_2 均输出功率，电阻上消耗的功率为两电源功率之和，即 $P_R = P_1 + P_2$。若回路电阻很小，则 I 很大，这种情况相当于两个电源间短路。

通过上述分析可知：

1）无论电源是顺串还是逆串，只要电流从电源正极端流出，该电源就输出功率；反之，若电流从电源正极端流入，该电源就吸收功率。

2）两个电源逆串连接时，回路电流从电动势高的电源正极流向电动势低的电源正极。如果回路电阻很小，即使两电源电动势之差不大，也可产生足够大的回路电流，使两电源间交换很大的功率。

3）两个电源顺串时，相当于两电源电动势相加后再通过 R 短路，若回路电阻 R 很小，

则回路电流会非常大，这种情况在实际应用中应当避免。

（2）有源逆变的条件　在上述两电源回路中，若用晶闸管变流装置的输出电压代替 E_1，用直流电动机的反电动势代替 E_2，就成了晶闸管变流装置与直流电动机负载之间进行能量交换的问题，如图 2-15 所示。

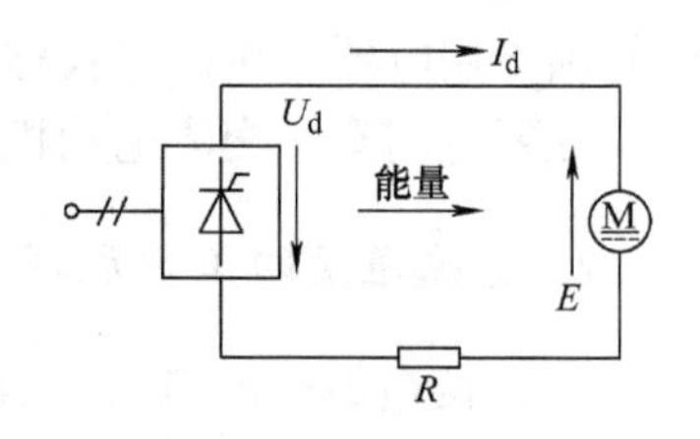

图 2-15　整流状态下变流器与负载之间的能量传递关系

在整流状态下，装置直流侧极性是上正下负；直流电动机工作在电动运行状态，其电枢电动势 E 的极性也是上正下负，且 $|U_d| > |E|$。

系统回路产生顺时针方向电流 I_d，I_d从晶闸管装置正极性端流出，装置提供能量输出，处于整流状态；I_d从直流电机正极性端流进，直流电机吸收能量，处于电动状态，如图 2-15 所示。I_d的大小为

$$I_d = \frac{U_d - E}{R}$$

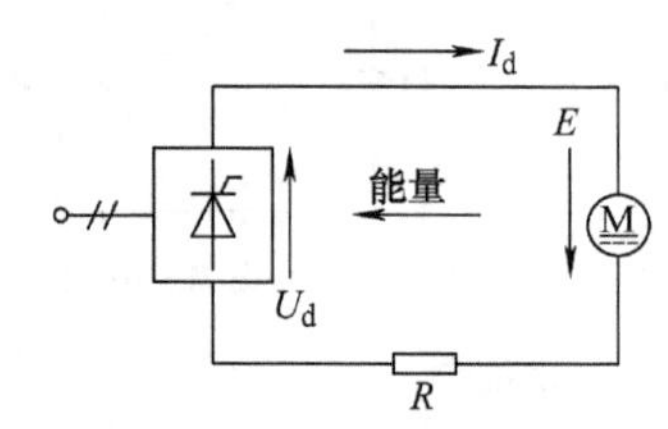

图 2-16　逆变状态下变流器与负载之间的能量传递关系

在逆变状态下，晶闸管装置工作在逆变状态，装置直流侧极性是上负下正；直流电机工作在发电运行状态，其电枢电动势 E 的极性也是上负下正，且 $|E| > |U_d|$。

系统回路产生顺时针方向电流 I_d，I_d从晶闸管装置正极性端流进，装置吸收能量，处于逆变状态；I_d从直流电机正极性端流出，直流电机提供能量输出，处于发电状态，如图 2-16 所示。I_d的大小为

$$I_d = \frac{E - U_d}{R}$$

由此可以得出，实现有源逆变的两个条件：

1）直流侧必须外接与直流电流 I_d同方向的电动势，并且要求 E 在数值上大于 U_d，这是实现有源逆变的外部条件。

2）变流器必须工作在 $\alpha > 90°$的情况下，使变流器输出 $U_d < 0$，这是实现有源逆变的内部条件。

以上两个条件，缺一不可。在各种整流电路中，晶闸管桥式半控整流电路或带有续流二极管的电路，由于不能输出负电压，也不允许直流侧接上反极性的直流电源，故不能用于有源逆变，其余整流电路均可用于有源逆变。

（3）逆变失败与逆变角的限制

1）逆变失败的原因。晶闸管变流装置工作在逆变状态时，如果出现电压 U_d与直流电动势 E 顺向串联的情况，则直流电动势 E 通过晶闸管电路形成短路，由于逆变电路总电阻很小，必然形成很大的短路电流，造成事故，这种情况称为逆变失败，或称为逆变颠覆。

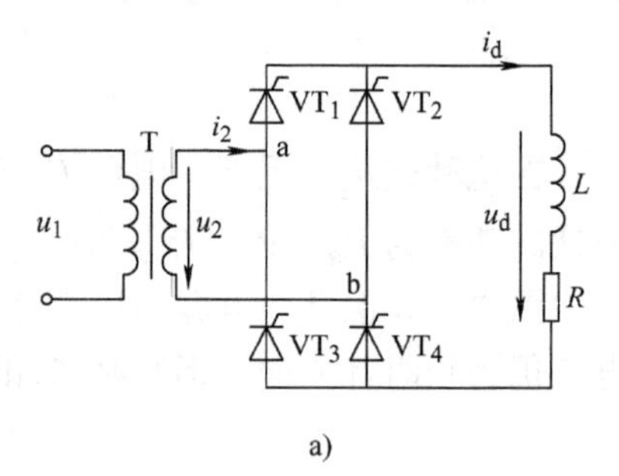

a)

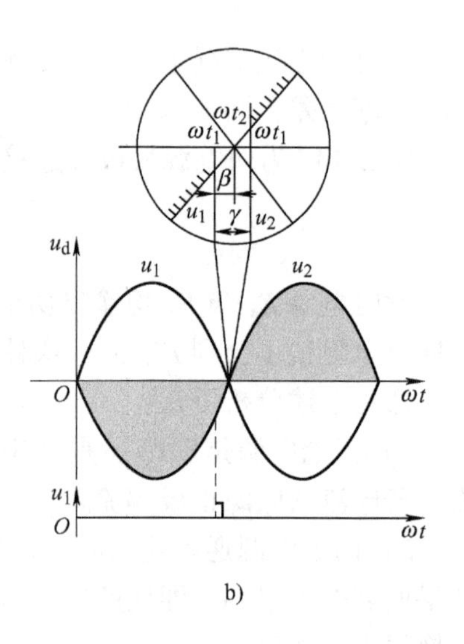

b)

图 2-17　有源逆变失败

现以单相全控桥式逆变电路为例说明。在图 2-17 所示

电路中，原本是 VT_2 和 VT_3 导通，输出电压 $u_d = -u_2$。在换相时，应由 VT_2、VT_3 换相为 VT_1 和 VT_4 导通，输出电压为 u_2。但由于逆变角 β 太小，小于换相重叠角 γ，因此在换相时，两组晶闸管会同时导通。而在换相重叠完成后，已过了自然换相点，使得 u_d 为正，而 u_2 为负，VT_1 和 VT_4 因承受反压不能导通，VT_2 和 VT_3 则承受正压继续导通，输出 u_d。这样就出现了逆变失败。

造成逆变失败的原因主要有以下几种情况：

① 触发电路故障。如触发脉冲丢失、脉冲延时等不能适时、准确地向晶闸管分配脉冲的情况，均会导致晶闸管不能正常换相。

② 晶闸管故障。如晶闸管失去正常导通或阻断能力，该导通时不能导通，该阻断时不能阻断，均会导致逆变失败。

③ 逆变状态时交流电源突然断相或消失。由于此时变流器的交流侧失去了与直流电动势 E 极性相反的电压，致使直流电动势经过晶闸管形成短路。

④ 逆变角 β 取值过小，造成换相失败。因为电路存在大感性负载，会使欲导通的晶闸管不能瞬间导通，欲关断的晶闸管也不能瞬间完全关断，因此就存在换相时两个管子同时导通的情况，这种在换相时两个晶闸管同时导通的所对应的电角度称为换相重叠角。逆变角可能小于换相重叠角，即 $\beta<\gamma$，则到了 $\beta=0°$ 时刻，换相还未结束，此后使得该关断的晶闸管又承受正向电压而导通，尚未导通的晶闸管则在短暂的导通之后又受反压而关断，这相当于触发脉冲丢失，造成逆变失败。

2）逆变角的限制。为了防止逆变失败，应当合理选择晶闸管的参数，对其触发电路的可靠性、器件的质量以及过电流保护性能等都有比整流电路更高的要求。逆变角的最小值也应严格限制，不可过小。

逆变时允许的最小逆变角 β_{min} 应考虑几个因素：不得小于换向重叠角 γ，考虑晶闸管本身关断时所对应的电角度，考虑一个安全裕量等，这样最小逆变角 β_{min} 的取值一般为

$$\beta_{min} \geqslant 30° \sim 35°$$

为防止 β 小于 β_{min}，有时要在触发电路中设置保护电路，使减小 β 时，不能进入 $\beta<\beta_{min}$ 的区域。此外还可在电路中加上安全脉冲产生装置，安全脉冲位置就设在 β_{min} 处，一旦工作脉冲移入 β_{min} 处，安全脉冲保证在 β_{min} 处触发晶闸管。

3. 单相桥式有源逆变的工作原理与波形分析

常用的有源逆变电路，除了下面介绍的单相桥式全控电路外还有三相半波和三相桥式全控电路。三相电路将在项目三中结合具体的电路进行分析。

图 2-18 为两组单相桥式全控电路反并联构成的逆变实验原理图。图中通过开关 Q 来进行负载与两个桥路之间的切换。

当开关 Q 打到 1 位置时，Ⅰ组桥式全控电路工作于整流状态，晶闸管的触发延迟角 $\alpha_{Ⅰ}<90°$，整流电路输出电压 $U_{dⅠ}$ 上正下负；电动机运行在电动状态，反电动势 E 上正下负，电动机吸收功率，方向如图 2-19a 所示，图 2-19b 所示为整流电路输出电压 $U_{dⅠ}$ 波形。

当开关 Q 打到 2 位置时，电动机由于机械惯性转速尚未发生变化，电动势 E 的方向不变；同时将Ⅱ组桥式全控电路的触发延迟角调整为 $\alpha_{Ⅱ}>90°$，而且使 $|E|>|U_{dⅡ}|$，则电动机运行在发电制动状态，向电源反馈能量，方向如图 2-20a 所示，图 2-20b 所示为输出电压 $u_{dⅡ}$ 波形。

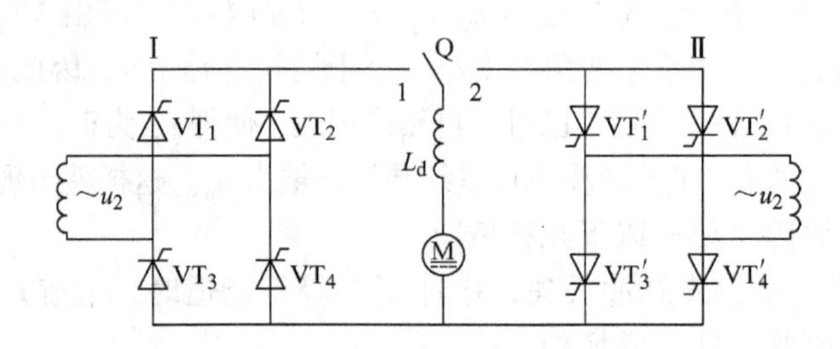

图 2-18　两组单相桥式全控电路反并联构成的逆变实验原理图

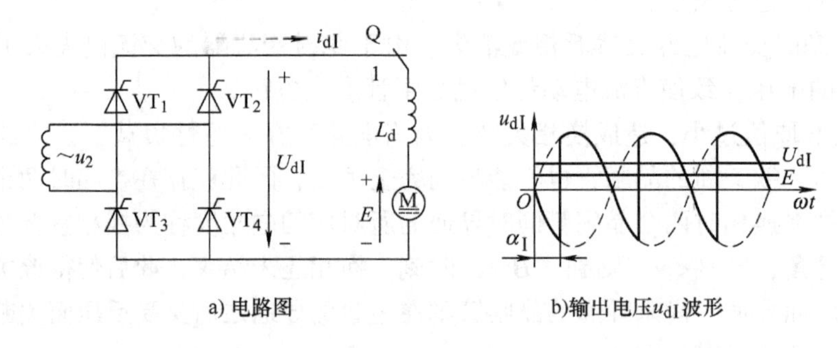

图 2-19　Ⅰ组桥式全控电路工作于整流状态

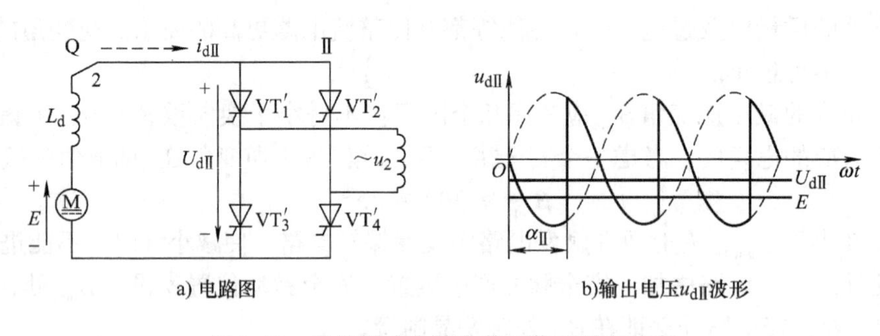

图 2-20　Ⅱ组桥式全控电路工作于逆变状态

注意：当开关 Q 打到 2 位置时，绝对不允许将Ⅱ组桥式全控电路的触发延迟角调整为 $\alpha_{\mathrm{II}}<90°$，否则会造成两电源顺极性串联，相当于短路。

单相桥式全控电路工作于逆变状态时输出电压的公式为

$$U_d = 0.9U_2\cos\alpha$$

由于此时的触发延迟角是大于 90°的，计算上不方便，在此引入逆变角 β，令 $\alpha+\beta=\pi$，以 $\alpha=\pi$ 时为计量起点，向左方计量，即：$\alpha=\pi$ 时，$\beta=0$，如图 2-21 所示。由此可以得

$$U_d = 0.9U_2\cos\alpha = 0.9U_2\cos(\pi-\beta) = -0.9U_2\cos\beta$$

回路的逆变电流为

$$I_d = \frac{U_d - E}{R_d}$$

由以上分析可知：对于同一套变流装置，当 $\alpha<90°$（$\beta>90°$）时工作于整流状态；当 $\alpha>90°$（$\beta<90°$）时工作于逆变状态；当 $\alpha=\beta=90°$时，输出电压的平均值 $U_d=0$，电流

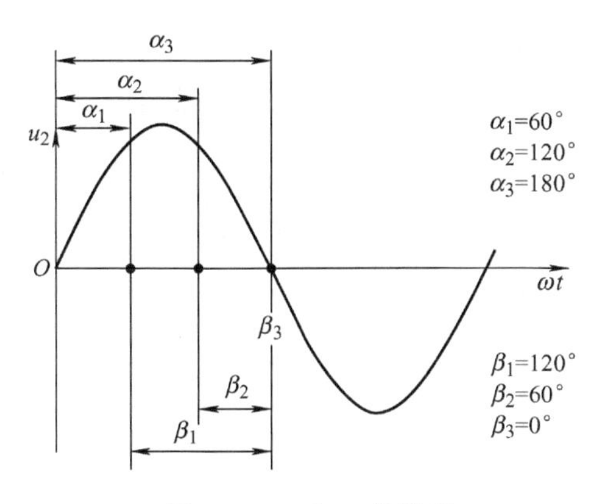

图 2-21　β 与 α 的关系

$I_d=0$，负载与电源之间无能量交换。

有源逆变是整流的逆过程。不同的条件下，两种过程可以用同一套变流电路来实现，能量的传递方向相反。

可控整流电路和有源逆变电路是同一个电路、同一种工作方式的两种不同工作状态。变流电路不管工作在整流状态还是逆变状态，触发电路的移相触发方式、触发顺序、晶闸管的换相方式、晶闸管的导通角、不同晶闸管之间的相位差、构成输出电压以及晶闸管两端电压的波头数及波头名称、输出电压平均值及构成电路的各器件的电流计算公式都相同，只是触发延迟角的工作区间不同，随着触发延迟角的变化，电路的各参数的具体数值及波形的形状随之变化。习惯上，变流器工作在整流状态，用 α 表示晶闸管的触发延迟角，在逆变状态时用 β 表示逆变角，这只是为使用方便而规定的，并非说明整流与有源逆变有什么性质上的区别，用 α 来表示 $0\sim\pi$ 的移相范围也是完全可以的。

任务三　直流调速器控制电路分析

一、学习目标

1）了解锯齿波触发电路的电路结构及实现同步的方法。

2）掌握锯齿波触发电路的工作原理。

二、相关知识

锯齿波同步移相触发电路由锯齿波形成、同步移相控制、脉冲形成、整形放大和输出、强触发、双脉冲、脉冲封锁等环节组成，可触发 200A 的晶闸管。由于同步电压采用锯齿波，不直接受电网波动与波形畸变的影响，移相范围宽，在大中容量中得到广泛应用。锯齿波同步触发电路原理图如图 2-22 所示，下面分环节介绍。

（1）锯齿波形成和同步移相控制环节

1）锯齿波形成。V_1、VS、R_3、R_4组成的恒流源电路对 C_2充电形成锯齿波电压，当 V_2截止时，恒流源电流 I_{C1}对 C_2恒流充电，电容两端电压为 $u_{C2}=\dfrac{I_{C1}}{C_2}t$。

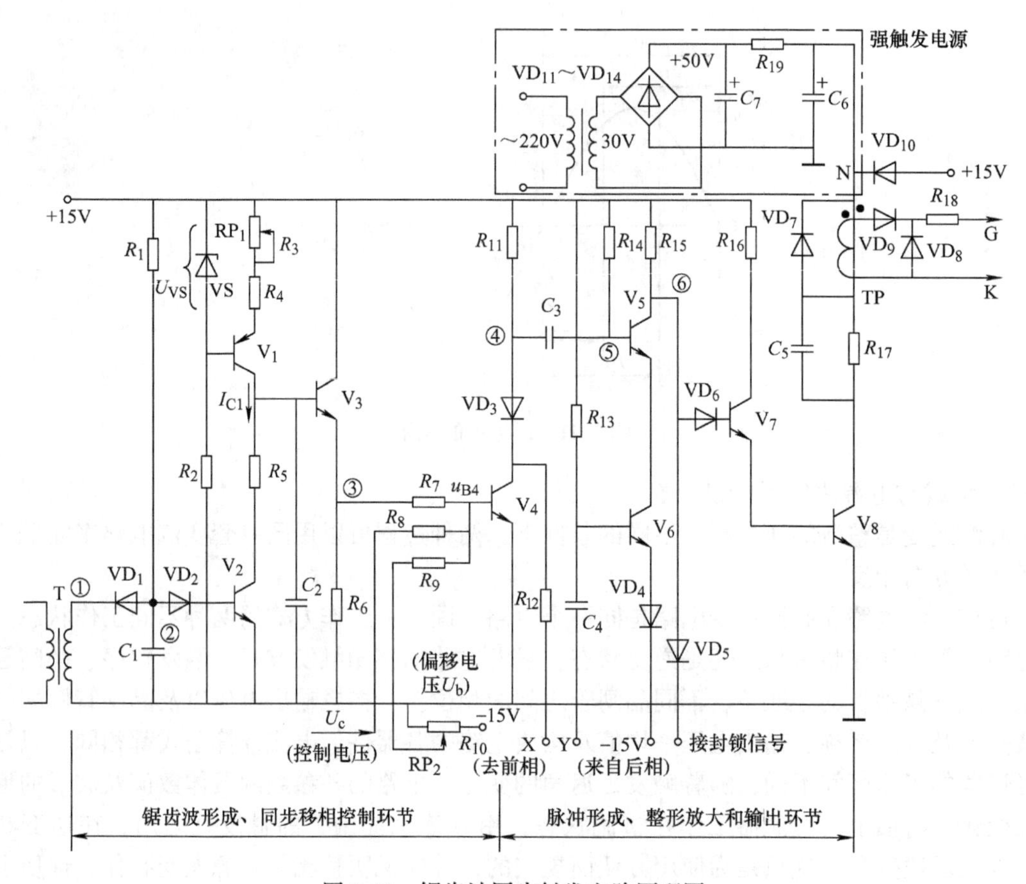

图 2-22　锯齿波同步触发电路原理图

$I_{C1}=U_{VS}/(R_3+R_4)$，因此调节电位器 RP_1 即可调节锯齿波斜率。

当 V_2 导通时，由于 R_5 阻值很小，C_2 迅速放电。所以只要 V_2 周期性导通关断，电容 C_2 两端就能得到线性很好的锯齿波电压。

u_{B4} 为合成电压（锯齿波电压为基础，再叠加偏移电压 U_b、控制电压 U_c），通过调节 U_c 来调节 α。

2）同步移相控制环节。同步移相控制环节由同步变压器 T 和晶体管 V_2 等元器件组成。锯齿波触发电路输出的脉冲怎样才能与主回路同步呢？由前面的分析可知，脉冲产生的时刻是由 V_4 导通时刻决定（锯齿波和 u_{B4}、U_c 之和达到 0.7V 时），由此可见，若锯齿波的频率与主电路电源频率同步即能使触发脉冲与主电路电源同步，锯齿波是由 V_2 来控制的，V_2 由导通变截止期间产生锯齿波，V_2 截止的持续时间就是锯齿波的脉宽，V_2 的开关频率就是锯齿波的频率。在这里，同步变压器 T 和主电路整流变压器接在同一电源上，用 T 二次电压来控制 V_2 的导通和截止，从而保证了触发电路发出的脉冲与主电路电源同步。

工作时，把负偏移电压 U_b 调整到某值固定后，改变控制电压 U_c，就能改变 u_{B4} 波形与时间横轴的交点，也就改变了 V_4 转为导通的时刻，即改变了触发脉冲产生的时刻，达到移相的目的。

电路中增加负偏移电压 U_b 的目的是调整 $U_c=0$ 时触发脉冲的初始位置。

（2）脉冲形成、整形放大和输出环节

1）当 $u_{B4}<0.7V$ 时，V_4截止，V_5、V_6导通，使 V_7、V_8截止，无脉冲输出。电源经 R_{13}、R_{14}向 V_5、V_6供给足够的基极电流，使 V_5、V_6饱和导通，V_5集电极⑥点电位为 -13.7V（二极管正向压降以 0.7V、晶体管饱和压降以 0.3V 计算），V_7、V_8截止，无触发脉冲输出。④点电位：15V。⑤点电位：-13.3V。

另外：+15V→R_{11}→C_3→V_5→V_6→VD_4→ -15V 对 C_3 充电，极性左正右负，大小 28.3V。

2）当 $u_{B4}\geqslant 0.7V$ 时，V_4导通，有脉冲输出。④点电位立即从 +15V 下跳到 1V，C_3两端电压不能突变，⑤点电位降至 -27.3V，V_5 截止，V_7、V_8经 R_{15}、VD_6供给基极电流饱和导通，输出脉冲，⑥点电位为 -13.7V 突变至 2.1V（VD_6、V_7、V_8压降之和）。

另外，C_3经 +15V→R_{14}→C_3→VD_3→V_4 放电和反充电。⑤点电位上升，当⑤点电位从 -27.3V 上升到 -13.3V 时 V_5、V_6又导通，⑥点电位由 2.1V 突降至 -13.7V，于是，V_7、V_8截止，输出脉冲终止。

由此可见，脉冲产生时刻由 V_4导通瞬间确定，脉冲宽度由 V_5、V_6持续截止的时间确定。所以脉宽由 C_3反充电时间常数（$\tau=C_3R_{14}$）来决定。

（3）强触发环节　晶闸管采用强触发可缩短开通时间，提高管子承受电流上升率的能力，有利于改善串并联元件的动态均压与均流，增加触发的可靠性。因此在大中容量系统的触发电路都带有强触发环节。

图 2-22 中右上角强触发环节由单相桥式整流获得近 50V 直流电压作电源，在 V_8导通前，50V 电源经 R_{19}对 C_6充电，N 点电位为 50V。当 V_8导通时，C_6经脉冲变压器一次侧、R_{17}与 V_8迅速放电，由于放电回路电阻很小，N 点电位迅速下降，当 N 点电位下降到 14.3V 时，VD_{10}导通，脉冲变压器改由 +15V 稳压电源供电。各点波形如图 2-23 所示。

（4）双脉冲形成环节　生成的双脉冲有两种：内双脉冲和外双脉冲。

锯齿波触发电路为内双脉冲。晶体管 V_5、V_6构成一个“或”门电路，不论哪一个截止，都会使⑥点电位上升到 2.1V，触发电路输出脉冲。V_5基极端由本相同步移相环节送来的负脉冲信号使其截止，送出第一个窄脉冲，接着有滞后 60°的后相触发电路在产生其本相第一个脉冲的同时，由 V_4管的集电极经 R_{12}的 X 端送到本相的 Y 端，经电容 C_4微分产生负脉冲送到 V_6基极，使 V_6截止，于是本相的 V_6又导通一次，输出滞后 60°的第二个脉冲。

对于三相全控桥电路，三相电源 U、V、W 为正相序时，六只晶闸管的触发顺序为 VT_1→VT_2→VT_3→VT_4→VT_5→VT_6，彼此间隔 60°，为了得到双脉冲，6 块触发电路板的 X、Y 可按图 2-24 所示方式连接。

（5）其他说明　在事故情况下或在可逆逻辑无环流系统中，要求一组晶闸管桥路工作，另一组桥路封锁，这时可将脉冲封锁引出端接零电位或负电位，晶体管 V_7、V_8就无法导通，触发脉冲无法输出。串接 VD_5是为了防止封锁端接地时，经 V_5、V_6和 VD_4到 -15V 之间产生大电流通路。

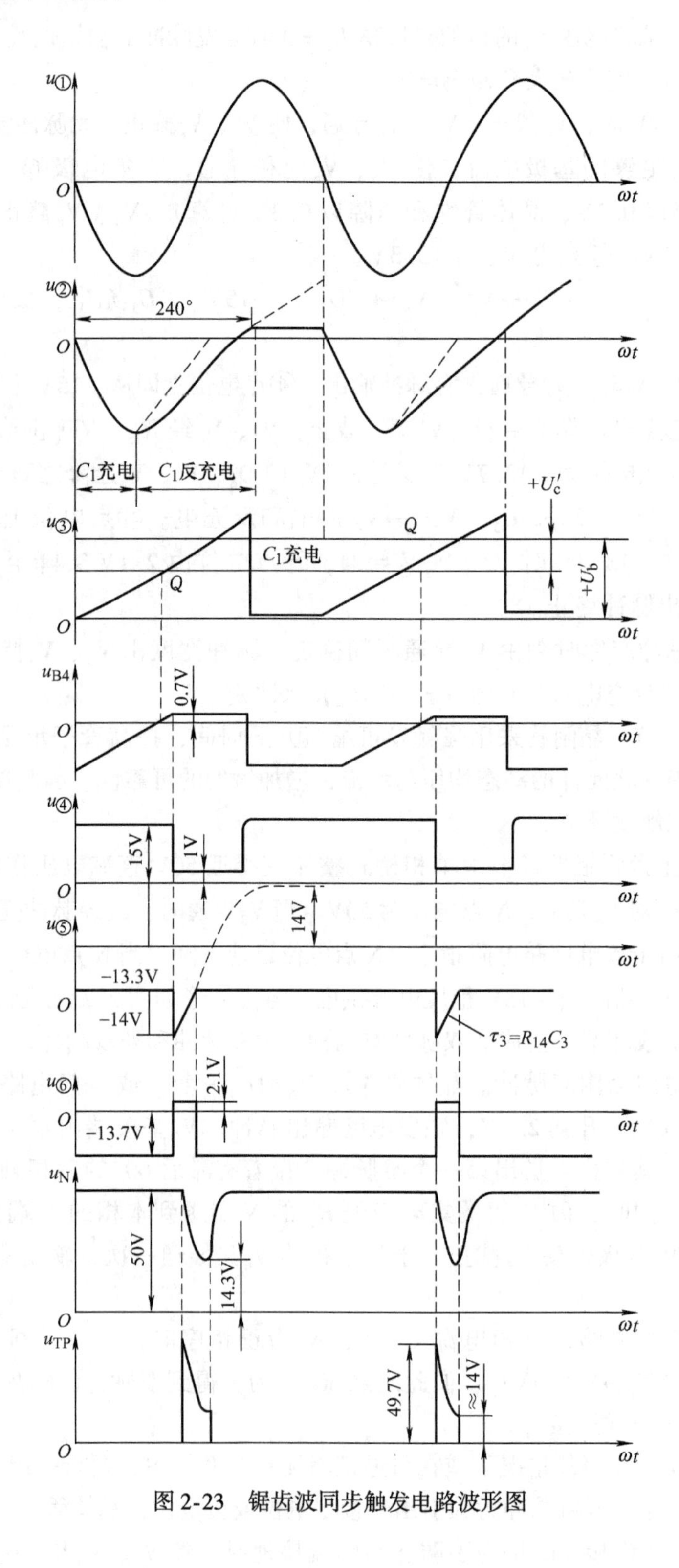

图 2-23　锯齿波同步触发电路波形图

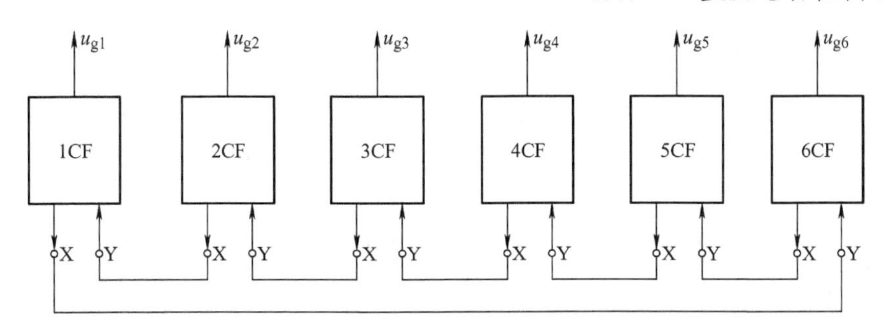

图 2-24　触发电路实现双脉冲连接的示意图

项目实施　单相桥式全控整流电路安装与调试

一、实训目的

1）熟悉锯齿波同步移相触发电路的工作原理及电路中各元器件的作用。
2）掌握锯齿波同步移相触发电路的调试方法。
3）熟悉与掌握锯齿波同步移相触发电路及其主要点的波形测量与分析。
4）理解单相桥式全控整流电路的工作原理。
5）熟悉锯齿波同步移相触发电路故障的分析与处理。
6）熟悉单相桥式全控整流电路故障的分析与处理。

二、仪器器材

模块化电力电子实训装置、数字示波器、万用表。

三、实训内容及原理

1. 锯齿波同步移相触发电路

锯齿波同步移相触发电路原理在任务三中已详细介绍。本装置有两路锯齿波同步移相触发电路Ⅰ和Ⅱ，在电路上完全一样，只是锯齿波同步移相触发电路Ⅱ输出的触发脉冲相位与Ⅰ恰好互差180°，供单相整流及逆变实验用。

本实训用锯齿波同步移相触发电路Ⅰ由同步检测、锯齿波形成、移相控制、脉冲形成、脉冲放大等环节组成，其原理图如图 2-25 所示。

电位器 RP_1、RP_2、RP_3均已安装在模块的面板上，同步变压器二次侧已在挂箱内部接好，所有的测试信号都在面板上引出。电路的各点电压波形如图 2-26 所示。

2. 单相桥式全控整流电路安装与调试

图 2-27 为单相桥式全控整流电路带电阻与电感性负载实训原理图，其输出负载 R 用 450Ω 可调电阻器（将两个 900Ω 接成并联形式），电感性负载用配套该装置的直流电动机来代替，可实现直流电动机调速装置的安装与实训。

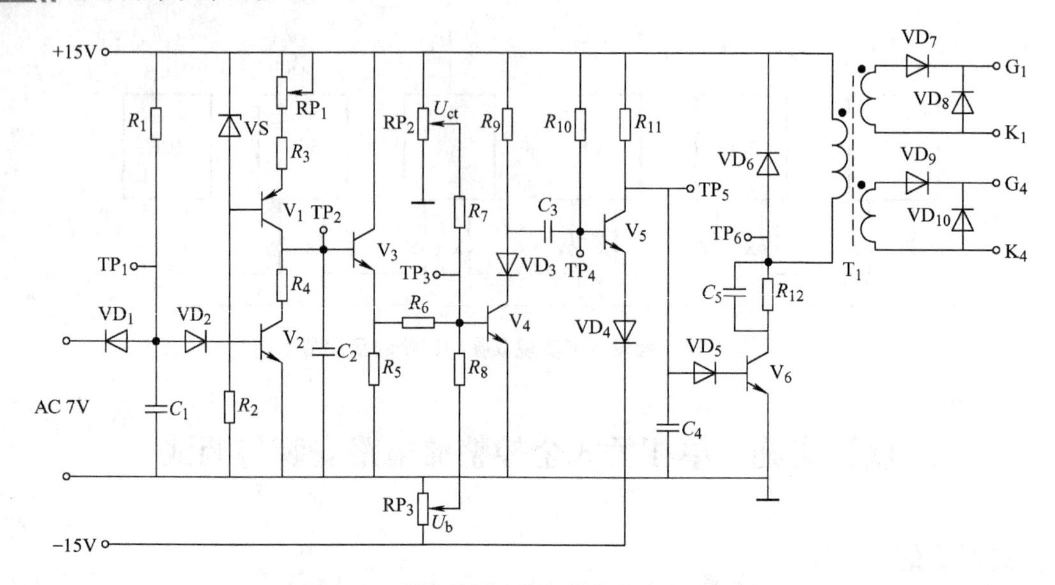

图 2-25　锯齿波同步移相触发电路 I 原理图

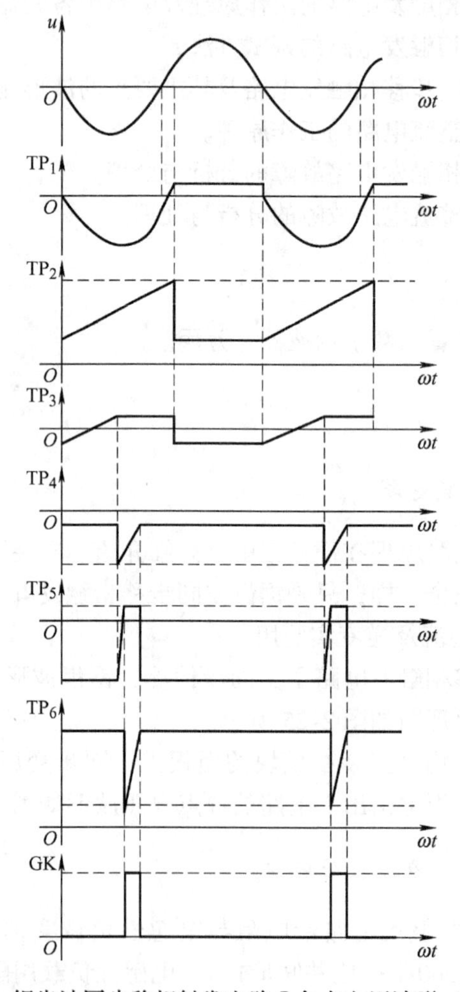

图 2-26　锯齿波同步移相触发电路 I 各点电压波形（$\alpha=90^{\circ}$）

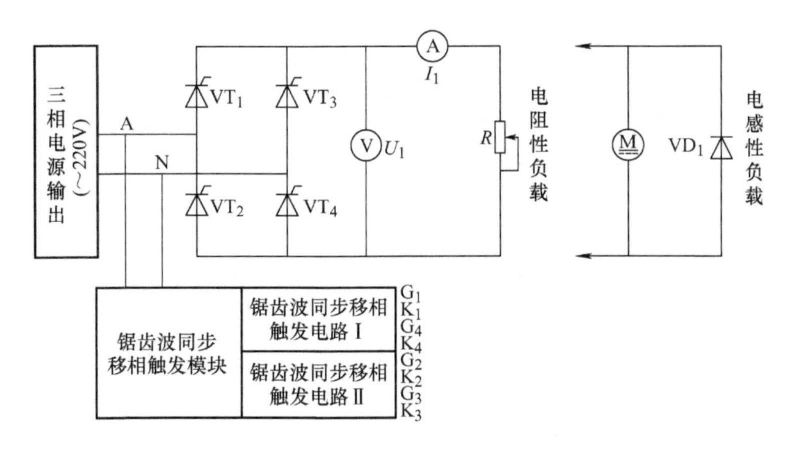

图 2-27　单相桥式全控整流电路带电阻与电感性负载实训原理图

四、实训方法

1. 锯齿波同步移相触发电路实训方法

1）根据锯齿波同步移相触发电路测试要求，在模块化电力电子实训装置上选取对应的模块。

2）根据选取的模块与对应的原理要求正确接线。

3）接线正确后，启动电源，这时触发电路开始工作，用双踪示波器观察锯齿波同步移相触发电路各观察孔的电压波形。

① 同时观察同步电压和 TP_1 点的电压波形，分析 TP_1 点波形形成的原因。

② 观察 TP_1、TP_2 点的电压波形，了解锯齿波宽度和 TP_1 点电压波形的关系。

③ 调节电位器 RP_1，观测 TP_2 点锯齿波斜率的变化。

④ 观察 TP_3 ~ TP_6 点电压波形和输出电压的波形，记下各波形的幅值与宽度，并比较 TP_3 点电压和 TP_6 点电压的对应关系。

4）调节触发脉冲的移相范围。将控制电压 U_{ct} 调至零（将电位器 RP_2 顺时针旋到底），用示波器观察同步电压信号和 TP_6 点电压的波形，调节偏移电压 U_b（即调 RP_3 电位器），使 $\alpha = 170°$，TP_1 点与 TP_5 点的波形如图 2-28 所示。

5）调节 U_{ct}（即调电位器 RP_2）使 $\alpha = 60°$，观察并记录 U_1 ~ U_6 及 G、K 端间输出脉冲电压的波形，标出其幅值与宽度，并记录在表 2-1 中（可在示波器上直接读出，读数时应将示波器的“V/div”和“t/div”微调旋钮旋到校准位置）。

表 2-1　记录 U_1 ~ U_6

	U_1	U_2	U_3	U_4	U_5	U_6
幅值/V						
宽度/ms						

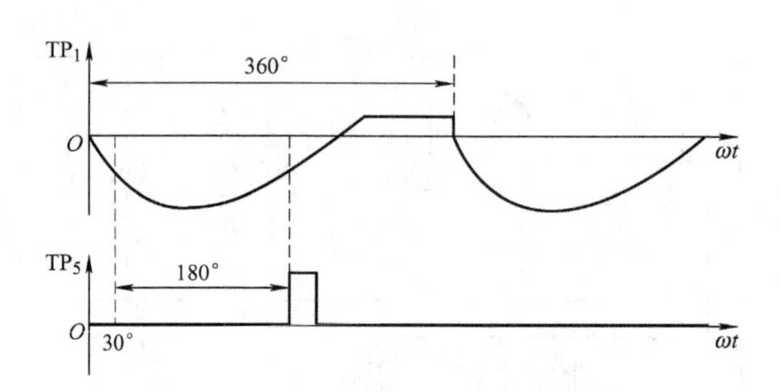

图 2-28　锯齿波同步移相触发电路波形

2. 单相桥式全控整流电路实训方法

1）根据单相桥式全控整流测试电路的要求，在模块化电力电子实训装置上选取对应的模块。

2）根据选取的模块与对应的原理要求正确接线。

3）接线正确后，启动电源，分别进行电阻性负载与电感性负载的调试。

4）在电阻性负载实训时，将电阻器放在最大阻值处，按下“启动”按钮，保持偏移电压 U_b不变（即 RP_3 固定），逐渐增加 U_{ct}（调节 RP_2），在 $\alpha=0°$、30°、60°、90°、120°时，用示波器观察、记录整流电压 U_d和晶闸管两端电压 U_T的波形，并记录电源电压 U_2和负载电压 U_d的数值于表 2-2 中。

表 2-2　记录电源电压 U_2和负载电压 U_d的数值

α	0°	30°	60°	90°	120°
U_2					
U_d（记录值）					
U_d（计算值）					

5）电阻性负载实训完后，断电，负载端接上电动机，启动电源，保持偏移电压 U_b不变（即 RP_3 固定），逐渐增加 U_{ct}（调节 RP_2），在 $\alpha=0°$、30°、60°、90°、120°时，用示波器观察、记录整流电压 U_d和晶闸管两端电压 U_T的波形，并记录电源电压 U_2和负载电压 U_d的数值于表 2-3 中。

表 2-3　记录电源电压 U_2和负载电压 U_d的数值

α	0°	30°	60°	90°	120°
U_2					
U_d（记录值）					
U_d（计算值）					

五、实训报告

1）整理、描绘实训中记录的各点波形，并标出其幅值和宽度。

2）总结锯齿波同步移相触发电路移相范围的调试方法，如果要求在 $U_{ct}=0$ 的条件下，使 $\alpha=90°$，应如何调整？

3）画出 $\alpha=30°$、$60°$、$90°$、$120°$、$150°$时 u_d和 u_T的波形。

4）画出电路的移相特性曲线 $U_d=f(\alpha)$。

5）对实训过程中出现的故障现象做出书面分析。

知识拓展　晶闸管的串并联使用

一、晶闸管的串联使用

当要求晶闸管应有的电压值大于单个晶闸管的额定电压时，可以用两个以上同型号的晶闸管串联。由于器件特性的分散性，同型号管子串联后正反向阻断时流过反向漏电流虽然一样，但分配的反向电压不一样，图 2-29a 所示为反向阻断特性略有差异的晶闸管串联时两管承受的反向电压值，显然存在不均压，这样会使晶闸管不能被充分利用，严重时还会使承受高压的管子先过电压击穿，随之低压管也联锁击穿。因此晶闸管和其他电力电子器件串联时必须考虑均压措施。

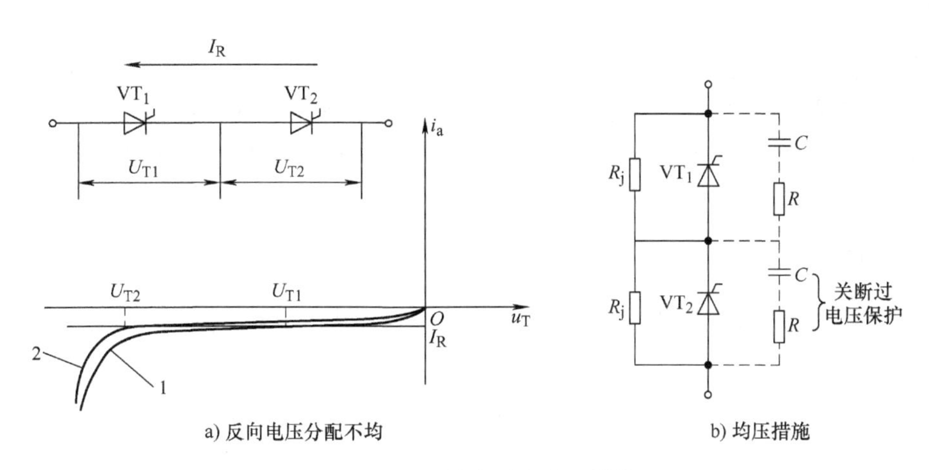

a) 反向电压分配不均　　b) 均压措施

图 2-29　晶闸管串联与均压措施

1. 静态均压（正反向阻断状态下的均压）

有效的静态均压办法是在串联的晶闸管上并联阻值相等的电阻 R_j，称为均压电阻，如图 2-29b 所示，通常均压电阻 R_j按下式计算：

$$R_j \leqslant (0.1 \sim 0.25)\frac{U_{TN}}{\pi I_{dr}}$$

式中，U_{TN}是晶闸管的额定电压；I_{dr}是断态重复平均电流；πI_{dr}近似为漏电流峰值 I_{DRM}。

均压电阻 R_j远小于晶闸管的漏电阻，因此电压分配主要取决于 R_j。

2. 动态均压（开通过程与关断过程的均压）

均压电阻只能使直流电压或变化缓慢的电压均匀分配，晶闸管在开关过程中，瞬时电压的分配决定于各晶闸管的结电容、导通与关断时间、外部触发脉冲等因素。串联的晶闸管在导通时，后导通的管子将承受全部正向电压，易造成硬导通；关断时先关断的晶闸管将承受全部反抽电压，可能导致器件反向击穿而损坏。使串联器件在开与关的过程中电压均匀分配，称为动态均压。

动态均压的方法是在串联的晶闸管上并联数值相等的电容 C，同时为了限制管子导通时电容放电产生过大的电流上升率以及防止因并接电容使电路产生振荡，通常在并接电容的支路中串入电阻 R，成为 RC 支路，如图 2-29b 中虚线所示。由于晶闸管两端的阻容吸收电路在串联时可起动态均压作用，故不必再另接电阻电容。

虽然采取了均压措施，但仍然不可能完全均压，因此在选择每个管子时要降低电压额定值使用，通常降低 10%，因此选择晶闸管额定电压计算式修正为

$$0.9U_{\mathrm{TN}} \cdot n_{\mathrm{s}} = (2 \sim 3)U_{\mathrm{TM}}$$

所以

$$U_{\mathrm{TN}} = \frac{(2 \sim 3)U_{\mathrm{TM}}}{0.9n_{\mathrm{s}}}$$

式中，n_{s} 是串联器件的个数。

二、晶闸管的并联使用

当要求晶闸管应有的电流值大于单个晶闸管的额定电流时，就需要将同型号的晶闸管并联使用。器件并联时由于正向导通的伏安特性不可能完全一致，在相同管压降时，使导通的晶闸管电流分配不均，如图 2-30a 所示。因此并联使用的晶闸管除了选用特性尽量一致的管子外，还要采取均流措施。

1. 电阻均流

如图 2-30b 所示，在并联的各晶闸管中串入一小电阻 R_{j} 是最简便的均流方法。均流电阻 R_{j} 的阻值大小由下式决定：

$$R_{\mathrm{j}} = \frac{(0.5 \sim 2)U_{\mathrm{T}}}{I_{\mathrm{Ta}}}$$

式中，U_{T} 是并联回路两端电压；I_{Ta} 是并联回路电流。

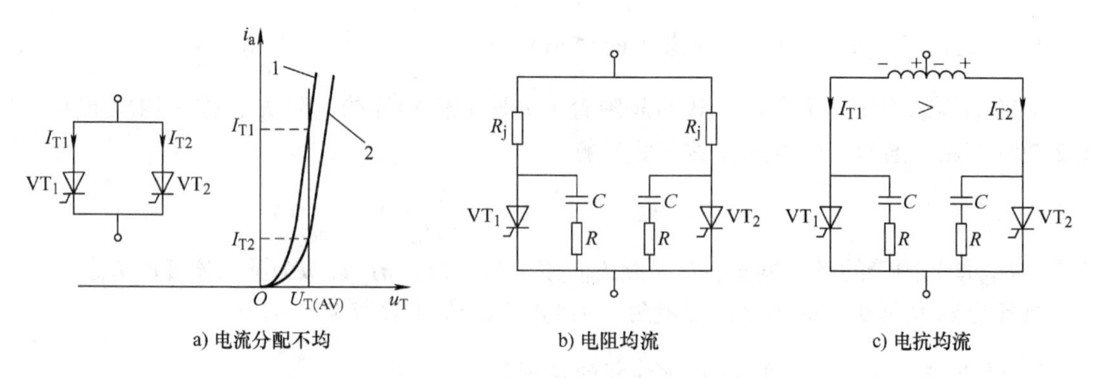

a) 电流分配不均　b) 电阻均流　c) 电抗均流

图 2-30　晶闸管并联与均流措施

串入均流电阻 R_j后，电流分配不均匀度可大大改善，但因电阻上有损耗，并且对动态均流不起作用，因此只适用于小功率场合。对于大电流器件的并联，均流可由各并联支路的快熔电阻、电抗器电阻和连接导线电阻的总和来实现。

2. 电抗均流

如图2-30c 所示，用一个均流电抗器（铁心上带有两个相同的线圈）同名端相反接在并联的晶闸管电路中，均流的原理是利用电抗器中感应电动势的作用达到均流。即：当两器件中电流均匀一致时铁心内励磁安匝相互抵消，电抗器不起作用；若电流不相等，合成励磁安匝产生电感，在两管与电抗回路中产生环流，使小电流增大，大电流减小，从而达到均流目的。显然，电抗均流可以起到动态均流的作用，但体积和成本也会额外增加。

三、晶闸管串联、并联使用时的注意事项

晶闸管在实际使用中，若要将晶闸管串联或并联使用，应注意以下几点：

1）选择管子时，尽量选用特性一致的管子，管子的导通时间也要尽量一致。

2）采用强触发脉冲，前沿要陡，幅值要大。

3）串联时要采取均压措施，并联时要采取均流措施。需要同时采用串联和并联晶闸管时，通常采用先串后并的方法。

4）降低电压（串联时）或电流（并联时）额定值的10%使用，即降额使用。

项目小结

1. 单相桥式全控整流电路带电阻性负载时两组晶闸管轮流导通，将交流电转变成脉动的直流电。在管子导通期间，管压降为零，其波形为一条与横轴重合的直线；当另一组管子导通时，管子将承受 u_2 的全部反向电压；当 4 个晶闸管都处于截止状态时，如果管子的漏电阻相等，则管子承担电源电压 u_2 的一半。电路的移相范围为 0°～180°。

2. 单相桥式全控整流电路带电感性负载，当触发延迟角 α 在 0°～90°范围内变化时，负载电压 u_d 出现负半周，在 $\alpha=90°$时，负载电压 u_d 波形的正负面积近似相等，其平均值 $U_d \approx 0$，故移相范围为 0°～90°。

3. 单相桥式全控整流电路带电感性负载接续流二极管时，其负载电压波形与电阻性负载相同，电路的移相范围为 0°～180°。

4. 单相桥式半控整流电路带电阻性负载时，两只晶闸管 VT_1和 VT_2阴极接在一起，触发脉冲同时送给两管的门极，能被触发导通的只能是承受正向电压的一只晶闸管。两只二极管 VD_3和 VD_4阳极接在一起，它们能否导通取决于电源的正负，也就是说，阴极电位低的二极管导通。电路的移相范围为 0°～180°。

5. 单相桥式半控整流电路带大电感负载，两只晶闸管触发换相，两个二极管则在电源过零时进行换相。电路内部有自然续流的作用，输出电压 u_d 没有负半周，负载电流也不流回电源，只要负载中的电感量足够大，则负载电流 i_d 连续。电路的移相范围为 0°～180°。

6. 单相桥式半控整流电路带大电感负载，其工作可靠性不高，在实际使用时，容易出

现失控现象。为了防止失控现象的产生，可以在负载两端并联续流二极管。接入续流二极管后，其输出波形与电阻性负载时相同。

7. 在一定的条件下，将直流电能转变为交流电的过程称为逆变过程，变流器把直流电逆变成50Hz的交流电回送到电网去的过程称为有源逆变。若把变流器的交流侧接到负载，把直流电逆变为某一频率或频率可调的交流电供给负载，称为无源逆变。

8. 有源逆变是整流的逆过程。在不同的条件下，两种过程可以用同一套变流电路来实现，能量的传递方向相反。可控整流和有源逆变是同一个电路、同一种工作方式的两种工作状态。

9. 实现有源逆变的两个条件：直流侧必须外接与直流电流 I_d 同方向的电动势，并且要求 E 在数值上大于 U_d，这是实现有源逆变的外部条件。变流器必须工作在 $\alpha>90°$ 的情况下，使变流器输出电压 $U_d<0$，这是实现有源逆变的内部条件。

10. 最小逆变角的取值为 $\beta_{min}\geqslant 30°\sim35°$。

项目测试

一、选择题

1. 单相桥式半控整流电路带电阻性负载，在 $\alpha=45°$时，输出电压的平均值为（　　）。

A. $0.45U_2$　　B. $0.77U_2$　　C. $0.9U_2$　　D. $1.17U_2$

2. 单相桥式半控整流电路的两只晶闸管的触发脉冲依次应相差（　　）。

A. 180°　　B. 360°　　C. 120°　　D. 60°

3. 单相桥式半控整流电路带大电感负载，在触发延迟角 $\alpha=90°$时，如输出电流为100A，则晶闸管的电流平均值为（　　）。

A. 25A　　B. 33.3A　　C. 50A　　D. 57.7A

4. 单相桥式全控整流电路带电阻性负载，触发延迟角 α 的最大移相范围为（　　）。

A. 90°　　B. 120°　　C. 150°　　D. 180°

5. 单相桥式全控整流电路带电阻性负载，晶闸管可能承受的最大电压为（　　）。

A. $\sqrt{2}U_2$　　B. $2\sqrt{2}U_2$　　C. $\frac{1}{2}\sqrt{2}U_2$　　D. $\sqrt{6}U_2$

6. 单相桥式全控整流电路带大电感负载，无续流二极管，在 $\alpha=30°$时的输出电压为（　　）。

A. $0.45U_2$　　B. $0.78U_2$　　C. $0.84U_2$　　D. $0.9U_2$

7. 单相桥式全控整流电路带大电感负载，晶闸管可能承受的最大正向电压为（　　）。

A. $\sqrt{2}U_2$　　B. $2\sqrt{2}U_2$　　C. $\frac{1}{2}\sqrt{2}U_2$　　D. $\sqrt{6}U_2$

8. 输出电压公式 $U_d=0.9U_2\cos\alpha$ 可以适用于（　　）。

A. 单相桥式半控整流电路

B. 单相半波可控整流电路

C. 单相桥式全控整流电路带大电感负载

D. 单相桥式全控整流电路带大电感负载、无续流二极管

二、判断题

1. 单相桥式半控整流电路带大电感负载时，必须并联续流二极管才能正常工作。 （ ）

2. 单相桥式半控整流电路带大电感负载不加续流二极管，电路出故障时可能会出现失控现象。 （ ）

3. 在单结晶体管触发电路中，稳压管削波的作用是扩大脉冲移相范围。 （ ）

4. 无论是单相桥式全控还是半控整流电路，带电阻负载时，其输出电压的计算公式相同。 （ ）

5. 可控整流电路带大电感负载时，无论是否接续流二极管，其输出电压的波形都与电阻性负载相同。 （ ）

6. 单相桥式全控整流电路带大电感负载时，如果不接续流二极管，则无论触发延迟角有多大，每个晶闸管轮流导通 180°。 （ ）

三、思考题

1. 单相桥式全控整流电路中，若有一只晶闸管因过电流而烧成短路，结果会怎样？若这只晶闸管烧成断路，结果又会怎样？

2. 单相桥式全控整流电路带大电感负载时，它与单相桥式半控整流电路中的续流二极管的作用是否相同？为什么？

3. 在单相桥式全控整流电路带大电感负载的情况下，输出电压平均值突然变得很小，且电路中各整流器件和熔断器都完好，试分析故障发生在何处。

4. 单相桥式半控整流电路对恒温电炉供电。已知电炉的电阻为 34Ω，电源直接由 220V 交流电网输入，试选择晶闸管的型号，并计算电炉的功率。

5. 单相桥式半控整流电路对直流电动机供电，加有电感量足够大的平波电抗器和续流二极管，变压器二次电压为 220V，若触发延迟角 $\alpha = 60°$，且此时负载电流 $I_d = 30A$，计算晶闸管、整流二极管和续流二极管的电流平均值及有效值，以及变压器的二次电流 I_2、容量 S。

6. 由 220V 经变压器供电的单相桥式半控整流电路，带大电感负载并接有续流二极管。负载要求直流电压为 10 ~ 75V 连续可调，最大负载电流为 15A，最小触发延迟角 $\alpha_{min} = 25°$。计算晶闸管、整流二极管和续流二极管的额定电压和额定电流，并计算变压器的容量。

7. 有源逆变的工作原理是什么？实现有源逆变的条件是什么？变流装置有源逆变工作时，其直流侧为什么能出现负的直流电压？

8. 单相桥式半控电路能否实现有源逆变？

项目三　中频感应加热炉

【项目描述】

中频电源装置是一种利用晶闸管器件把三相工频电流变换成某一频率的中频电流的装置，广泛应用在感应熔炼和感应加热的领域中，代替以前的中频发电机组。图 3-1 是常见的中频感应加热炉。

图 3-1　中频感应加热炉

【项目分析】

目前应用较多的中频感应加热电源主要由可控或不可控整流电路、滤波器、逆变电路和一些控制保护电路组成。工作时，三相工频（50Hz）交流电经整流电路整流成脉动直流，再经过滤波器变成平滑的直流电送到逆变电路。逆变电路把直流电转变成频率较高的交流电流送给负载。组成框图如图 3-2 所示。

（1）整流电路　中频感应加热电源装置的整流电路设计一般要满足以下要求：

1）整流电路的输出电压在一定的范围内可以连续调节。

2）整流电路的输出电流连续，且电流脉动系数小于一定值。

3）整流电路的最大输出电压能够自动限制在给定值，而不受负载阻抗的影响。

4）当电路出现故障时，电路能自动停止直流功率输出，整流电路必须有完善的过电

压、过电流保护措施。

5）当逆变器运行失败时，能把储存在滤波器的能量通过整流电路返回工频电网，保护逆变器。

（2）逆变电路　由逆变晶闸管、感应线圈、补偿电容共同组成逆变器，将直流电变成中频交流电给负载。为了提高电路的功率因数，需要补偿电容向感应加热负载提供无功能量。根据电容器与感应线圈的连接方式可以把逆变器分为：

1）串联逆变器：电容器与感应线圈组成串联谐振电路。

2）并联逆变器：电容器与感应线圈组成并联谐振电路。

3）串、并联逆变器：综合以上两种逆变器的特点。

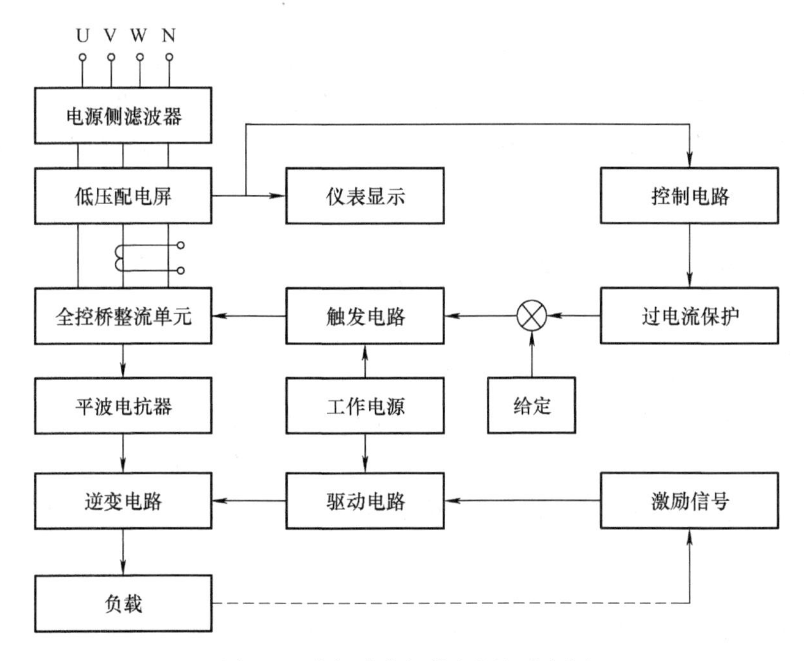

图 3-2　中频感应加热电源组成框图

（3）平波电抗器　平波电抗器在电路中起到很重要的作用，归纳为以下几点：

1）续流：保证逆变器可靠工作。

2）平波：使整流电路得到的直流电流比较平滑。

3）电气隔离：连接在整流电路和逆变电路之间起到隔离作用。

4）限制电路电流的上升率 di/dt，逆变失败时，保护晶闸管。

（4）控制电路　中频感应加热电源装置的控制电路比较复杂，可以包括以下几种：整流触发电路、逆变触发电路、起动停止控制电路。

1）整流触发电路。整流触发电路主要是保证整流电路正常可靠工作，产生的触发脉冲必须达到以下要求：

① 产生相位互差 60°的脉冲，依次触发整流桥的晶闸管。

② 触发脉冲的频率必须与电源电压的频率一致。

③ 采用单脉冲时，脉冲的宽度应该大于 90°，小于 120°。采用双脉冲时，脉冲的宽度为 25°～30°，脉冲的前沿相隔 60°。

④ 输出脉冲有足够的功率，一般为可靠触发功率的 3～5 倍。

⑤ 触发电路有足够的抗干扰能力。

⑥ 触发延迟角能在 0°～170°之间平滑移动。

2）逆变触发电路。加热装置对逆变触发电路的要求如下：

① 具有自动跟踪能力。

② 具有良好的对称性。

③ 有足够的脉冲宽度和触发功率，脉冲的前沿有一定的陡度。

④ 有足够的抗干扰能力。

3）起动、停止控制电路。起动、停止控制电路主要控制装置的起动、运行、停止，一般由按钮、继电器、接触器等组成。

（5）保护电路　中频感应加热电源装置中晶闸管的过载能力较差，系统中必须有比较完善的保护措施，比较常用的有阻容吸收装置和硒堆以抑制电路内部过电压，以及电感线圈、快速熔断器等元件限制电流变化率和进行过电流保护。另外，还必须根据装置的特点，设计安装相应的保护电路。

任务一　中频感应加热炉主电路分析

一、学习目标

1）了解晶闸管三相半波、三相桥式可控整流电路的构成。

2）理解晶闸管三相半波、三相桥式可控整流电路的工作原理。

3）掌握晶闸管三相半波、三相桥式可控整流电路主要点的波形分析与参量计算。

二、相关知识

单相可控整流电路虽然简单，调试、维护方便，但输出整流电压脉动大，又会影响三相交流电网负载的平衡，所以只适用于小容量、对整流指标要求不高的装置中。当整流负载容量较大，或要求直流电压脉动小、易滤波，或要求快速控制时，应采用三相整流装置。

三相可控整流电路有许多类型：三相半波可控整流电路、三相桥式全控整流电路、三相桥式半控整流电路、双反星型整流电路、十二脉波整流电路等，其中三相半波可控整流电路是最基本的一种，其他电路可看成是它的串联或是并联。下面我们首先分析三相半波可控整流电路的电路结构与工作原理，在此基础上，进一步分析应用更为广泛的三相桥式全控整流电路与三相桥式半控整流电路。

1. 三相半波可控整流电路

（1）电阻性负载　为了得到零线，整流变压器二次绕组必须接成星形。

1）电路结构。三相半波可控整流电路根据三只晶闸管的接线方式不同，可分为共阴极接法和共阳极接法，而共阴极接法触发电路有公共端，接线方便，应用更为广泛，所以下面以共阴极组电路来介绍三相半波可控整流电路的原理。三相半波共阴极组可控整流电路是三个单相半波可控整流电路的并联组合。三相半波共阴极组可控整流电路带电阻性负载电路结构如图 3-3 所示。三只晶闸管 VT_1、VT_3、VT_5的阴极接在一起，为共阴极接法，其阳极分别接三相电源的 U 相、V 相、W 相。共阴极作为输出电压的正极，三相电源的公共端作为输出电压的负极。图中 T 为整流电压器，R_d是电阻负载。

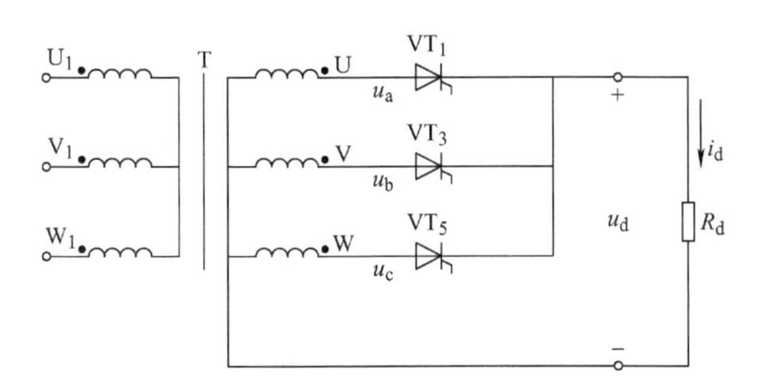

图 3-3　三相半波共阴极组可控整流电路带电阻性负载

2）工作原理及波形分析。自然换相点：如图 3-4 所示，在各相相电压的 π/6 处，即 ωt_1、ωt_2、ωt_3、ωt_4点，$\alpha=0°$，称为自然换相点。三相半波共阴极组自然换相点是三相相电压正半周波形的交叉点，自然换相点之间互差 2π/3，三相脉冲 u_{g1}、u_{g3}、u_{g5}也互差 2π/3。

① $\alpha=0°$时的波形分析。三相半波共阴极组电阻性负载$\alpha=0°$时的波形如图 3-4 所示。三相脉冲 u_{g1}、u_{g3}、u_{g5}分别在各对应的自然换相点ωt_1、ωt_2、ωt_3点触发晶闸管 VT_1、VT_3、VT_5。

任一时刻，只有承受高电压的晶闸管器件才能被触发导通，其他晶闸管承受反向电压而关断。输出电压 u_d波形是相电压的一部分，每周期脉动三次，是三相电压正半波完整包络线，输出电流 i_d与输出电压 u_d波形相同、相位相同（$i_d=u_d/R_d$）。

ωt_1点：u_{g1}触发 VT_1，在 $\omega t_1\sim\omega t_2$区间，$u_a>u_b$、$u_a>u_c$，U 相电压最高，VT_1承受正向电压而导通，导通角 $\theta_T=2\pi/3$，输出电压 $u_d=u_a$。其他晶闸管承受反向电压而不能导通。

ωt_2点：u_{g3}触发 VT_3，在 $\omega t_2\sim\omega t_3$区间，由于 $u_a<u_b$，$u_c<u_b$，VT_3导通，$u_d=u_b$。VT_1两端电压 $u_{T1}=u_a-u_b=u_{ab}$。

ωt_3点：u_{g5}触发 VT_5，在 $\omega t_3\sim\omega t_4$区间，由于 $u_a<u_c$，$u_b<u_c$，VT_5导通，$u_d=u_c$。VT_1两端电压 $u_{T1}=u_a-u_c=u_{ac}$。一个周期内，VT_1只导通 2π/3，其余 4π/3 承受反向电压而关断。

共阴极组晶闸管承受反向电压的规律是：导通相依次减后两相。根据这条规律，不用画波形图，就可以迅速判断出晶闸管所承受的反向电压。

触发脉冲出现在自然换相点之前（$\alpha<0°$）且脉冲宽度较窄时，会出现输出电压由高电压突然变小的现象，三只晶闸管轮流间隔导通，输出电压 u_d波形是断续的断相波形，使电路工作不正常，为了防止这种现象的发生，在实际应用中，必须对最小触发延迟角 α_{min}进行限制。

② $\alpha=30°$时，脉冲 u_{g1}、u_{g3}、u_{g5}分别在自然换相点 ωt_1、ωt_2、ωt_3点往后移相 30°触发晶闸管 VT_1、VT_3、VT_5，输出电压 u_d波形连续，VT_1导通角 $\theta_T=2\pi/3$，如图 3-5 所示。

③ $\alpha=90°$时，u_{g1}、u_{g3}、u_{g5}分别在自然换相点 ωt_1、ωt_2、ωt_3点往后移相 90°触发晶闸管 VT_1、VT_3、VT_5，输出电压 u_d波形不连续，VT_1导通角 $\theta_T=\pi/3$，如图 3-6 所示。

④ 当 $\alpha=150°$时，输出电压 $U_d=0$，晶闸管器件关断，两端电压 u_{T1}是电源相电压正弦波形。三相半波共阴极组电阻性负载，移相范围是 0°～150°（5π/6）。

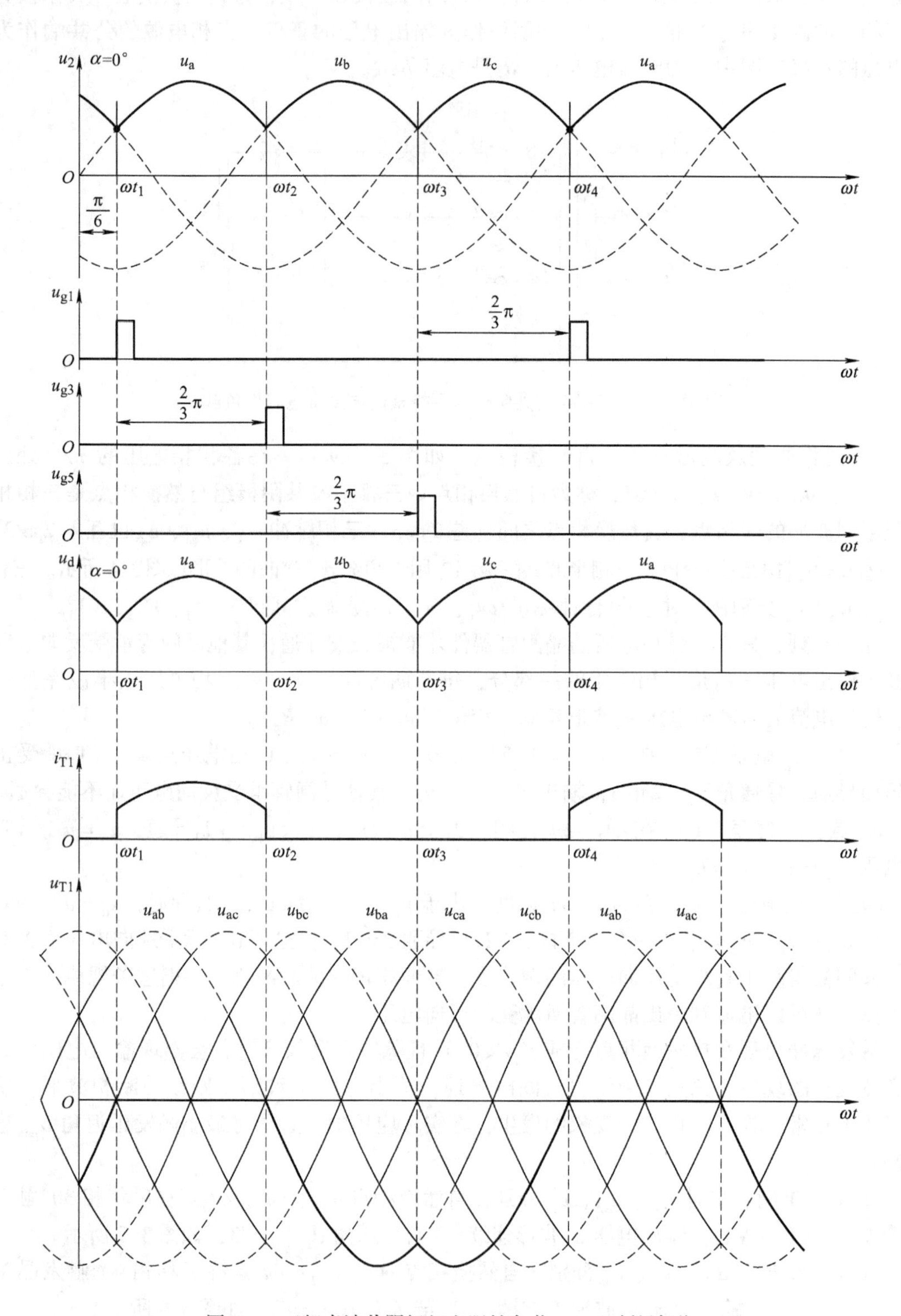

图 3-4 三相半波共阴极组电阻性负载 $\alpha=0°$ 时的波形

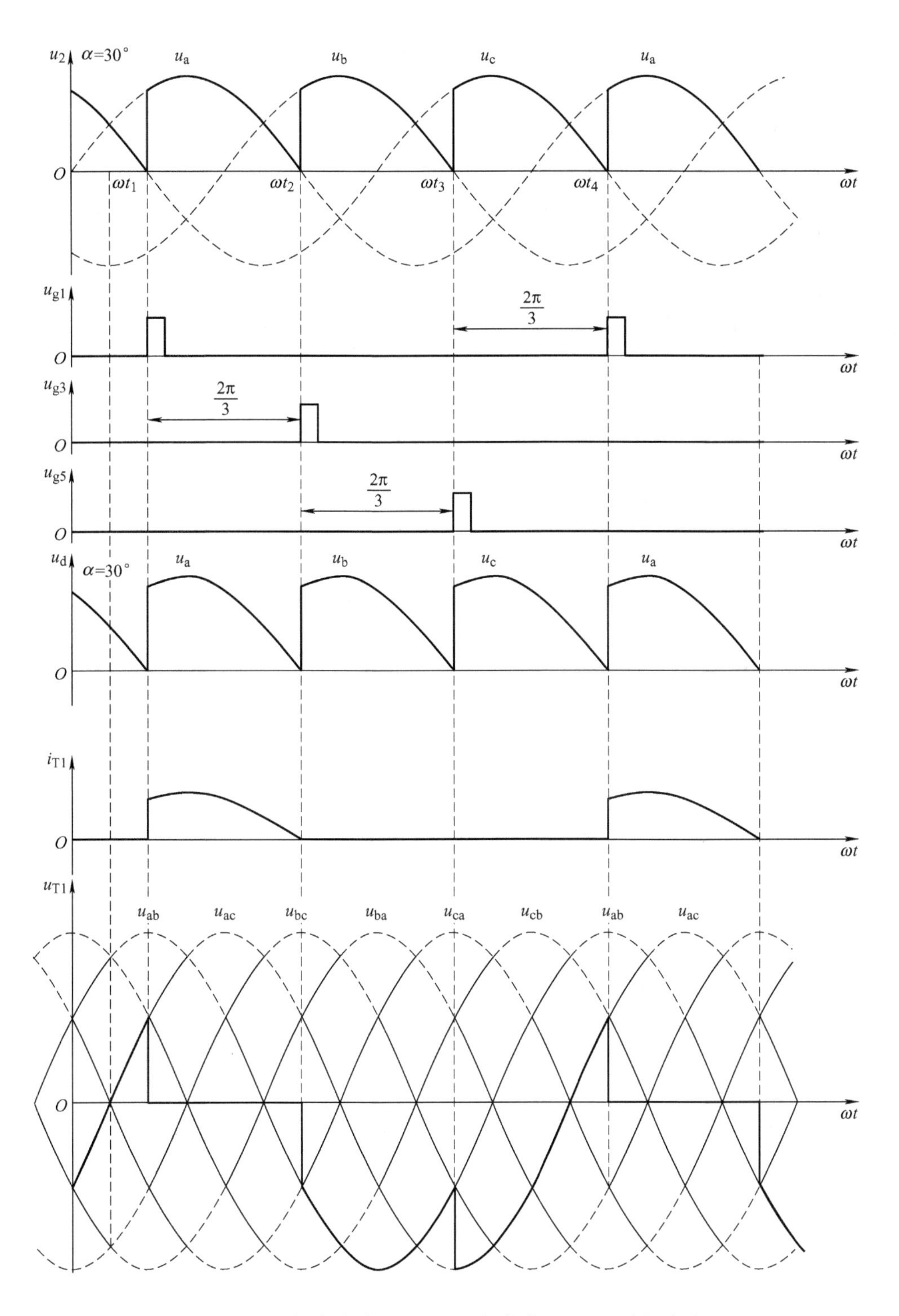

图 3-5　三相半波共阴极组电阻性负载 $\alpha=30°$ 时的波形

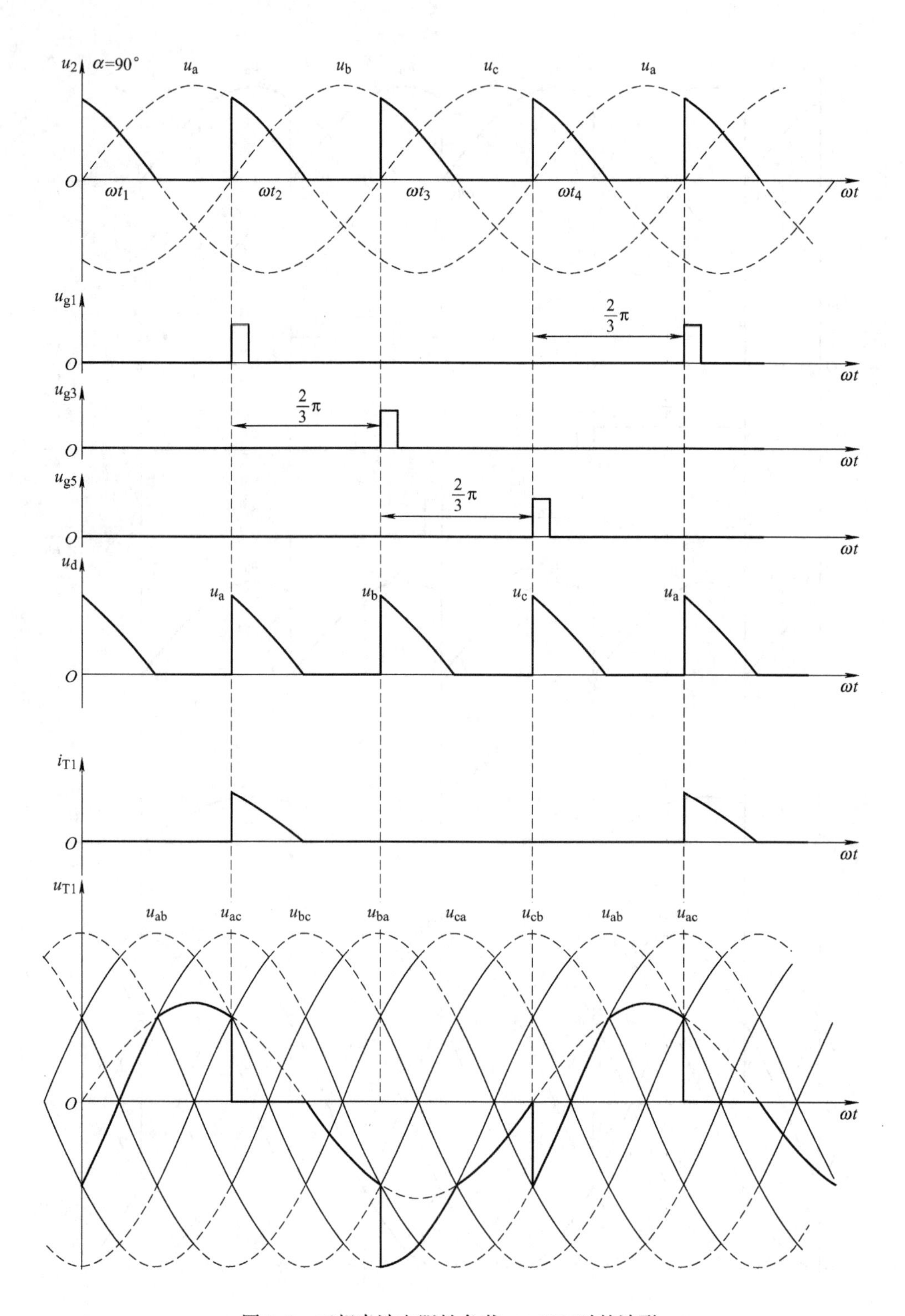

图 3-6　三相半波电阻性负载 $\alpha=90°$ 时的波形

3）基本的物理量计算。由于输出波形有连续和断续之分，因此在两种情况下各电量的计算也不会相同，现分别讨论如下。

① 整流输出电压的平均值 U_d。当 $0° \leqslant \alpha \leqslant 30°$ 时，电流波形连续，通过分析可得到：

$$U_d = \frac{3}{2\pi}\int_{\frac{\pi}{6}+\alpha}^{\frac{5\pi}{6}+\alpha} \sqrt{2}U_2 \sin\omega t \mathrm{d}(\omega t) = \frac{3\sqrt{6}}{2\pi}U_2\cos\alpha = 1.17U_2\cos\alpha$$

当 $30° < \alpha \leqslant 150°$ 时，电流波形断续，通过分析可得到：

$$U_d = \frac{3}{2\pi}\int_{\frac{\pi}{6}+\alpha}^{\pi} \sqrt{2}U_2 \sin\omega t \mathrm{d}(\omega t) = \frac{3\sqrt{6}}{2\pi}U_2\left[1+\cos\left(\frac{\pi}{6}+\alpha\right)\right] = 0.675U_2\left[1+\cos\left(\frac{\pi}{6}+\alpha\right)\right]$$

② 直流输出平均电流 I_d。对于电阻性负载，电流与电压波形是一致的，数量关系为

$$I_d = \frac{U_d}{R_d}$$

③ 流过每只晶闸管的电流平均值 I_{dT} 和有效值 I_T。当 $0° \leqslant \alpha \leqslant 30°$ 时，电流波形连续，每只晶闸管轮流导通 120°，流过每只晶闸管的电流有效值为

$$I_{dT} = \frac{1}{3}I_d$$

$$I_T = \frac{U_2}{R_d}\sqrt{\frac{1}{2\pi}\left(\frac{2\pi}{3}+\frac{\sqrt{3}}{2}\cos2\alpha\right)}$$

当 $30° < \alpha \leqslant 150°$ 时，电流波形断续，三只晶闸管仍然轮流导通，但导通角小于 120°，这时流过每只晶闸管的电流有效值为

$$I_T = \frac{U_2}{R_d}\sqrt{\frac{1}{2\pi}\left(\frac{5\pi}{6}-\alpha+\frac{\sqrt{3}}{4}\cos2\alpha+\frac{1}{4}\sin2\alpha\right)}$$

④ 晶闸管两端承受的最大峰值电压 U_{TM}。由前面的波形分析可以知道，晶闸管承受的最大反向电压为变压器二次线电压的峰值。电流断续时，晶闸管承受的是电源的相电压，所以晶闸管承受的最大正向电压为相电压的峰值，即：

$$U_{TM} = \sqrt{2} \times \sqrt{3}U_2 = \sqrt{6}U_2$$

由前面的波形分析还可以知道，当触发脉冲后移到 $\alpha = 150°$ 时，此时正好为电源相电压的过零点，后面晶闸管不再承受正向电压，也就是说，晶闸管无法导通。因此，三相半波可控整流电路在电阻性负载时，触发延迟角的移相范围是 0° ~ 150°。

（2）电感性负载

1）电路结构。把直流电动机的励磁绕组或电抗器接入主回路，取代电阻性负载白炽灯泡，就构成了电感性负载，而且 L_d 值很大，输出整流电流的波形近似直线。三相半波共阴极组可控整流电路带电感性负载如图 3-7 所示。

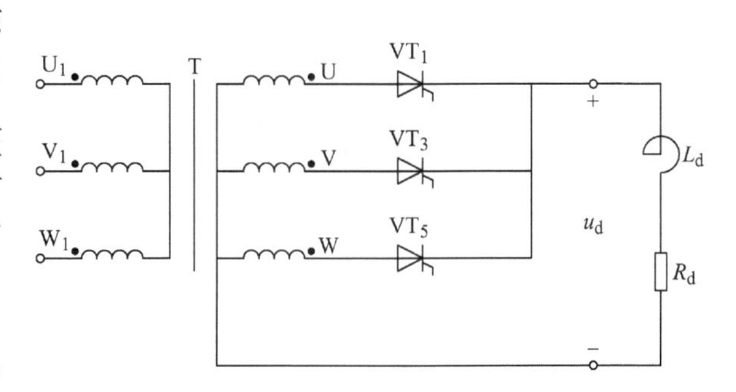

图 3-7　三相半波共阴极组可控整流电路带电感性负载

2）工作原理及波形分析。

① $\alpha \leqslant 30°$ 时的波形分析。$\alpha \leqslant 30°$ 时，输出电压 u_d 波形、u_{T1} 波形与电阻性负载时完全相同，如图 3-4、图 3-5 所示。由于

负载电感的储能作用，输出电流 i_d 是近似平直的直流波形，晶闸管中分别流过幅度 I_d、宽度 $2\pi/3$ 的矩形波电流，导通角 $\theta_T=2\pi/3$。

② $\alpha=60°$ 时的波形如图 3-8 所示。

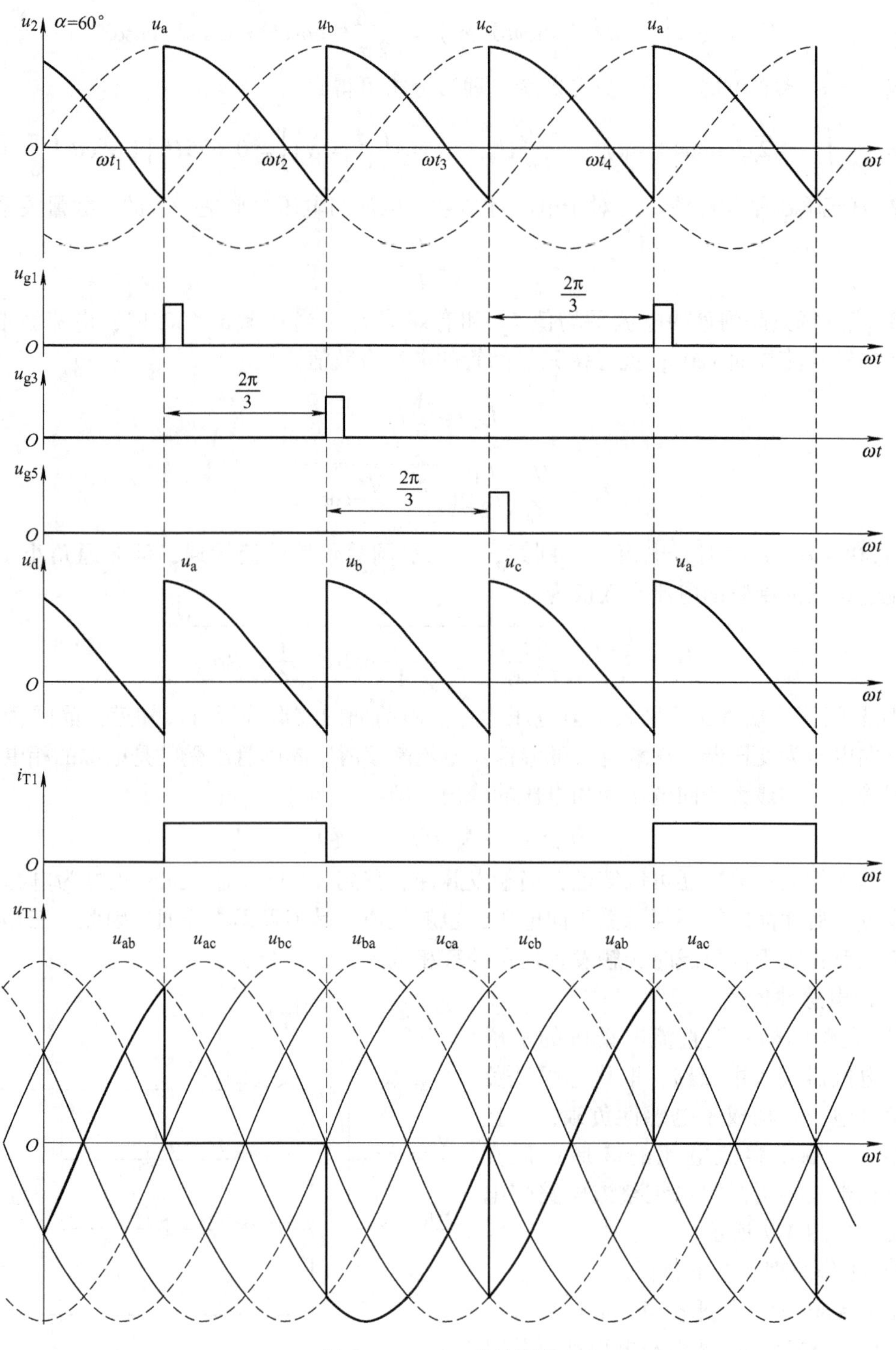

图 3-8　$\alpha=60°$ 时的波形

负载电流 i_d的大小变化，在负载电感 L_d上产生了极性可以改变的感应电动势 e_L，e_L总是阻止 i_d的变化。i_d趋于减小，e_L极性改变以阻止 i_d的减小，即使在电源电压由正到负过零点进入负半周以后，e_L仍能使晶闸管承受正向电压而导通，输出电压 u_d波形连续，并出现负波形，没有电阻负载时的波形断续现象，导通角仍然是 $\theta_T=2\pi/3$。

③ $\alpha=90°$时的波形如图 3-9 所示。$\alpha=90°$时，u_d波形正负面积相等，输出电压平均值 $U_d\approx0$。$\alpha>90°$时，仍然是 $U_d=0$。此时，电路遵循单相半波可控整流电路电感负载时的导通规律。

三相半波共阴极组电感性负载的移相范围是0°～90°（π/2）。

3）基本的物理量计算。

① 输出电压平均值 U_d。由于在导通角范围内，u_d波形是连续的，其表达式为

$$U_d=\frac{3}{2\pi}\int_{\frac{\pi}{6}+\alpha}^{\frac{5\pi}{6}+\alpha}\sqrt{2}U_2\sin\omega t\mathrm{d}(\omega t)=\frac{3\sqrt{6}}{2\pi}U_2\cos\alpha=1.17U_2\cos\alpha$$

$\alpha=0°$时，
$$U_d=1.17U_2$$

② 输出电流平均值 I_d为

$$I_d=\frac{U_d}{R_d}=1.17\frac{U_2}{R_d}\cos\alpha$$

③ 晶闸管电流平均值 I_{dT}和有效值 I_T为

$$I_{dT}=\frac{1}{3}I_d$$

$$I_T=\sqrt{\frac{1}{3}}I_d=0.577I_d$$

④ 晶闸管通态平均电流 $I_{T(AV)}$为

$$I_{T(AV)}=I_T/1.57=0.368I_d$$

⑤ 晶闸管器件两端承受的电压 U_{TM}：承受的最大正反向电压是变压器二次线电压的峰值，即

$$U_{TM}=\sqrt{2}\times\sqrt{3}U_2=\sqrt{6}U_2$$

（3）接续流二极管的电感性负载　三相半波可控整流电路大电感负载，当 $\alpha>30°$时，输出电压 u_d的波形出现负值，使平均电压 U_d下降，可在大电感负载两端并接续流二极管 VD，这样不仅可以提高输出平均电压值，而且可以扩大移相范围，使负载电流 i_d更平稳。电路如图 3-10 所示。

接入续流二极管后，其波形与电路参数计算可参照电阻性负载，读者自行分析。

2. 三相桥式全控整流电路

（1）电感性负载

1）电路结构。如图 3-11 所示，其中晶闸管 VT_1、VT_3、VT_5为共阴极接法，晶闸管 VT_2、VT_4、VT_6为共阳极接法。任何时刻，共阴极组和共阳极组中必须各有一个晶闸管导通，才能使负载端有输出电压。共阴极是输出电压的正极，共阳极是输出电压的负极。变压器二次绕组流过正负两个方向的电流，消除了变压器的直流磁化，提高了变压器的利用率。

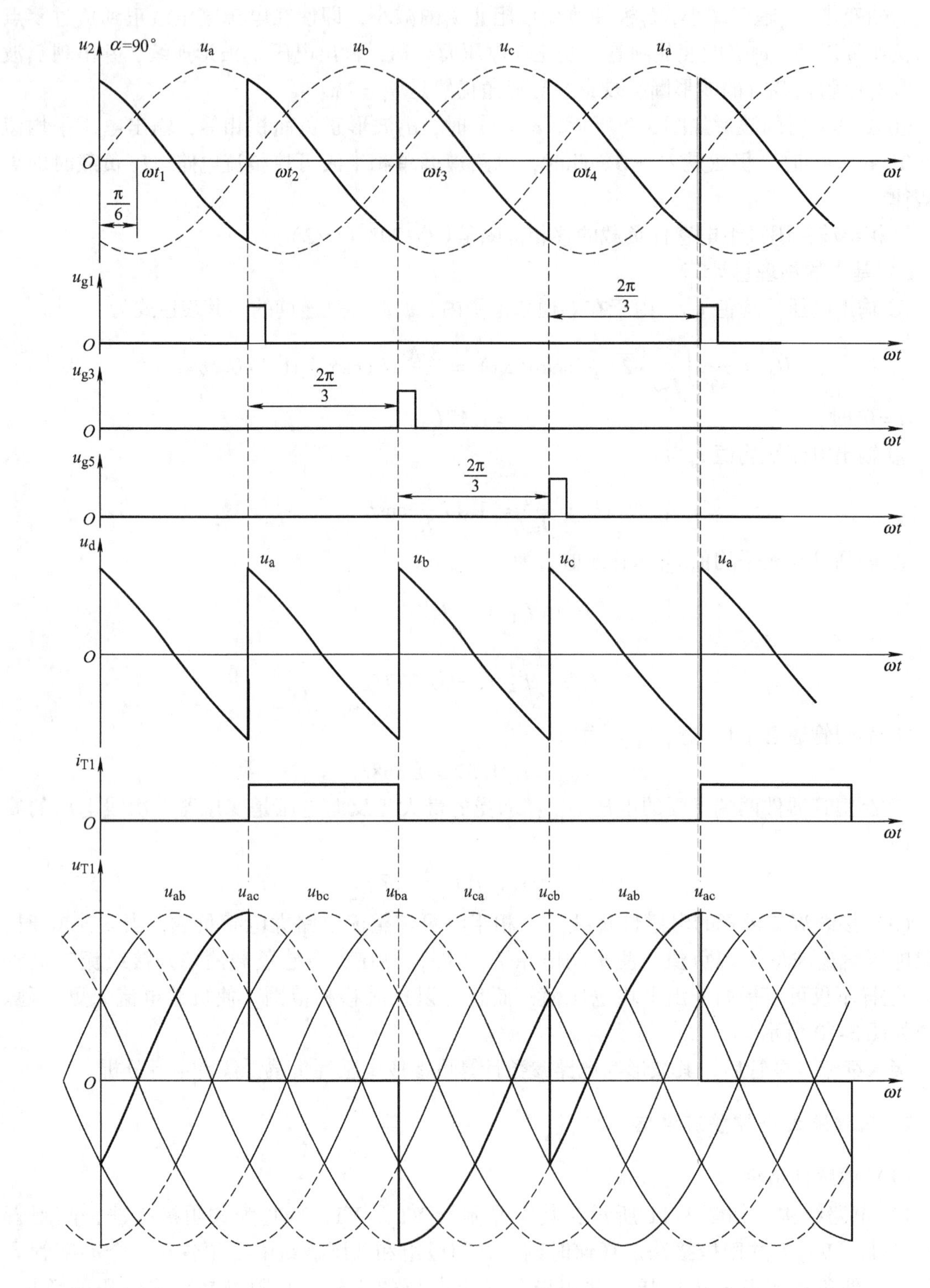

图 3-9　$\alpha=90°$时的波形

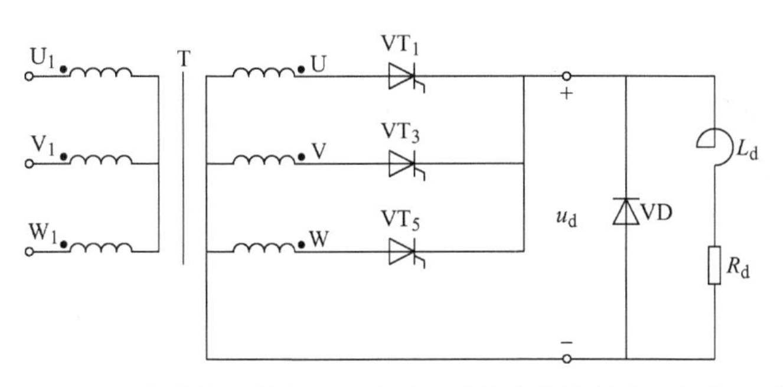

图 3-10 三相半波可控整流电路带电感性负载接续流二极管电路

可见，三相桥式全控整流电路实质上是一组共阴极半波可控整流电路与共阳极半波可控整流电路的串联。

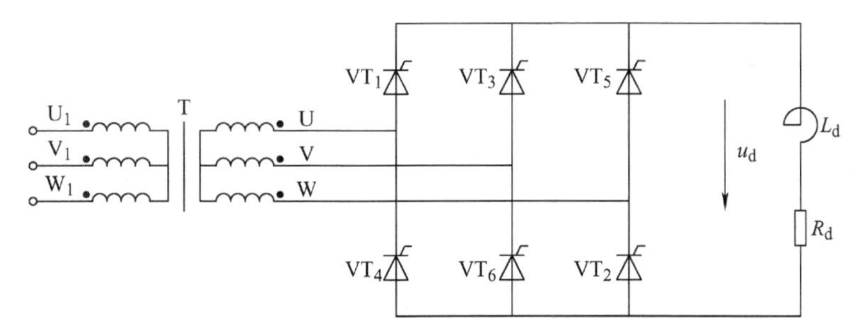

图 3-11 三相桥式全控整流电路带电感性负载电路

2）工作原理及波形分析。

① $\alpha=0°$时的波形分析。自然换相点：$\alpha=0°$在各相电压的 $\pi/3$ 处，此点为自然换相点。根据相电压自然换相点，将一周期相电压分为六个区间，然后在各个区间找出最高、最低相电压和各相对应的晶闸管器件，利用表格法分析三相全控桥的工作原理，见表 3-1。输出电压 u_d每周期脉动六次，是线电压正半波完整包络线，u_d是各区间最高相电压与最低相电压瞬时值之差，$\alpha=0°$时的波形如图 3-12 所示。

表 3-1 三相全控桥工作原理表格分析法

区间	最高电压	最低电压	导通器件	输出电压 u_d	换相器件
1	u_a	u_b	VT_1、VT_6	$u_a-u_b=u_{ab}$	VT_1、VT_6
2	u_a	u_c	VT_1、VT_2	$u_a-u_c=u_{ac}$	VT_1、VT_2
3	u_b	u_c	VT_3、VT_2	$u_b-u_c=u_{bc}$	VT_3、VT_2
4	u_b	u_a	VT_3、VT_4	$u_b-u_a=u_{ba}$	VT_3、VT_4
5	u_c	u_a	VT_5、VT_4	$u_c-u_a=u_{ca}$	VT_5、VT_4
6	u_c	u_b	VT_5、VT_6	$u_c-u_b=u_{cb}$	VT_5、VT_6
1	u_a	u_b	VT_1、VT_6	$u_a-u_b=u_{ab}$	VT_1、VT_6

晶闸管导通的规律：任何时候共阴极组、共阳极组各有一只器件同时导通才能形成电流通路；晶闸管导通角 $\theta_T=2\pi/3$，与触发延迟角 α 无关；共阴极组器件的换相顺序是 1、3、5，共阳极组的换相顺序是 4、6、2，全控桥电路的换相顺序是 VT_1、VT_2、VT_3、VT_4、VT_5、VT_6、VT_1，如此循环工作。

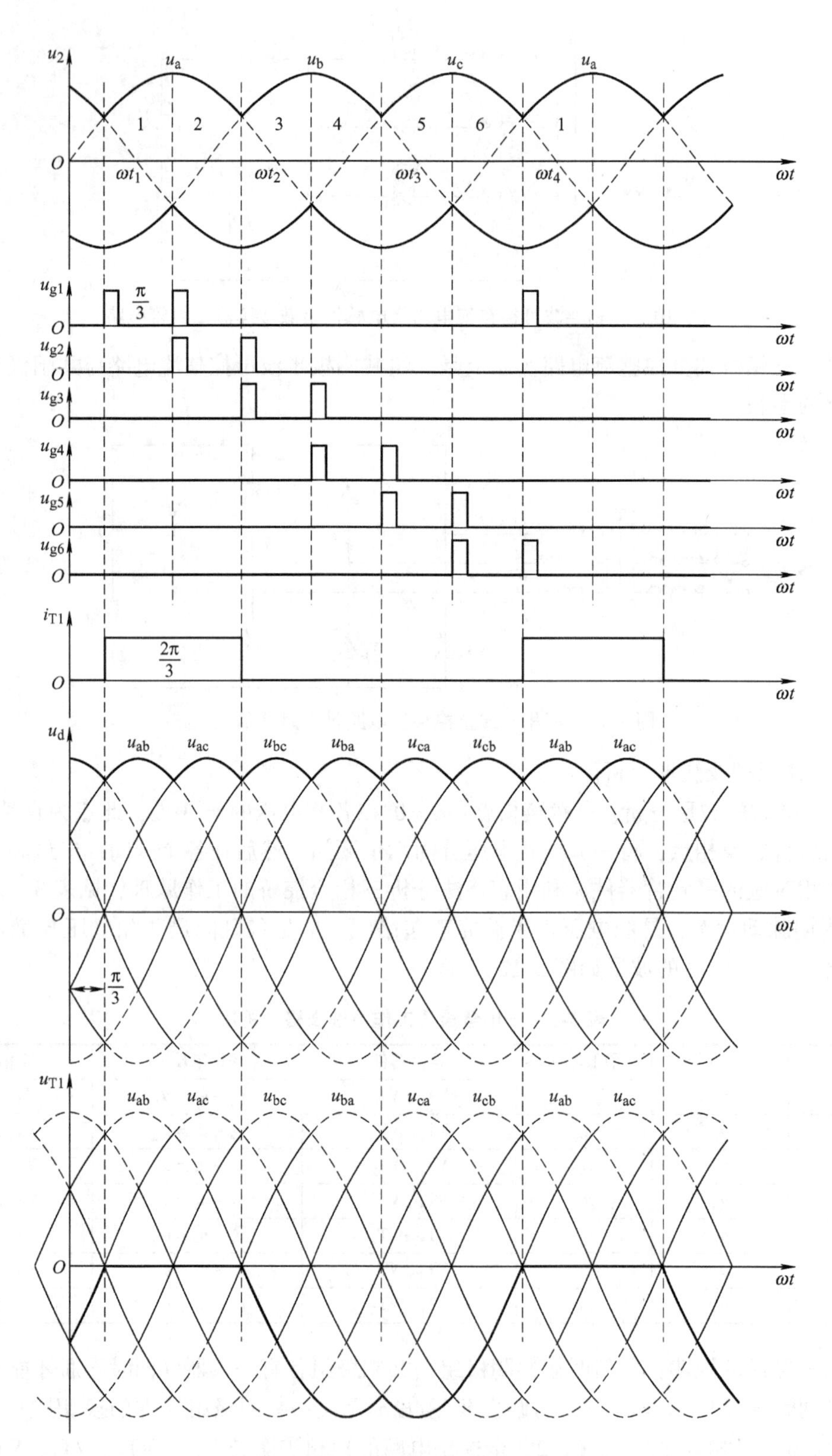

图 3-12　三相桥式全控整流电路带电感性负载 $\alpha = 0°$ 时的波形

对触发脉冲宽度的要求：$60° < \tau < 120°$。$\tau < 60°$，电流不能形成通路；$\tau > 120°$，在逆变电路中会造成逆变失败。实际应用中采用单宽脉冲和双窄脉冲触发方式。

触发脉冲相位关系：相邻相脉冲互差 $2\pi/3$；同一相脉冲互差 π；相邻脉冲互差 $\pi/3$。

a. 单宽脉冲触发。图 3-13 为单宽脉冲。每一个触发脉冲的宽度大于 60°而小于 120°（一般取 80°～90°为宜），这样在相隔 60°要触发换相时，当后一个触发脉冲出现时，前一个脉冲还未消失，这样就保证了在任一换相时刻都有相邻的 2 只晶闸管有触发脉冲。

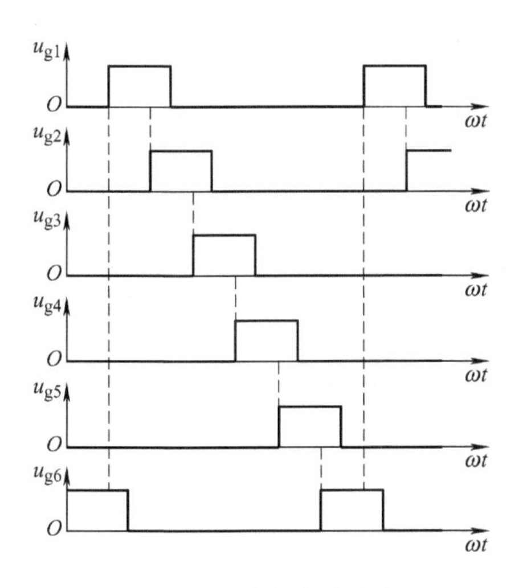

图 3-13　单宽脉冲形式

b. 双窄脉冲触发。图 3-14 为双窄脉冲。触发电路送出的是窄的矩形脉冲（宽度一般为 18°～20°）。在送出某一相晶闸管脉冲的同时，向前一相晶闸管补发一个触发脉冲，称为补脉冲（或辅脉冲）。

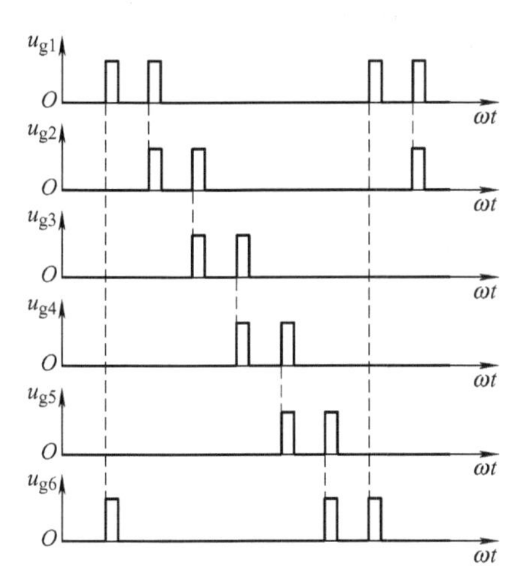

图 3-14　双窄脉冲形式

② $\alpha \neq 0°$时的波形分析。

a. $\alpha = 60°$时的波形如图 3-15 所示，输出电压 u_d波形连续，没有出现负波形。当 $\alpha > 60°$时，波形将会出现负半周。

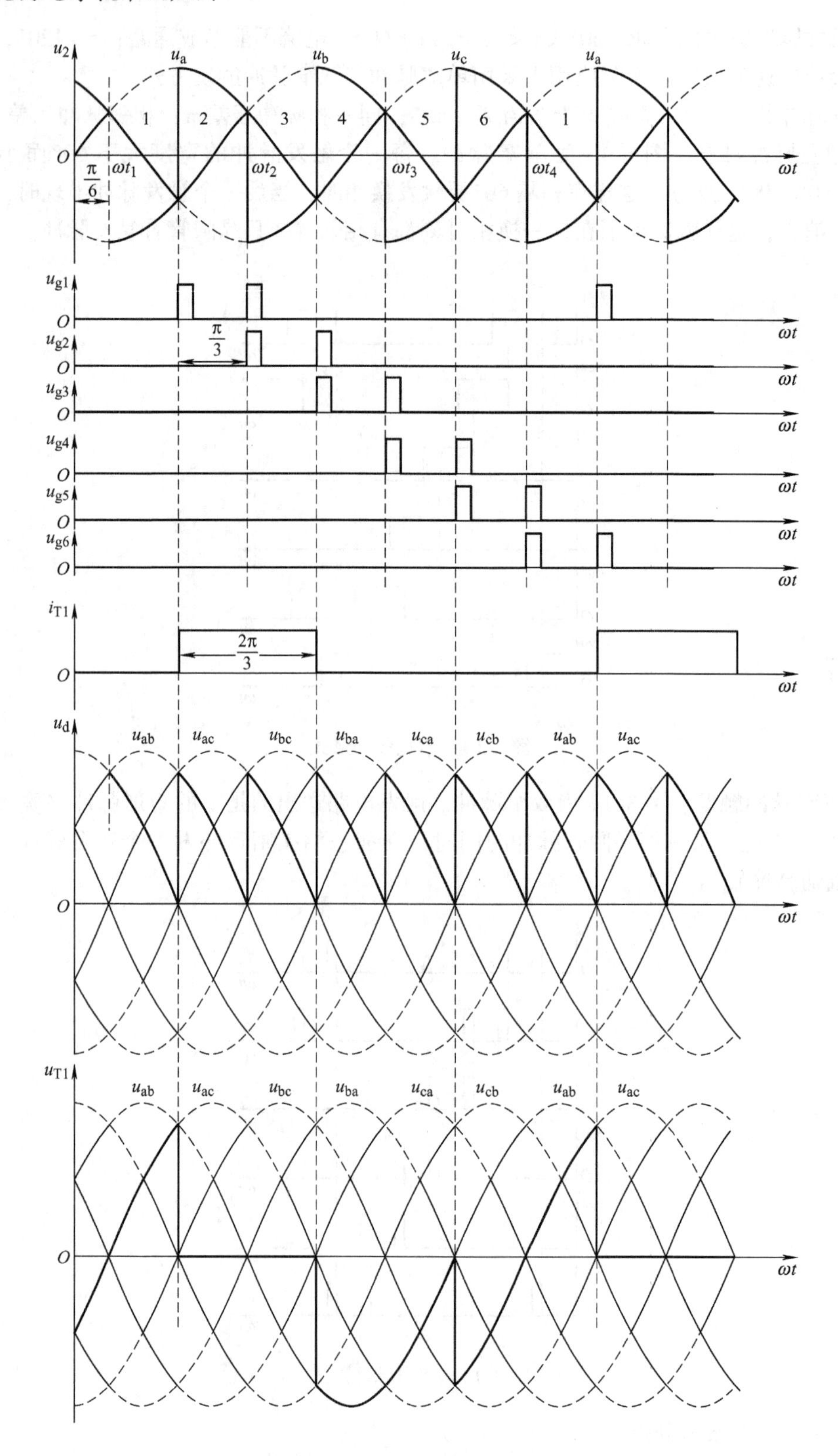

图 3-15　三相桥式全控整流电路带电感性负载 $\alpha=60°$ 时的波形

b. $\alpha=90°$时，由于负载电感感应电动势的作用，输出电压 u_d 波形出现负值，并且正、负面积相等，输出电压平均值为零，如图3-16所示。三相桥式全控整流电路带电感性负载移相范围为0°~90°。

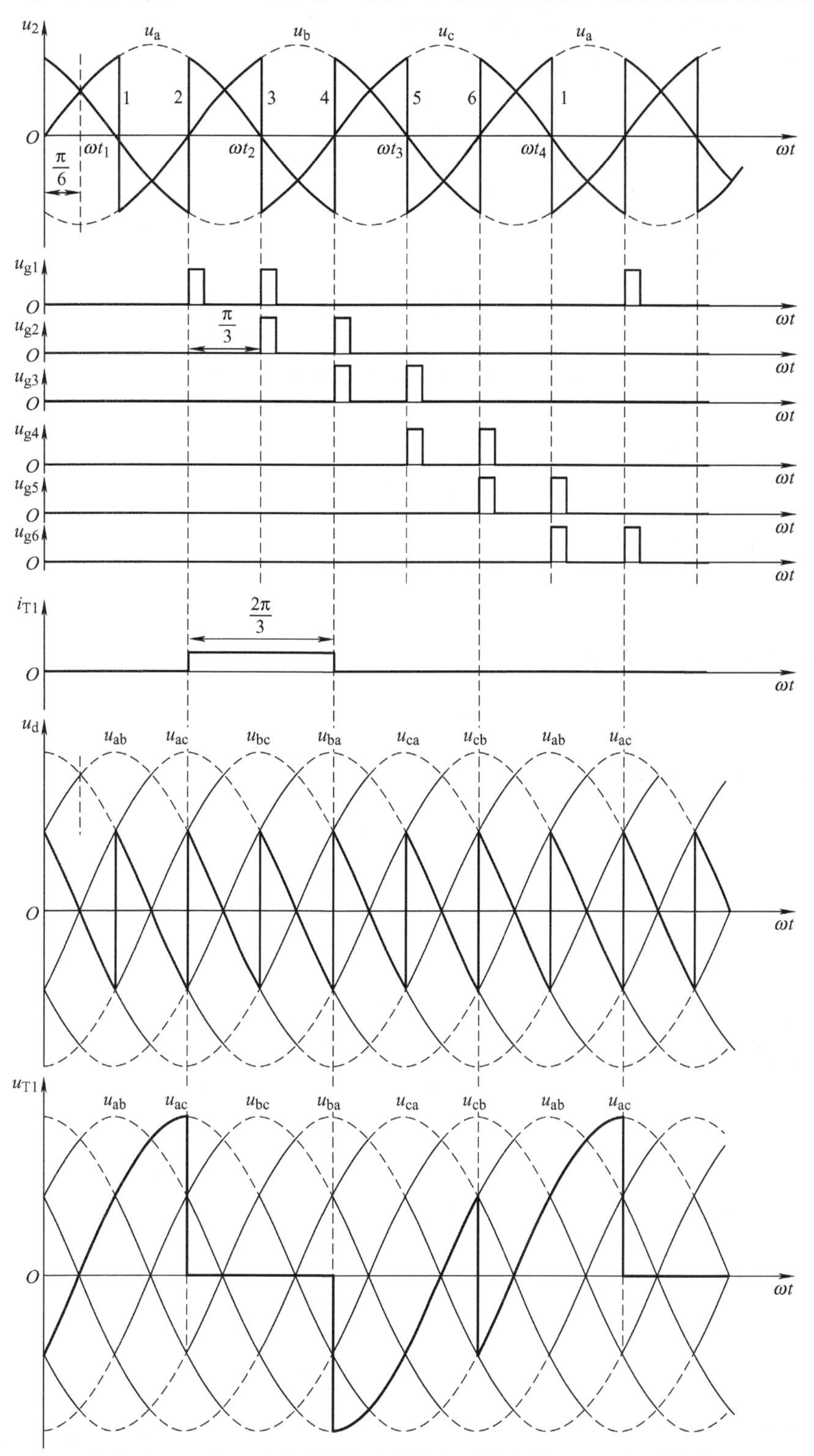

图3-16　三相桥式全控整流电路带电感性负载 $\alpha=90°$时的波形

三相桥式全控整流电路带大电感负载，当 $\alpha > 60°$时，输出电压 u_d的波形出现负值，使平均电压 U_d下降，可在大电感负载两端并接续流二极管 VD，这样既可以提高输出平均电压值，也可以扩大移相范围并使负载电流更平稳。电路如图 3-17 所示，其输出波形与计算公式读者可自行分析（可与下面电阻性负载对照分析）。

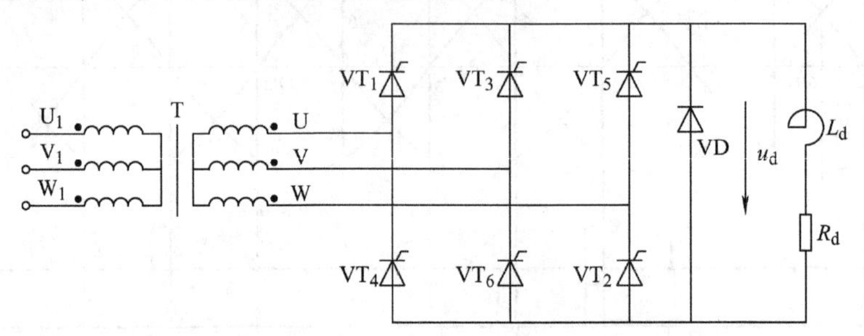

图 3-17　三相桥式全控整流电路带大电感负载接续流二极管电路

3）基本的物理量计算。

① 输出电压平均值为

$$U_d = 2.34U_2\cos\alpha$$

② 负载电流平均值为

$$I_d = \frac{U_d}{R_d}$$

③ 流过晶闸管电流平均值为

$$I_{dT} = \frac{1}{3}I_d$$

④ 流过晶闸管电流有效值为

$$I_T = \sqrt{\frac{1}{3}}I_d = 0.577I_d$$

⑤ 晶闸管可能承受的最大电压为

$$U_{TM} = \sqrt{6}U_2$$

（2）电阻性负载

1）电路结构。把三相桥式全控整流电路的输出接上白炽灯泡等电阻性质的负载，电感性负载就变成了电阻性负载，如图 3-18 所示。

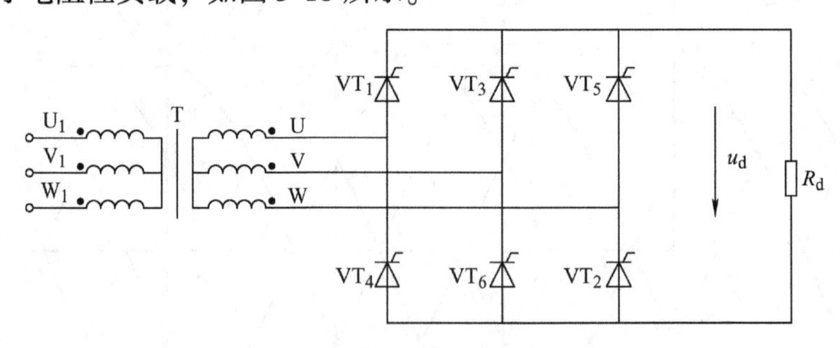

图 3-18　三相桥式全控整流电路带电阻性负载

2）工作原理及波形分析。$\alpha \leqslant 60°$时的 u_d、u_{T1}波形与电感性负载时相同，u_d波形连续；

$\alpha > 60°$时 u_d波形断续。$\alpha = 90°$时的波形如图 3-19 所示。$\alpha = 120°$时，$U_d = 0$。

三相桥式全控整流电路带电阻性负载移相范围为 0° ~ 120°。

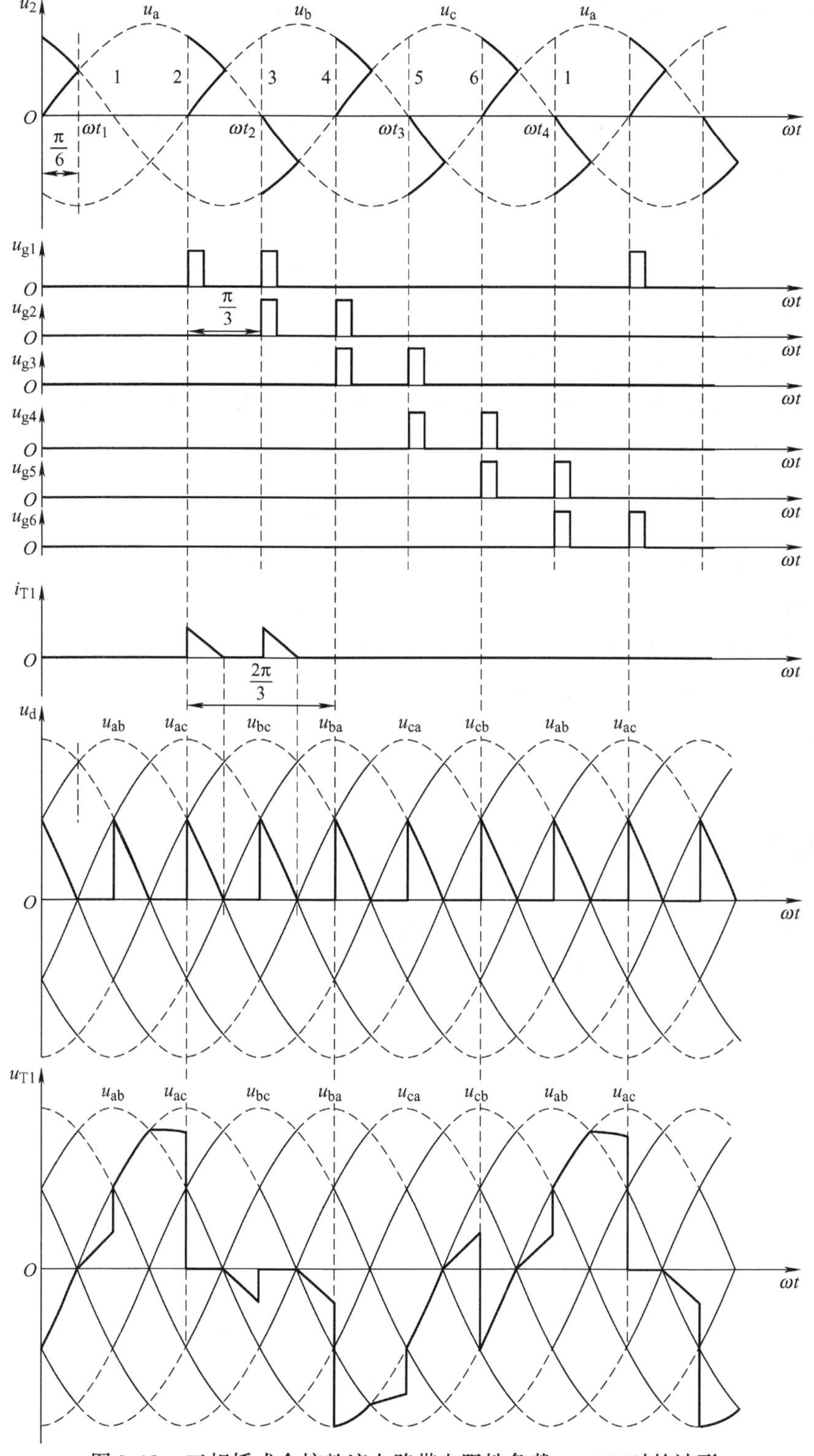

图 3-19　三相桥式全控整流电路带电阻性负载 $\alpha = 90°$时的波形

3）基本的物理量计算。由于 $\alpha=60°$ 是输出电压 u_d 波形连续和断续的分界点，输出电压平均值应分两种情况计算，至于负载电流平均值、流过晶闸管的电流平均值及有效值的计算公式与电感性负载时一样。晶闸管可能承受的最大电压为 $\sqrt{6}U_2$ 。

① $\alpha \leqslant 60°$

$$U_d = \frac{1}{\pi/3}\int_{\frac{\pi}{3}+\alpha}^{\frac{2\pi}{3}+\alpha}\sqrt{3}\times\sqrt{2}U_2\sin\omega t\mathrm{d}(\omega t) = 2.34U_2\cos\alpha$$

当 $\alpha=0°$ 时，$U_d=U_{d0}=2.34U_2$

② $\alpha>60°$

$$U_d = \frac{1}{\pi/3}\int_{\frac{\pi}{3}+\alpha}^{\pi}\sqrt{3}\times\sqrt{2}U_2\sin\omega t\mathrm{d}(\omega t) = 2.34U_2[1+\cos(\pi/3+\alpha)]$$

当 $\alpha=120°$ 时，$U_d=0$。

通过上面的分析，可以得出三相桥式全控整流电路的特点如下：

① 必须有两个晶闸管同时导通才可能形成供电回路，其中共阴极组和共阳极组各一个，且不能为同一相的器件。

② 对触发脉冲的要求：

按 VT_1—VT_2—VT_3—VT_4—VT_5—VT_6 的顺序，相位依次差 60°。共阴极组 VT_1、VT_3、VT_5 的脉冲依次差 120°，共阳极组 VT_4、VT_6、VT_2 也依次差 120°。同一相的上下两个晶闸管，即 VT_1 与 VT_4，VT_3 与 VT_6，VT_5 与 VT_2，脉冲相差 180°。

③ 触发脉冲要有足够的宽度，通常采用单宽脉冲触发或采用双窄脉冲。但实际应用中，为了减少脉冲变压器的铁心损耗，大多采用双窄脉冲。

3. 三相桥式半控整流电路

（1）电阻性负载

1）电路结构。将三相桥式全控整流电路中的共阳极组的晶闸管用三只二极管代替，就构成了三相桥式半控电路，如图 3-20 所示，其中晶闸管 VT_1、VT_3、VT_5 的阴极接在一起，构成共阴极接法；VD_2、VD_4、VD_6 的阳极接在一起，构成共阳极接法。可见，三相桥式半控整流电路由三相半波可控共阴极组与不控共阳极组串联组合构成。

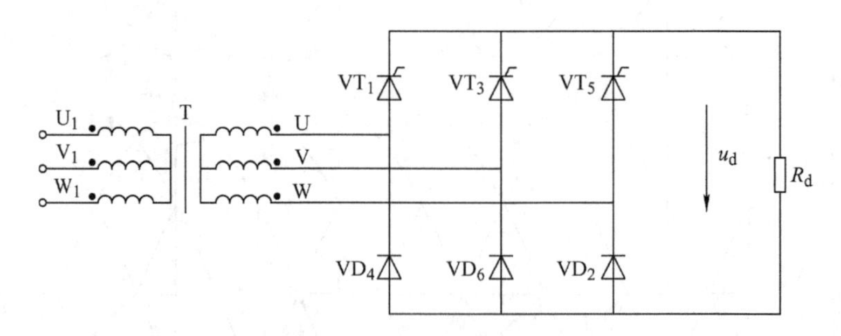

图 3-20　三相桥式半控整流电阻性负载电路图

2）工作原理及波形分析。$\alpha=0°$ 时，工作原理与三相桥式全控整流电路相同，输出电压每周期脉动六次，u_d 波形是线电压正半周完整包络线。

$\alpha>0°$时，共阴极组是可控换相，共阳极组是自然换相。$\alpha=30°$时的u_d波形如图3-21所示。

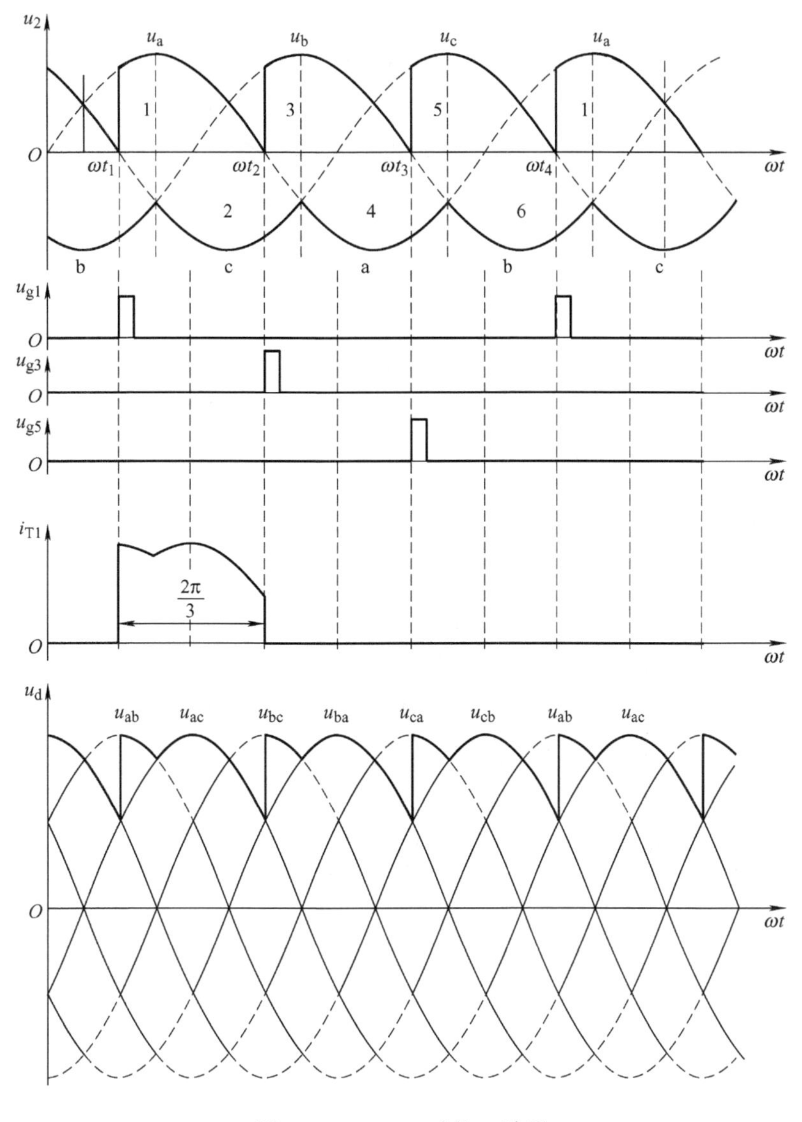

图3-21　$\alpha=30°$时的u_d波形

$\alpha=60°$时的u_d波形如图3-22所示。$\alpha=60°$时输出电压每周期脉动三次，$\alpha=60°$是u_d波形连续和断续的分界点。

三相桥式半控整流电路只用三只晶闸管和三套触发，采用单脉冲触发，因此线路简单经济，调控方便。三相桥式半控整流电路带电阻性负载在$\alpha \leqslant 60°$时波形连续，晶闸管导通角$\theta=120°$；$\alpha>60°$时出现波形断续，晶闸管导通角$\theta<120°$；$\alpha=60°$为临界连续点，移相范围为$0°\sim180°$。

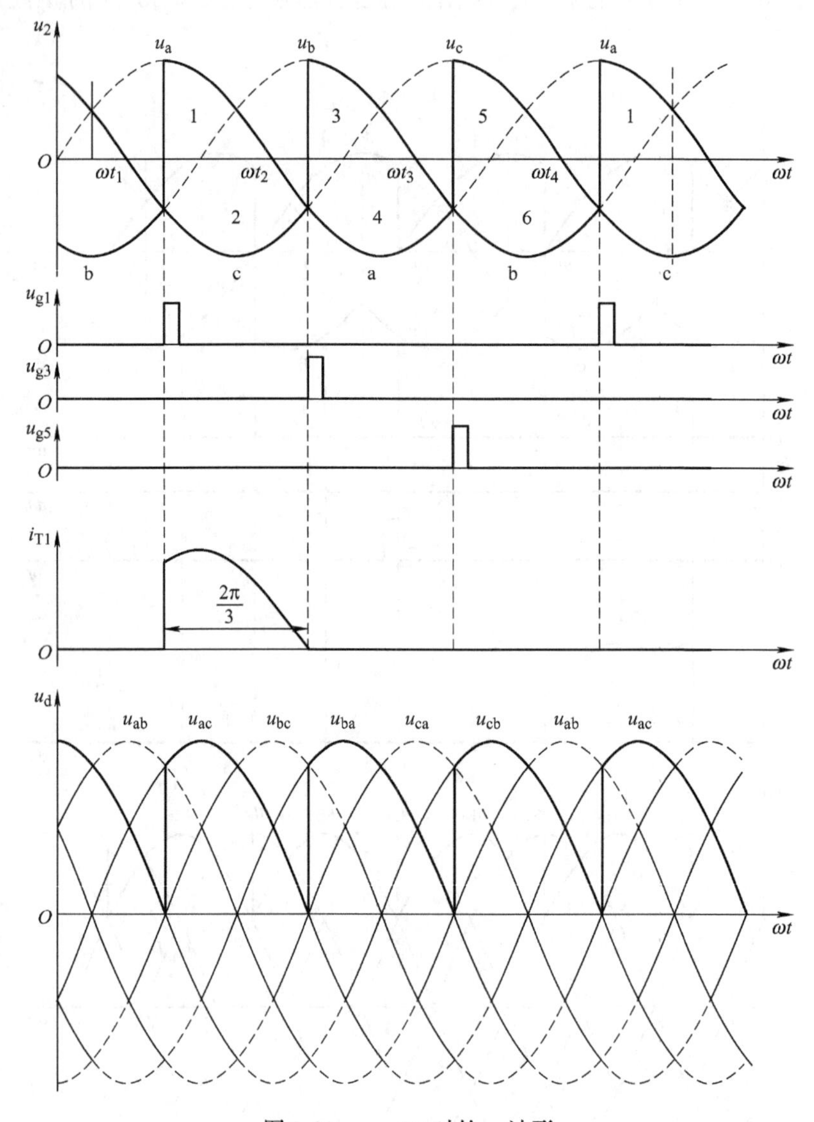

图 3-22　$\alpha=60°$时的 u_d波形

（2）电感性负载

1）电路结构。图 3-23 所示为三相桥式半控整流电路带大电感负载，输出电压波形与电阻性负载波形相同，不会出现负波形，输出电压平均值与电阻性负载计算相同。通过器件的电流波形为矩形波。线电压过零变负时晶闸管器件不关断，负载电感中的能量通过晶闸管和二极管的串联回路续流。

2）工作原理及波形分析。当 $\alpha \leqslant 60°$时，负载两端输出电压 u_d波形、晶闸管两端电压波形分析方法与电阻性负载相同，这里不再重复分析。

$\alpha=90°$时，u_d波形如图 3-24 所示。

失控问题：触发脉冲突然切除，会出现一只晶闸管器件不关断，另三只二极管轮流导通的失控现象，解决失控的方法是加续流二极管。

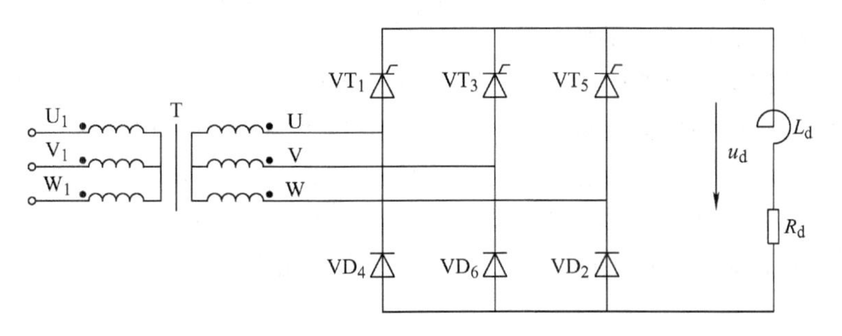

图 3-23　三相桥式半控整流电路带大电感负载

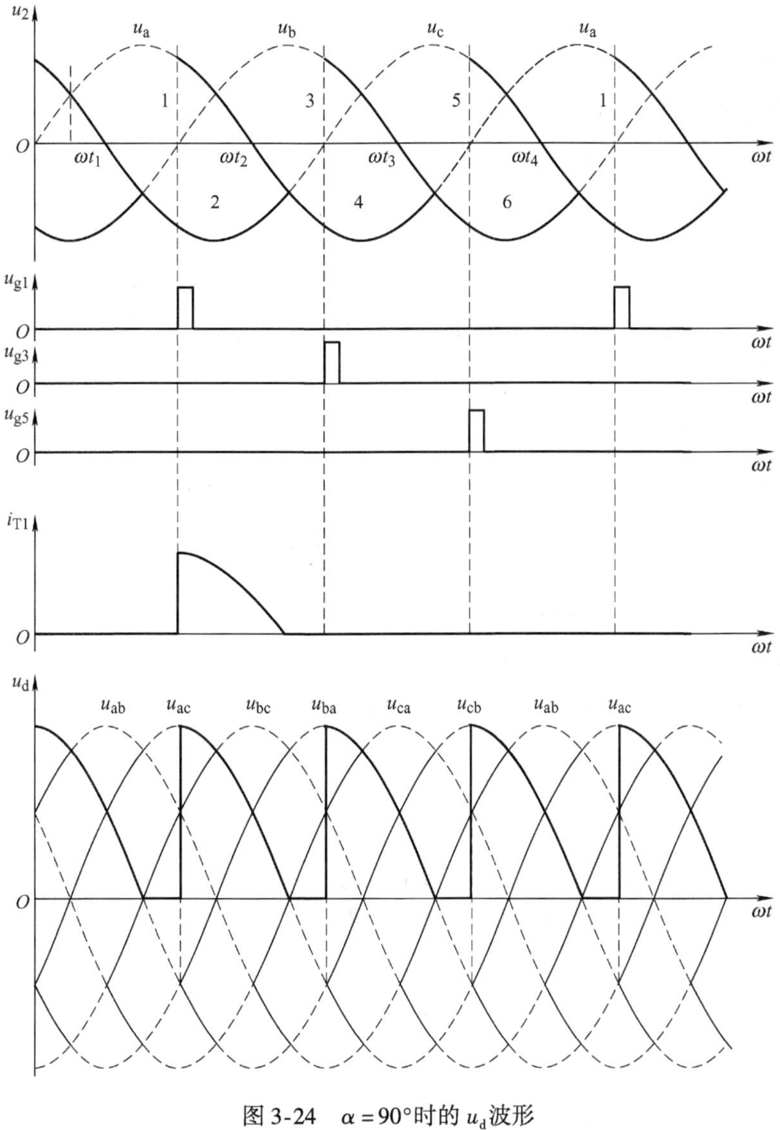

图 3-24　$\alpha=90°$时的 u_d波形

三相桥式半控整流电路带直流电动机负载，为保证电流连续需加平波电抗器，此时仍属于电感性负载，分析方法与电感性负载相同，为防止失控，应加续流二极管。

和单相桥式半控整流电路带大电感负载一样，三相桥式半控整流电路带大电感负载在正常工作时，当触发脉冲突然丢失或把触发延迟角 α 突然调到 180°以外时，将会出现导通的晶闸管不能关断，而三只二极管轮流导通的现象，使得整个电路处于失控状态。一旦电路出现失控现象，导通的晶闸管会因过载而烧毁，因此，为了保证电路正常工作，避免失控现象的发生，必须采取必要的保护措施，其方法是在负载两端并联续流二极管。电路原理请读者自行分析。

任务二　中频感应加热炉触发电路分析

一、学习目标

1）了解集成触发电路及数字式触发电路的种类及应用情况。

2）掌握触发电路与主电路实现同步的方法。

二、相关知识

整流电路的触发电路有很多种，要根据具体的整流电路和应用场合选择不同的触发电路。实际中，大多情况下选用锯齿波同步触发电路和集成触发器。锯齿波触发电路前文已介绍，下面介绍集成触发器。

1. 集成触发器介绍

随着晶闸管变流技术的发展，目前逐渐推广使用集成触发器。集成触发器的应用提高了触发电路工作的可靠性，缩小了触发电路体积，简化了触发电路的生产与调试。集成触发器应用越来越广泛，正获得广泛应用的有以下几种：

（1）TC787/TC788 集成触发器　该电路主要适用于三相晶闸管移相触发和三相功率晶体管脉宽调制电路，以及应用于构成多种交流调速和变流装置中。TC787/TC788 集成触发器具有功耗小、功能强、输入阻抗高、抗干扰性能好、移相范围宽、外接元器件少等优点，而且装调简便、使用可靠，只需一片，就可完成三相移相控制功能。因此，TC787/TC788 集成触发器广泛应用于三相半波、三相全控、三相过零等电力电子、机电一体化产品的移相触发系统。

TC787/TC788 集成触发器外形采用标准双列直插 18 脚结构，由 6 脚可控制两种脉冲输出方式：半控单脉冲工作模式与双控双窄脉冲工作模式，因此使用非常方便。

（2）KC04 移相集成触发器　此触发电路为正极性型电路，即控制电压增加时晶闸管输出电压也增加，主要用于单相或三相全控桥装置。KC04 集成触发器采用 16 脚封装形式，其内部电路由同步检测环节、锯齿波形成环节、移相环节、脉冲形成环节、脉冲分选与放大输出环节等五个环节组成。

（3）KC41C 六路双脉冲形成器　KC41C 与三块 KC04 可组成三相全控桥双脉冲触发电路。KC41C 不仅具有双脉冲形成功能，还可作为电子开关提供封锁控制的功能。KC41C 六路双脉冲形成器采用16脚封装结构。

（4）KC42脉冲列调制形成器 KC42脉冲列调制形成器主要用于三相全控桥整流电路的脉冲调制源，这样可减少大功率触发电源功率和脉冲变压器体积，也可用于三相半控桥、单相全控桥、单相半控桥触发电路中。电源具有脉冲占空比可调性好、频率调节范围宽、触发脉冲上升沿可与同步调制信号同步等优点，此外还可作为方波发生器用于其他电力电子设备中。

（5）KCZ6集成六脉冲触发组件 KCZ6集成六脉冲触发组件由三块KC04移相集成触发器、一块KC41六路脉冲形成器和一块KC42脉冲列形成器组成。KCZ6集成六脉冲触发组件具有调试维修方便、脉冲输出间隔均匀、能可靠驱动大功率晶闸管等特点。

2. 触发电路与主电路电压的同步

制作或修理调整晶闸管装置时，常会碰到一种故障现象：在单独检查晶闸管主电路时，接线正确，元器件完好；单独检查触发电路时，各点电压波形、输出脉冲正常，调节控制电压 u_c时，脉冲移相符合要求。但是当主电路与触发电路连接后，工作不正常，直流输出电压 u_d波形不规则、不稳定，移相调节不能工作。这种故障是由于送到主电路各晶闸管的触发脉冲与其阳极电压之间相位没有正确对应，造成晶闸管工作时触发延迟角不一致，甚至使有的晶闸管触发脉冲在阳极电压负值时出现，当然不能导通。怎样才能消除这种故障使装置工作正常呢？这就是本任务要讨论的触发电路与主电路之间的同步（定相）问题。

（1）同步的定义 前面分析可知，触发脉冲必须在管子阳极电压为正的某一区间内出现，晶闸管才能被触发导通，而在锯齿波移相触发电路中，送出脉冲的时刻由接到触发电路不同相位的同步电压 u_s来定位，由控制与偏移电压大小来决定移相。因此必须根据被触发晶闸管的阳极电压相位，正确供给触发电路特定相位的同步电压，才能使触发电路分别在各晶闸管需要触发脉冲的时刻输出脉冲。这种正确选择同步电压相位以及得到不同相位同步电压的方法，称为晶闸管装置的同步或定相。

（2）触发电路同步电压的确定 触发电路同步电压的确定包括两方面内容：

1）根据晶闸管主电路的结构、所带负载的性质及采用触发电路的形式，确定该触发电路能够满足移相要求的同步电压与晶闸管阳极电压的相位关系。

2）用三相同步变压器的不同连接方式或再配合阻容移相得到上述确定的同步电压。

（3）实现同步的方法 实现同步的方法步骤如下：

1）根据主电路的结构、负载的性质及触发电路的类型与脉冲移相范围的要求，确定该触发电路的同步电压 u_s与对应晶闸管阳极电压之间的相位关系。

2）根据整流变压器T的接法，以定位某线电压作为参考相量，画出整流变压器二次电压即晶闸管阳极电压的相量，再根据步骤1）确定的同步电压 u_s与晶闸管阳极电压的相位关系，画出电源的同步相电压和同步线电压相量。

3）根据同步变压器二次线电压相量位置，定出同步变压器TS的钟点数的接法，然后确定出触发信号分别接到VT_1、VT_3、VT_5输入端；确定出触发信号分别接到VT_4、VT_6、VT_2输入端，这样就保证了触发电路与主电路的同步。

任务三　三相有源逆变电路分析

一、学习目标

1）掌握三相半波、三相桥式有源逆变电路的结构与工作原理。

2）了解三相有源逆变电路在三相绕线异步电动机调速、高压直流输电中的应用原理。

二、相关知识

常用的有源逆变电路，除单相全控桥式电路外，还有三相半波和三相全控桥式电路等。三相有源逆变电路中，变流装置的输出电压与触发延迟角 α 之间的关系仍与整流状态时相同，即

$$U_d = U_{d0}\cos\alpha$$

逆变时 $90° < \alpha < 180°$，使 $U_d < 0$。

1. 三相半波有源逆变电路

图 3-25 所示为三相半波有源逆变电路。电路中电动机产生的电动势 E 为上负下正，令触发延迟角 $\alpha > 90°$，以使 U_d 为上负下正，且满足 $|E| > |U_d|$，则电路符合有源逆变的条件，可实现有源逆变。

逆变器输出直流电压 U_d（U_d 的方向仍按整流状态时的规定，从上至下为 U_d 的正方向）的计算式为

$$U_d = U_{d0}\cos\alpha = -U_{d0}\cos\beta = -1.17U_2\cos\beta \qquad (\alpha > 90°)$$

式中，U_d 为负值，即 U_d 的极性与整流状态时相反。输出直流电流平均值为

$$I_d = \frac{E - U_d}{R_\Sigma}$$

式中，R_Σ 为回路的总电阻。电流从 E 的正极流出，流入 U_d 的正端，即 E 端输出电能，经过晶闸管装置将电能送给电网。

下面以 $\beta = 60°$为例对其工作过程进行分析。在 $\beta = 60°$时，即 ωt_1 时刻触发脉冲 u_{g1} 触发晶闸管 VT_1 使之导通。即使 u_U 相电压为零或负值，但由于有电动势 E 的作用，VT_1 仍可能承受正电压而导通。则电动势 E 提供能量，有电流 i_d 流过晶闸管 VT_1，输出电压 $u_d = u_U$。然后，与整流时一样，按电源相序每隔 120°依次轮流触发相应的晶闸管使之导通，同时关断前面导通的晶闸管，实现依次换相，每个晶闸管导通 120°。输出电压 u_d 的波形如图 3-25b 所示，其直流平均电压 U_d 为负值，数值小于电动势 E。

图 3-25c 中画出了晶闸管 VT_1 两端电压 u_{T1} 的波形。在一个电源周期内，VT_1 导通 120°，导通期间其端电压为零；随后的 120°是 VT_2 导通，VT_1 关断，VT_1 承受线电压 u_{UV}，再后的 120°是 VT_3 导通，VT_1 承受线电压 u_{UW}。由端电压波形可见，逆变时晶闸管两端电压波形的正面积总是大于负面积，而整流时则相反，正面积总是小于负面积。只有 $\alpha = \beta$ 时，正负面积才相等。

下面以 VT_1 换相到 VT_2 为例，简单说明图中晶闸管换相的过程。在 VT_1 导通时，到 ωt_2 时刻触发 VT_2，则 VT_2 导通，与此同时使 VT_1 承受 U、V 两相间的线电压 u_{UV}。由于 $u_{UV} < 0$，故 VT_1 承受反向电压而被迫关断，完成了 VT_1 向 VT_2 的换相过程。其他管的换相可由此类推。

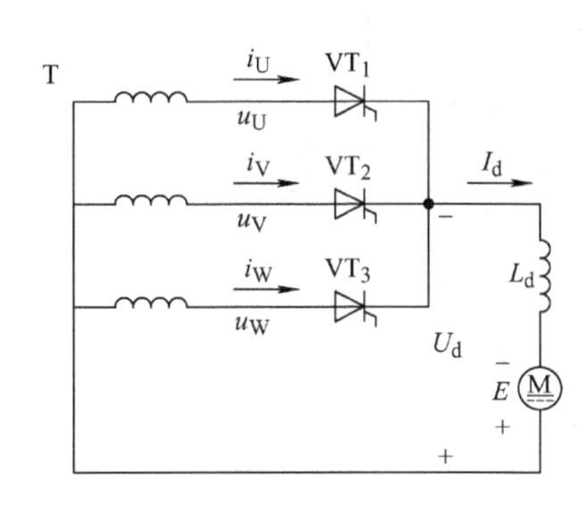

a) 电路

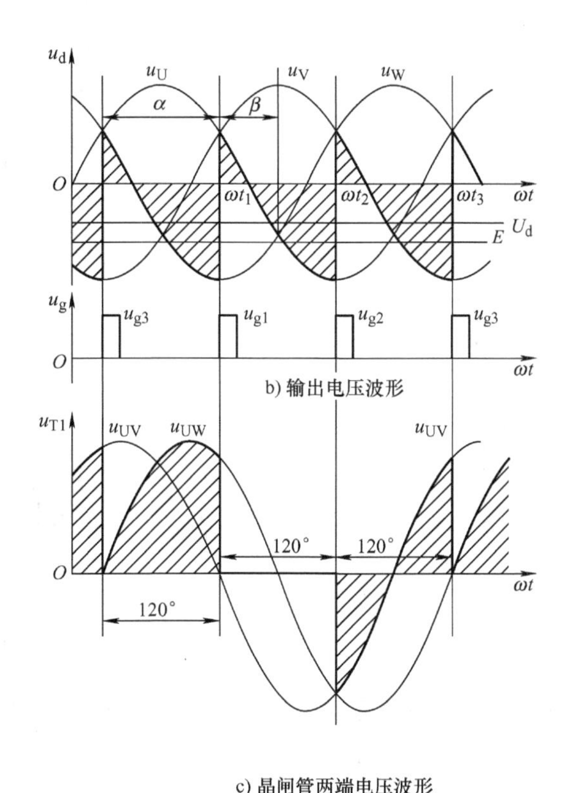

c) 晶闸管两端电压波形

图 3-25　三相半波有源逆变电路

2. 三相全控桥式有源逆变电路

图 3-26a 所示为三相全控桥式有源逆变电路，带电动机负载，当 $\alpha<90°$时，电路工作在整流状态；当 $\alpha>90°$时，电路工作在逆变状态。两种状态除 α 角的范围不同外，晶闸管的控制过程是一样的，即都要求每隔 60°依次轮流触发晶闸管使其导通 120°，触发脉冲都必须是宽脉冲或双窄脉冲。逆变时输出直流电压的计算式为

$$U_d = U_{d0}\cos\alpha = -U_{d0}\cos\beta = -2.34U_2\cos\beta \qquad (\alpha > 90°)$$

图 3-26b 为 $\beta=30°$时三相全控桥直流输出电压 u_d 的波形。共阴极组晶闸管 VT_1、VT_3、VT_5分别在脉冲 u_{g1}、u_{g3}、u_{g5}触发时换相，由阳极电位低的管子导通换到阳极电位高的管子导通，因此相电压波形在触发时上跳；共阳极组晶闸管 VT_2、VT_4、VT_6分别在脉冲 u_{g2}、u_{g4}、u_{g6}触发时换相，由阴极电位高的管子导通换到阴极电位低的管子导通，因此在触发时相电压波形下跳。晶闸管两端电压波形与三相半波有源逆变电路相同。

下面再分析一下晶闸管的换相过程。设触发方式为双窄脉冲方式。在 VT_5、VT_6导通期间，发 u_{g1}、u_{g6}脉冲，则 VT_6继续导通，而 VT_1在被触发之前，由于 VT_5处于导通状态，已使其承受正向电压 u_{UW}，所以一旦触发，VT_1即可导通，若不考虑换相重叠的影响，当 VT_1导通之后，VT_5就会因承受反向电压 u_{WU}而关断，从而完成了从 VT_5到 VT_1的换相过程，其他管的换相过程可由此类推。

应当指出，传统的有源逆变电路开关器件通常采用普通晶闸管，但近年来出现的门极关

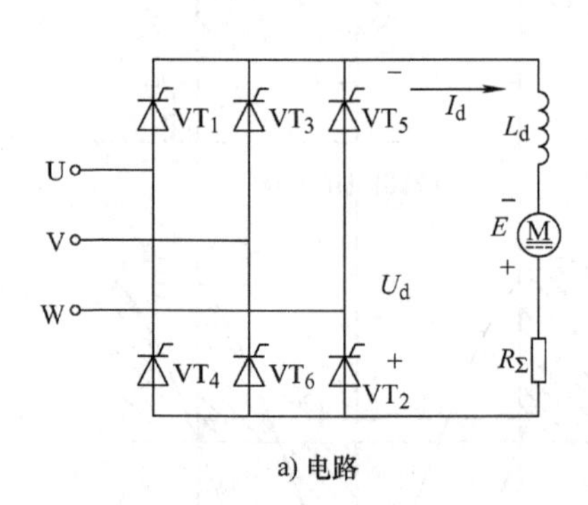

a) 电路

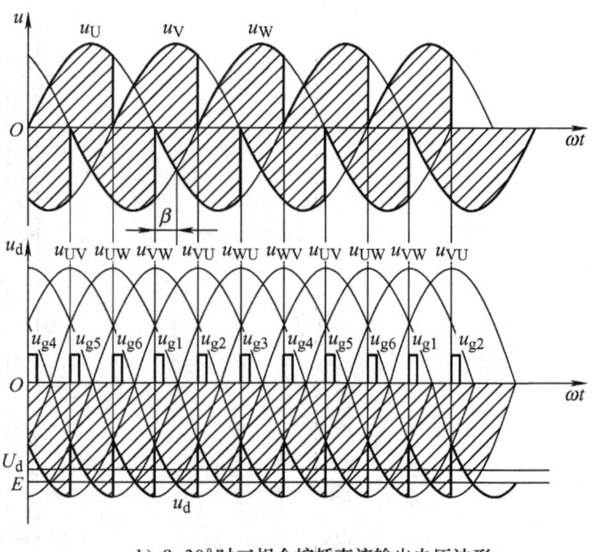

b) β=30°时三相全控桥直流输出电压波形

图 3-26　三相全控桥式有源逆变电路

断晶闸管既具有普通晶闸管的优点，又具有自关断能力，工作频率也高，因此在逆变电路中很有可能取代普通晶闸管。

3. 有源逆变电路的应用

有源逆变电路有较多的应用领域，常见的有直流电动机可逆拖动、绕线转子交流异步电动机串级调速以及高压直流输电等方面。下面对绕线转子交流异步电动机串级调速以及高压直流输电中的应用加以介绍。

（1）绕线转子异步电动机的晶闸管串级调速

1）串级调速的原理。绕线转子异步电动机可采用改变串接于转子回路附加电阻的方法进行调速。这种调速方法简单、投资少，但其调速不平滑、附加电阻耗能大。串级调速是在转子回路中引入附加电动势来实现调速的。这种方法不仅可对异步电动机进行无级调速，而且具有节能、机械特性较硬等特点。

下面分析串级调速的原理。假定异步电动机在自然机械特性上（即转子电路无附加电动势）稳定运行，电源电压和负载转矩均不变。转子电动势为 sE_{20}，转子电流值为

$$I_2 = \frac{sE_{20}}{\sqrt{R_2^2 + (sX_{20})^2}}$$

式中，E_{20}为 $s=1$ 时转子开路相电动势；X_{20}为 $s=1$ 时每相转子绕组的漏电抗；R_2为转子绕组电阻。

当在转子中串入与转子感应电动势 sE_{20}同频率、反相的附加电动势 E_f时，转子合成电动势减小为 $sE_{20}-E_f$，转子电流减小为

$$I_2 = \frac{sE_{20} - E_f}{\sqrt{R_2^2 + (sX_{20})^2}}$$

由于电动机定子电压、气隙磁通恒定，故电动机的电磁转矩 T 将随转子电流 I_2 的减小而减小，使电动机的输出转矩小于负载转矩，迫使电动机降低转速，转差率 s 增加，从而又使转子电流 I_2 增加，转矩也随之回升，直至电磁转矩与负载转矩重新达到平衡，电动机便稳定运行在低于原值的某一转速上。调整 E_f 值就可调节电动机的转速。这是低于同步转速的串级调速。

当在转子中串入与 sE_{20} 同频率、同相的 E_f 时，转子合成电动势增大为 $sE_{20}+E_f$，转子电流增大为

$$I_2 = \frac{sE_{20} + E_f}{\sqrt{R_2^2 + (sX_{20})^2}}$$

电磁转矩也随之增加，电动机升速，s 减小。直至电磁转矩与负载转矩重新达到平衡，电动机稳定运行在高于原值的某一转速上。若串入的 E_f 足够大，会使电动机稳定运行在高于同步转速的某一转速上。这是高于同步转速的串级调速。

本书主要介绍低于同步转速的串级调速——低同步晶闸管串级调速。

2）低同步晶闸管串级调速。由上述分析可知，绕线转子异步电动机的转子电动势的大小与频率都随电动机转速而变，在转子回路中串入与转子电动势频率一致、相位相反的交流附加电动势，就可改变电动机转速。附加电动势越大，电动机转速越低。可见，实现串级调速的核心环节是要有一套产生附加电动势的装置，其所产生的附加电动势既要大小可调，又要使其频率保持与转子频率一致。这在技术上是非常复杂的。目前广泛采用的方法是把转子电动势整流为直流，再通过晶闸管有源逆变电路引入直流附加反电动势。图 3-27 即为运用这种方法的晶闸管串级调速主电路原理图。

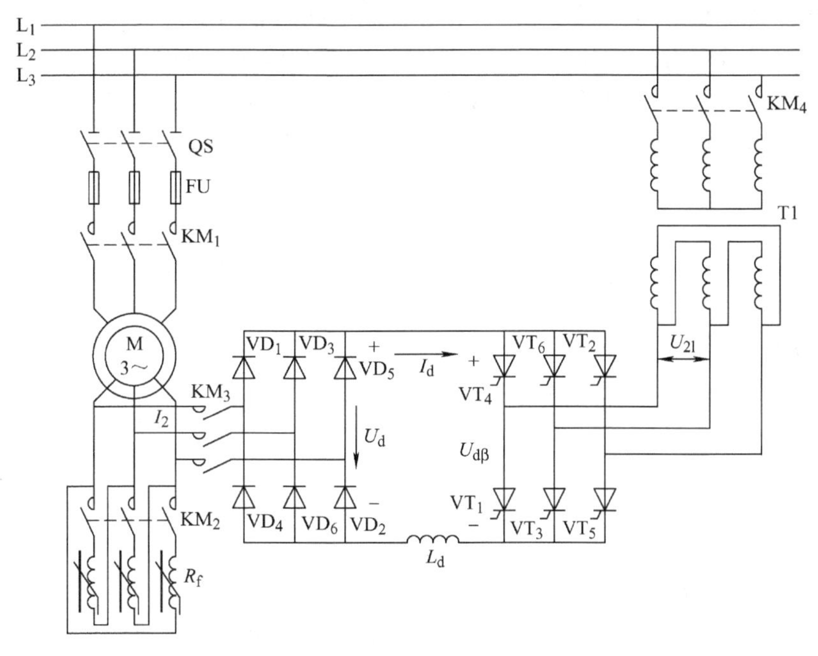

图 3-27　晶闸管串级调速主电路原理图

图中，转子回路经三相桥式电路整流后输出直流电压 U_d 为

$$U_d = 1.35sE_{21}$$

式中，E_{21} 为转子开路线电动势的有效值（转速 $n=0$）；s 为电动机转差率。

串级调速系统运行时，由晶闸管组成的有源逆变器一直处于逆变工作状态，将转子能量反馈给电网，逆变电压 $U_{d\beta}$ 即为引入转子电路的反电动势。当电动机稳定运行并忽略直流回路电阻时，整流电压 U_d 与逆变电压 $U_{d\beta}$ 大小相等、方向相同，即 $U_d = U_{d\beta}$。设逆变变压器 TI 的二次线电压为 U_{21}，则有

$$U_{d\beta} = 1.35U_{21}\cos\beta = U_d = 1.35sE_{21}$$

故有 $s = \frac{U_{21}}{E_{21}}\cos\beta$。

由上式可以看出，改变逆变角 β 的数值即可改变电动机的转差率，从而达到调速的目的。逆变角的变化范围一般为 30°～90°。

上述调速方法的核心是将逆变电压 $U_{d\beta}$ 引入转子电路，作为转子的反电动势。而逆变电压又受逆变角 β 的控制，改变 β 的大小便可改变反电动势的大小，从而改变反送交流电网的功率，同时改变了转子的转速。其具体调节过程为：首先起动电动机。对于水泵、风机类负载，接通接触器 KM_1、KM_2，利用频敏变阻器 R_f 起动，以限制起动电流；对于传输带、矿井提升等设备，则可直接起动。电动机起动之后，断开 KM_2，接通 KM_3，电动机转入串级调速。当电动机稳定运行在某一转速时，有 $U_d = U_{d\beta}$。欲提高转速，可增大 β 角，则 $U_{d\beta}$ 减小，转子电流 I_2 增大，使电磁转矩增大，转速提高，转差率 s 减小，sE_{21} 减小，U_d 减小，到 $U_d = U_{d\beta}$ 时电动机稳定运行在较原来高的转速上。反之，欲降低转速则减小 β 角。若要停车，可先断开 KM_1，延时断开 KM_3，电动机即停车。

（2）高压直流输电　高压直流输电在跨越江河、海峡的输电，大容量远距离输电，连接两个不同频率的交流电网，同频率两个相邻交流电网的非同步并联等方面，发挥着非常重要的作用。与其他输电方式相比，高压直流输电能减少输电线的能量损耗，增加电网稳定性，提高输电效益，因而得到了迅速的发展。图 3-28 为高压直流输电系统原理图。图中，中间的直流环节未接负载，起传输功率的作用，通过分别控制两侧变流桥的工作状态就可控

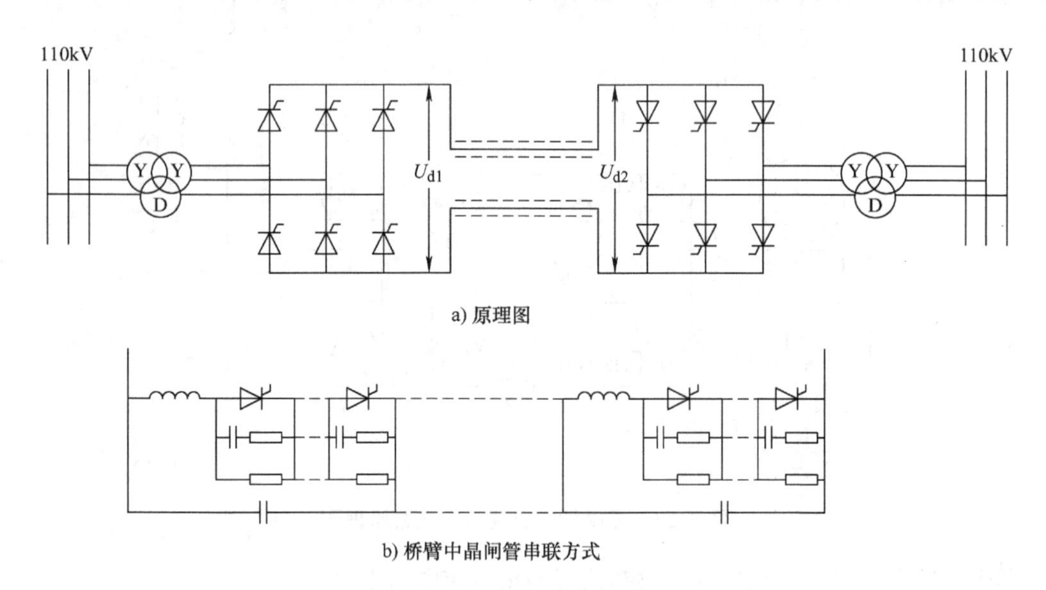

a) 原理图

b) 桥臂中晶闸管串联方式

图 3-28　高压直流输电系统原理图

制电功率的流向。如左边变流桥工作于整流状态、右边变流桥工作于有源逆变状态，则系统由左边电网向右边电网输送电功率。变流桥均采用三相桥式全控电路，每个桥臂由许多只光控大功率晶闸管串联组成。由于光控晶闸管光脉冲只需 0.1ms，因此，用光脉冲可以同时触发桥臂中这些处于不同电位的多只串联晶闸管。

项目实施　三相桥式全控整流电路安装与调试

一、实训目的

1）掌握三相桥式全控整流电路的电路结构与工作原理。

2）了解 TCA785 集成触发器的调试方法和各点的波形。

3）熟悉三相桥式全控整流电路故障的分析与处理。

二、仪器器材

模块化电力电子实训装置、数字示波器、万用表。

三、实训内容及原理

图 3-29 为三相桥式全控整流电路的主电路与控制电路。主电路为三相全控桥式整流电路；触发电路为集成触发电路，由 TCA785、KC41 等集成芯片组成，可输出经调制后的双窄脉冲。集成触发电路的原理可参考有关资料。

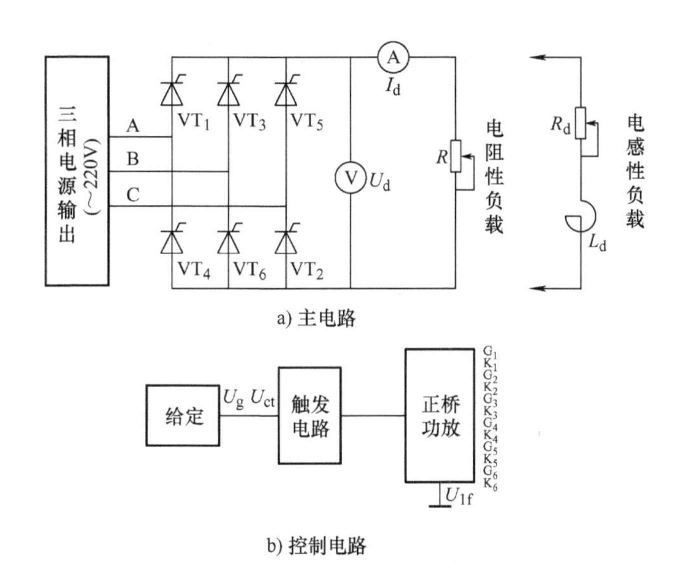

图 3-29　三相桥式全控整流电路原理图

四、实训方法

1）根据三相桥式全控整流电路的原理测试要求，在模块化电力电子实训装置上选取对应的模块。

2）根据选取的模块与对应的原理要求正确接线。

3）接线正确后，启动电源，分别进行电阻性负载与电阻电感性负载的调试。

4）在电阻性负载实训时，将“给定”输出调到零（逆时针旋到底），使电阻器位于最大阻值处，按下“启动”按钮，调节给定电位器，增加移相电压，在30°~150°范围内调节α角，同时，根据需要不断调整负载电阻R，使负载电流I_d保持在0.6A左右（注意I_d不得超过0.65A）。用示波器观察并记录$\alpha=30°$、60°及90°时的整流电压U_d和晶闸管两端电压U_{T1}的波形，并记录相应的U_d数值于表3-2中。

表3-2 记录相应的U_d数值

α	30°	60°	90°
U_2			
U_d（记录值）			
U_d/U_2			
U_d（计算值）			

5）电阻性负载实训完后，断电，负载端接上电感性负载，启动电源，将“给定”输出调到零（逆时针旋到底），使电阻器位于最大阻值处，按下“启动”按钮，调节给定电位器，增加移相电压，在30°~150°范围内调节α角，同时，根据需要不断调整负载电阻R_d，使负载电流I_d保持在0.6A左右（注意I_d不得超过0.65A）。用示波器观察并记录$\alpha=30°$、60°及90°时的整流电压U_d和晶闸管两端电压U_{T1}的波形，并记录相应的U_d数值于表3-3中。

表3-3 记录相应的U_d数值

α	30°	60°	90°
U_2			
U_d（记录值）			
U_d/U_2			
U_d（计算值）			

五、实训报告

1）画出电路的移相特性曲线$U_d=f(\alpha)$。

2）画出触发电路的传输特性曲线$\alpha=f(U_{ct})$。

3）画出$\alpha=30°$、60°、90°、120°、150°时的整流电压U_d和晶闸管端电压U_{T1}的波形。

4）简单分析实训过程中所出现的故障现象。

六、注意事项

1）为了防止过电流，启动时将负载电阻调至最大阻值位置。

2）整流电路与三相电源连接时，一定要注意相序，必须一一对应。

知识拓展　整流电路的保护

整流电路的保护主要是晶闸管的保护，尽管晶闸管器件有许多优点，但与其他电气设备相比，过电压、过电流能力差，短时间的过电流、过电压都可能造成器件损坏。为使晶闸管装置能正常工作而不损坏，只靠合理选择器件还不行，还要设计完善的保护环节，以防不测。

一、过电压保护

过电压保护有交流侧保护、直流侧保护和器件保护。过电压保护设置如图 3-30 所示。其中 H 属于器件保护，H 左边设置的是交流侧保护、H 右边设置的为直流侧保护。

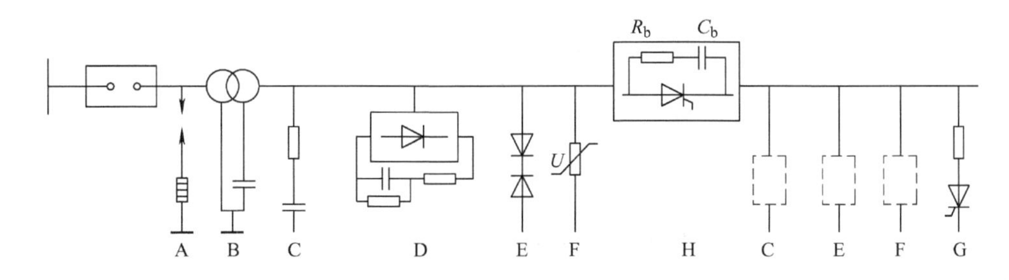

图 3-30　晶闸管过电压保护设置

A—避雷器　B—接地电容　C—阻容保护　D—整流式阻容保护

E—硒堆保护　F—压敏保护　G—晶闸管泄能保护　H—换相过电压保护

1. 晶闸管的关断过电压及其保护

晶闸管关断引起的过电压，可达工作电压峰值的 5 ~ 6 倍，由线路电感（主要是变压器漏感）释放能量而产生。采用的保护方法一般是在晶闸管的两端并联 *RC* 吸收电路，如图 3-31 所示。

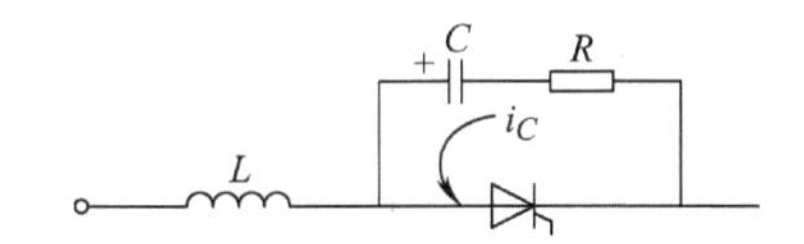

图 3-31　用阻容吸收电路抑制晶闸管关断过电压

2. 交流侧过电压保护

由于交流侧电路在接通或断开时会感应出过电压，一般情况下，能量较大，常用的保护措施有阻容吸收保护电路，其应用广泛，性能可靠，但正常运行时，电阻上消耗功率，引起电阻发热，且体积大，对于能量较大的过电压不能完全抑制。根据稳压管的稳压原理，目前较多采用非线性电阻吸收装置，常用的有硒堆与压敏电阻。

硒堆就是成组串联的硒整流片。单相时用两组对接后再与电源并联，三相时用三组对接成星形或用六组接成三角形。

压敏电阻由氧化锌、氧化铋等烧结而成，每一颗氧化锌晶粒外面裹着一层薄薄的氧化锌，构成像硅稳压管一样的半导体结构，具有正反向都很陡的稳压特性。

3. 直流侧过电压保护

保护措施一般与交流过电压保护一致。

二、过电流保护

晶闸管装置出现元件误导通或击穿、可逆传动系统中产生环流、逆变失败以及传动装置生产机械过载及机械故障引起电动机堵转等，都会导致流过整流器件的电流大大超过其正常管子电流，即产生所谓的过电流。通常采用的保护措施如图 3-32 所示。

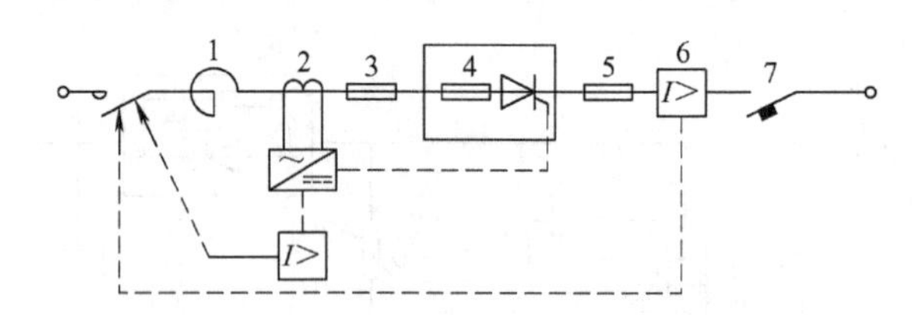

图 3-32　晶闸管装置可采用的过电流保护措施

1—进线电抗限流　2—电流检测和过电流继电器　3、4、5—快速熔断器

6—过电流继电器　7—直流快速断路器

1）串接交流进线电抗或采用漏抗大的整流变压器（图 3-32 中 1）。利用电抗限制短路电流。此方法有效，但负载电流大时存在较大的交流压降，通常以额定电压 3% 的压降来计算进线电抗值。

2）电流检测和过电流继电器（图 3-32 中 2、6）。过电流继电器使交流开关跳闸切断电源，由于开关动作需要几百毫秒，故只适用于短路电流不大的场合。

3）直流快速断路器（图 3-32 中 7）。对于变流装置功率大且短路可能性较多的高要求场合，可采用动作时间只有 2ms 的直流快速断路器，它可以优于快速熔断器熔断而保护晶闸管，但此断路器昂贵而且复杂，所以使用不多。

4）快速熔断器（图 3-32 中 3、4、5）是最简单有效的过电流保护器件。与普通熔断器相比，它具有快速熔断特性，在流过 6 倍额定电流时熔断时间小于 20ms。

变流装置中大多采用这几种过电流保护，各种保护必须选配调整恰当，快速熔断器作为最后保护措施，应尽量不要熔断。

三、电压与电流上升率的限制

1. 晶闸管正向电压上升率的限制

在阻断状态下晶闸管的 J_2 结面存在着结电容。当加在晶闸管上的正向电压上升率较大时，便会有较大的充电电流流过 J_2 结面，起到触发电流的作用，使晶闸管误导通。晶闸管的误导通会引起很大的浪涌电流，使快速熔断器熔断或使晶闸管损坏。

变压器的漏感和保护用的 RC 电路组成滤波环节，对过电压有一定的延缓作用，使作用于晶闸管的正向电压上升率大大减小，因而不会引起晶闸管的误导通。晶闸管的阻容保护也有抑制的作用。

2. 晶闸管电流上升率的限制

晶闸管在导通瞬间，电流集中在门极附近，随着时间的推移导通区逐渐扩大，直到整个结面导通为止。在此过程中，电流上升率应限制在通态电流临界上升率以内，否则将导致门极附近过热，损坏晶闸管。晶闸管在换相过程中，导通的晶闸管电流逐渐增大，产生换相电流上升率。电流上升率通常由于变压器漏感的存在而受到限制。晶闸管换相过程中，相当于交流侧线电压短路，交流侧阻容保护电路电容中的储能很快地释放，使导通的晶闸管产生较大的 $\mathrm{d}i/\mathrm{d}t$。采用整流式阻容保护，可以防止这一原因造成的过大 $\mathrm{d}i/\mathrm{d}t$。晶闸管换相结束时，直流侧输出电压瞬时值提高，使直流侧阻容保护有一个较大的充电电流，造成导通的晶闸管 $\mathrm{d}i/\mathrm{d}t$ 增大。采用整流式阻容保护，可以减小这一原因造成的过大 $\mathrm{d}i/\mathrm{d}t$。

项目小结

1. 三相电源电压正半波的相邻交点，称为自然换相点，是三相半波可控整流电路各相晶闸管触发延迟角 $\alpha=0°$的点。

2. 三相半波可控整流电路带电阻性负载的移相范围是 $0°\sim150°$。当 $\alpha\leqslant30°$时，u_d 的波形连续，各相晶闸管的导通角均为 $\theta=120°$；当 $\alpha>30°$时，u_d 波形断续，晶闸管关断点均在各自相电压过零处，各相晶闸管的导通角 $\theta<120°$。

3. 三相半波可控整流电路带大电感负载，在不接续流二极管的情况下，当 $\omega L_d \gg R_d$ 时，移相范围为 $0°\sim90°$。

4. 三相半波可控整流电路带大电感负载，当 $\alpha>30°$时，输出电压 u_d 的波形出现负值，使平均电压 U_d 下降，可在大电感负载两端并接续流二极管 VD，这样不仅可以提高输出电压平均值 U_d，而且可以扩大移相范围并使负载电流 i_d 更平稳。

5. 三相电源线电压正半波的相邻交点，是三相桥式全控整流电路各相晶闸管触发延迟角 $\alpha=0°$的点。

6. 三相桥式全控整流电路带电阻性负载的移相范围是 $0°\sim120°$。当 $\alpha\leqslant60°$时，u_d 波形连续，各相晶闸管的导通角均为 $\theta=120°$；当 $\alpha>60°$时，u_d 的波形断续，晶闸管关断点均在各自相电压过零处。

7. 三相桥式全控整流电路带大电感负载，在不接续流管的情况下，当 $\omega L_d \gg R_d$ 时，移相范围为 $0°\sim90°$。当 $\alpha>60°$时，输出电压 u_d 的波形出现负值，使平均值 U_d 下降，可在大电感负载两端并接续流二极管 VD，这样不仅可以提高输出电压平均值 U_d，而且可以扩大移相范围并使负载电流 i_d 更平稳。

8. 三相桥式半控整流电路带电阻性负载在 $\alpha\leqslant60°$时波形连续，晶闸管导通角 $\theta=120°$；$\alpha>60°$时出现波形连续，晶闸管的导通角 $\theta<120°$；$\alpha=60°$为临界连续点，移相范围为 $0°\sim180°$。

9. 三相桥式半控整流电路带大电感负载工作时，在电感的自感电动势的作用下，内部桥路二极管可以起到自然续流的作用，因此输出电压 u_d 波形与三相桥式半控整流电路带电阻性负载时相同，当电感足够大时，负载电流连续，每只晶闸管在一个周期内导通 180°，移相范围为 0°～180°。

项目测试

一、选择题

1. 三相半波可控整流电路带大电感负载时，在负载两端（　　）续流二极管。

A. 必须接　　B. 不可接　　C. 可接可不接　　D. 必须串联连接

2. 三相半波可控整流电路带电阻负载时，其输出直流电压的波形在（　　）的范围内是连续的。

A. $\alpha<60°$　　B. $\alpha<30°$　　C. $30°<\alpha<150°$　　D. $\alpha>30°$

3. 在三相半波可控整流电路中，每只晶闸管的最大导通角为（　　）。

A. 30°　　B. 60°　　C. 90°　　D. 120°

4. 三相桥式半控整流电路带电阻性负载时，其输出直流电压波形在（　　）的范围内是连续的。

A. $\alpha<60°$　　B. $\alpha<30°$　　C. $30°<\alpha<150°$　　D. $\alpha>30°$

5. 三相桥式半控整流电路带电阻性负载时，其触发延迟角 α 的移相范围是（　　）。

A. 0°～90°　　B. 0°～120°　　C. 0°～150°　　D. 0°～180°

6. 三相桥式全控整流电路带电阻性负载时，当触发延迟角大于（　　）时，输出电压开始断续。

A. 30°　　B. 60°　　C. 90°　　D. 120°

7. 三相桥式全控整流电路带电感性负载时，当触发延迟角等于（　　）时输出电压 U_d 为零。

A. 30°　　B. 60°　　C. 90°　　D. 120°

二、判断题

1. 三相半波可控整流电路带电感性负载，其移相范围为 0°～90°。（　　）

2. 三相半波可控整流电路，其输出电压瞬时最大值为线电压的峰值。（　　）

3. 三相半波可控整流电路带大电感负载时，必须并联续流二极管才能正常工作。（　　）

4. 三相桥式可控整流电路中，每只晶闸管流过的平均电流值是负载电流的 1/3。（　　）

5. 三相桥式半控整流电路中，一般都用三只二极管和三只晶闸管。（　　）

6. KC41C 仅与 KC04 组成三相全控桥双脉冲触发电路，还具有低电平有效的脉冲封锁功能。（　　）

7. 三相半波可控整流电路能实现有源逆变电路。（　　）

8. 三相桥式全控整流电路能实现有源逆变电路。（　　）

三、思考题

1. 在三相可控整流电路中，为什么以自然换相点作为触发延迟角 α 的起点？

2. 对于三相半波可控整流电路共阴极接法带电阻性负载，可不可以用同一个脉冲去同时触发三只晶闸管？

3. 在三相桥式全控整流电路中，为什么触发脉冲要“成对”出现？如何保证触发脉冲“成对”出现？

4. 三相半波可控整流电路中，当 U 相 VT_1 无触发脉冲时，试画出 $\alpha=15°$、$\alpha=60°$ 两种情况下的 u_d 波形，并画出时 V 相晶闸管 VT_2 两端电压 u_{T2} 波形。

5. 试画出三相半波可控整流电路共阴极接法时，$\beta=60°$ 的 u_d 与 u_{T3} 的波形。

项目四　静止无功补偿装置

【项目描述】

静止无功补偿装置（Static Var Compensator）在相关领域的应用已经非常成熟，在电力系统无功补偿中的应用也是非常广泛的。在电网中广泛应用的无功补偿装置有 TCR 和 TSC，即晶闸管控制电抗器、晶闸管投切电容器，如图 4-1 所示。

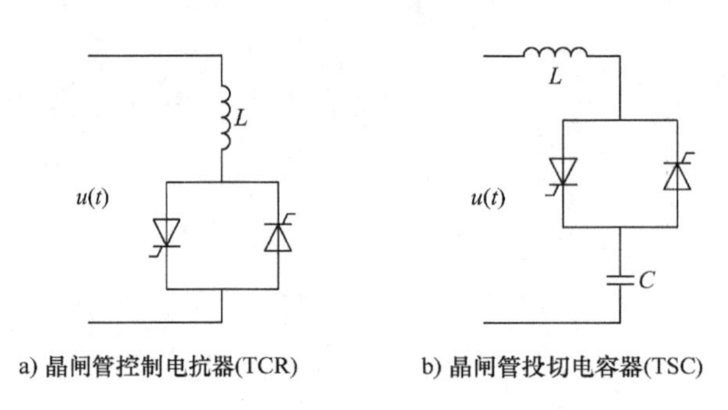

图 4-1　静止无功补偿装置主电路

【项目分析】

静止无功补偿装置是目前技术先进的无功补偿装置。与传统的无功补偿技术不同，静止无功补偿装置中没有大容量的电容器，也没有大容量的电抗器。它产生的无功功率的原理是用开断速度很快的半导体电力电子器件去控制电容或者电感切入系统中的无功，由于现在的电力电子器件的耐压很高，所以静止无功补偿技术也广泛应用于中高压中，其响应速度快，能快速跟踪系统无功的变化进而进行补偿。

任务一　双向晶闸管的认知

一、学习目标

1）了解双向晶闸管的结构、特性及主要参数。
2）掌握双向晶闸管的测试方法。
3）熟悉双向晶闸管的触发方式和常用的触发电路。

二、相关知识

随着实际生产需求的增加，普通晶闸管派生出了一种用于交流电路中的双向晶闸管。它具有双向可控导电特性，在交流调压、静止无功补偿、无触点交流开关、灯光调节以及交流电动机调速等领域广泛应用。

1. 双向晶闸管的外形与结构

双向晶闸管的外形与普通晶闸管类似，其封装形式有塑封式、螺栓式、平板式。其是一种 NPNPN 五层结构的三端器件，有两个主电极 T_1、T_2，一个门极 G，其内部结构、等效电路及图形符号如图 4-2 所示。

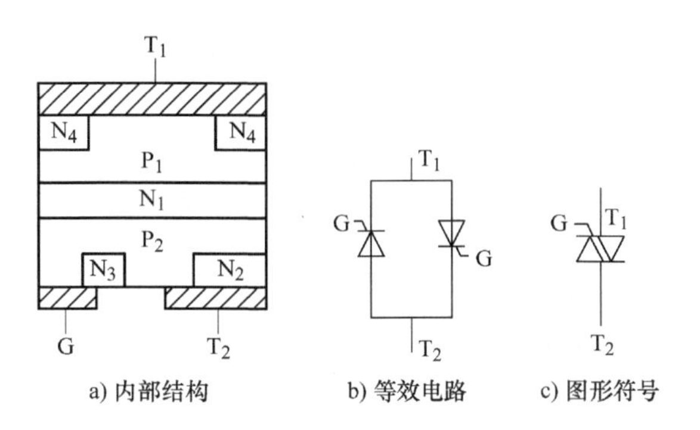

图 4-2 双向晶闸管内部结构、等效电路及图形符号

由图 4-2 可知，双向晶闸管内部结构有五层（NPNPN），其核心部分集成在一块单晶片上，相当于两个晶闸管反并联（$P_1N_1P_2N_2$和 $P_2N_1P_1N_4$），但它只有一个门极 G，由于 N_3区的存在，使得门极 G 相对于 T_1无论是正的或是负的，都能触发，而且 T_1相对于 T_2既可以是正，也可以是负。常见的双向晶闸管引脚排列如图 4-3 所示。

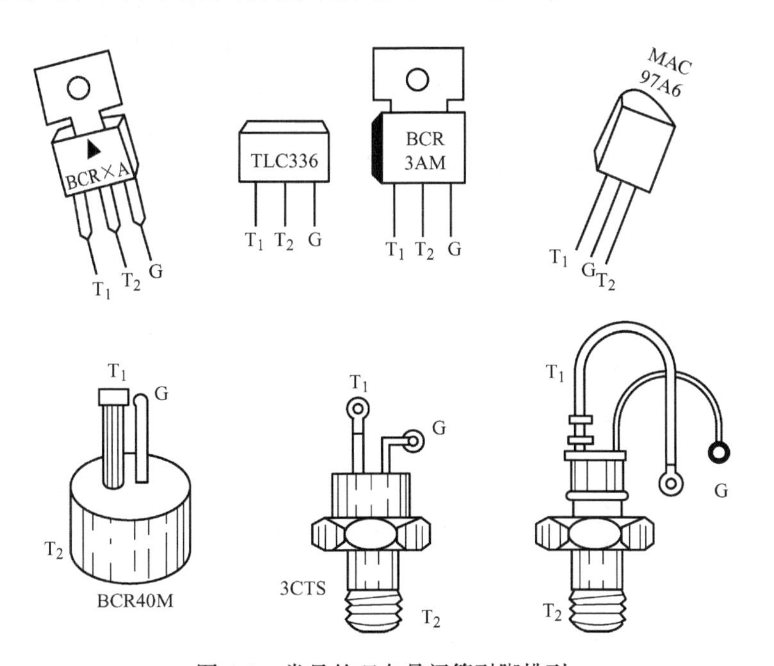

图 4-3 常见的双向晶闸管引脚排列

2. 双向晶闸管的伏安特性与触发方式

（1）伏安特性　双向晶闸管正反两个方向都能够导通，有正反向对称的伏安特性。如图4-4所示，正向部分位于第Ⅰ象限，双向晶闸管的T_1极为正，T_2极为负；反向部分位于第Ⅲ象限，T_1极为负，T_2极为正。

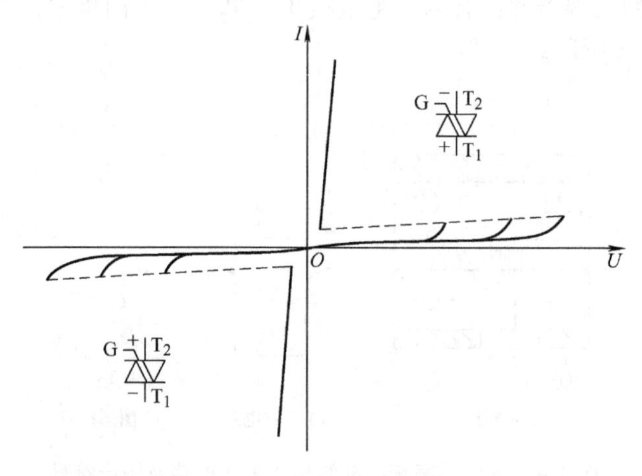

图4-4　双向晶闸管伏安特性

（2）触发方式　双向晶闸管正反两个方向都能导通，门极加正、负触发信号都使管子触发导通。所以，通过主电压与触发电压相互配合，可以得到4种触发方式：

1）I_+触发方式：第Ⅰ象限，T_1为正，T_2为负；门极G电压为正，T_2为负；正触发。

2）I_-触发方式：第Ⅰ象限，T_1为正，T_2为负；门极G电压为负，T_2为正；负触发。

3）III_+触发方式：第Ⅲ象限，T_1为负，T_2为正；门极G电压为正，T_2为负；正触发。

4）III_-触发方式：第Ⅲ象限，T_1为负，T_2为正；门极G电压为负，T_2为正；负触发。

由于双向晶闸管的内部结构原因，4种触发方式的灵敏度不相同，III_+触发方式灵敏度最低，所需的门极触发功率很大，在实际应用中一般不选此种触发方式。常采用的触发方式为（I_+、III_-）或（I_-、III_-）。

3. 双向晶闸管的型号及主要参数

（1）型号　各生产商有其自己产品的命名方式，下面主要以国产双向晶闸管来介绍其型号定义。国产双向晶闸管用KS或3CTS表示，根据标准规定，双向晶闸管的型号定义为：

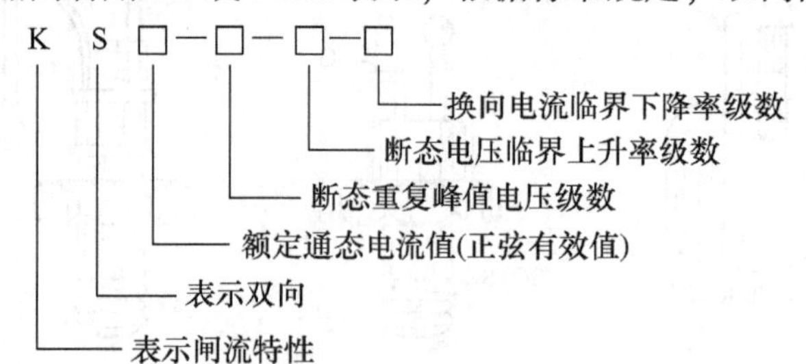

例如，KS100-12表示额定电压为1200V、额定电流为100A的双向晶闸管；3CTS1表示额定电压为400V、额定电流为1A的双向晶闸管。再如型号KS50-10-21表示额定电流50A，

额定电压 10 级（1000V）、断态电压临界上升率 du/dt 为 2 级（不小于 200V/μs）、换向电流临界下降率 di/dt 为 1 级（不小于 1% $I_{T(RMS)}$）的双向晶闸管。

（2）主要参数

1）额定通态电流 $I_{T(RMS)}$（额定电流）。双向晶闸管的主要参数中只有额定电流与普通晶闸管有所不同，其他参数定义相似。

由于双向晶闸管工作在交流电路中，正反向电流都可以流过，所以它的额定电流不用平均值而是用有效值来表示。定义为：在标准散热条件下，当器件的单向导通角大于 170°时，允许流过器件的最大交流正弦电流的有效值，用 $I_{T(RMS)}$ 表示。

双向晶闸管额定电流与普通晶闸管额定电流之间的换算关系式为

$$I_{T(AV)} = \frac{\sqrt{2}}{\pi} I_{T(RMS)} = 0.45 I_{T(RMS)}$$

以此推算，一个 100A 的双向晶闸管与两个反并联的 45A 普通晶闸管电流容量相等。

2）断态重复峰值电压 U_{DRM}（额定电压）。KS 型双向晶闸管的主要参数见表 4-1。

表 4-1 KS 型双向晶闸管的主要参数

参数 数值 系列	额定通态电流（有效值）$I_{T(RMS)}$/A	断态重复峰值电压（额定电压）U_{DRM}/V	断态重复峰值电流 I_{DRM}/mA	额定结温 T_{jm}/℃	断态电压临界上升率（du/dt）/（V/μs）	通态电流临界上升率（di/dt）/（A/μs）	换向电流临界下降率（di/dt）/（A/μs）	门极触发电流 I_{GT}/mA	门极触发电压 U_{GT}/V	门极峰值电流 I_{GM}/A	门极峰值电压 U_{GM}/V	维持电流 I_H/mA	通态平均电压 $U_{T(AV)}$/V
KS1	1	100~200	<1	115	≥20	—	≥0.2% $I_{T(RMS)}$	3~100	≤2	0.3	10	实测值	上限值，由浪涌电流和结温的合格型式试验决定并满足 $\mid U_{T1}-U_{T2}\mid \leq 0.5V$
KS10	10		<10	115	≥20	—		5~100	≤3	2	10		
KS20	20		<10	115	≥20	—		5~200	≤3	2	10		
KS50	50		<15	115	≥20	10		8~200	≤4	3	10		
KS100	100		<20	115	≥50	10		10~300	≤4	4	12		
KS200	200		<20	115	≥50	15		10~400	≤4	4	12		
KS400	400		<25	115	≥50	30		20~400	≤4	4	12		
KS500	500		<25	115	≥50	30		20~400	≤4	4	12		

（3）主要参数选择　为了保证交流开关的可靠运行，必须根据开关的工作条件，合理选择双向晶闸管的额定通态电流、断态重复峰值电压以及换向电压上升率。

1）额定通态电流 $I_{T(RMS)}$ 的选择。双向晶闸管交流开关较多用于频繁起动、制动和要求可逆运转的交流电动机，要考虑起动或反接电流峰值来选取器件的额定通态电流 $I_{T(RMS)}$。对于绕线转子异步电动机，最大电流为电动机额定电流的 3~6 倍，对笼型异步电动机则取7~10倍。例如 30kW 的绕线转子异步电动机和 11kW 的笼型异步电动机选用 200A 的双向晶闸管。

2）额定电压 U_{Tn} 的选择。电压裕量通常取 2 倍，380V 线路用的交流开关，一般应选 1000~1200V 的双向晶闸管。

3）换向电压上升率 du/dt 的选择。电压上升率 du/dt 是一个重要参数，反映双向晶闸管的换向能力。一些双向晶闸管的交流开关经常发生短路事故，主要原因之一是器件允许的 du/dt 太小，通常解决的办法是：

① 在交流开关的主电路中串入空心电抗器，抑制电路中的换向电压上升率，降低对双向晶闸管换向能力的要求。

② 选用 du/dt 值高的器件，一般选 du/dt 为 200V/μs。

4. 双向晶闸管的测试

(1) 双向晶闸管电极的判别

1) 首先确定 T_2：门极 G 与 T_1之间的距离较近，其正、反向电阻都很小，用万用表 $R\times1$档测量 G ~ T_1间的电阻仅几十欧，而 G ~ T_2、T_1 ~ T_2之间的反向电阻均为无穷大。那么，当测出某脚和其他两脚都不通，就能确定该脚为 T_2。有散热板的双向晶闸管，T_2往往与散热板相通。

2) 区分 G 与 T_1：确定 T_2后，剩下两脚中一脚为 T_1，另一脚为 G。用黑表笔接 T_1，红表笔接 T_2，把 T_2与 G 瞬时短接一下（给 G 加上负触发信号），电阻值如为 10Ω 左右，证明管子已导通，导通方向为 T_1 ~ T_2，上述假设正确；如万用表没有指示，电阻值仍为无穷大，说明管子没有导通，假设错误，可改变两极连接表笔再测。如果把红表笔接 T_1，黑表笔接 T_2，然后将 T_2与 G 瞬时短接一下（给 G 加上正触发信号），电阻值如为 10Ω 左右，管子为导通，导通方向为 T_2 ~ T_1。

(2) 双向晶闸管的好坏测试　使数字式万用表的红表笔接 T_2、黑表笔接 T_1，显示溢出（管子关断）。使红表笔短接 T_2与 G，此时显示 0.546V（管子导通），当红表笔脱离 G 时显示 0.558V，显然，该值大于导通电压，而又小于 U_{GT1}，管子处于维持导通状态。在检测相反方向的触发性能时，所得结果与上述极为接近，证明管子性能良好。

因为双向晶闸管 G、T_1两极离得较近，因此用万用表测量 G、T_1的正、反向电阻都应该较小（几十欧），而 T_2与 G 和 T_1间的正、反向电阻均应为无穷大。

在判别双向晶闸管的 G、T_1时，如果晶闸管能在正、负触发信号下触发导通，则证明该晶闸管具有双向可控性，其性能完好。

5. 双向晶闸管的触发电路

(1) 简易触发电路　图 4-5 为双向晶闸管简易触发电路。图 4-5a 中，当开关 S 拨至“2”时，双向晶闸管 VT 只在 I_+触发，负载 R_L上仅得到正半周电压；当 S 拨至“3”时，VT 在正、负半周分别在 I_+、III_-触发，R_L上得到正、负两个半周的电压，因而比置“2”时电压大。图 4-5b、c、d 中均引入了具有对称极性的触发二极管 VD，这种二极管两端电压达到击穿电压数值（通常为 30V 左右，不分极性）时被击穿导通，晶闸管便也触发导通。调节电位器 RP 可改变触发延迟角 α，从而实现调压。图 4-5c 与图 4-5b 的不同点在于图 4-5c 中增设了 R_1、R_2、C_2。在图 4-5b 中，当 α 较大时，因 RP 阻值较大，使 C_1充电缓慢，到 α 角时电源电压已经过峰值并降得过低，则 C_1上充电电压过小不足以击穿双向触发二极管 VD；而图 4-5c 在 α 较大时，C_2上可获得滞后的电压，给电容 C_1增加一个充电电路，保证在 α 较大时 VT 能可靠触发。图 4-5e 就是电风扇无级调速电路图，接通电源后，电容 C_1充电，当电容 C_1两端电压的峰值达到氖管 HL 的阻断电压时，HL 亮，双向晶闸管 VT 被触发导通，电扇转动。改变电位器 RP 接入阻值的大小，即改变了 C_1的充电时间常数，使 VT 的导通角发生变化，也就改变了电动机两端的电压，因此电风扇的转速改变。由于 RP 是无级变化的，因此电扇的转速也是无级变化的。

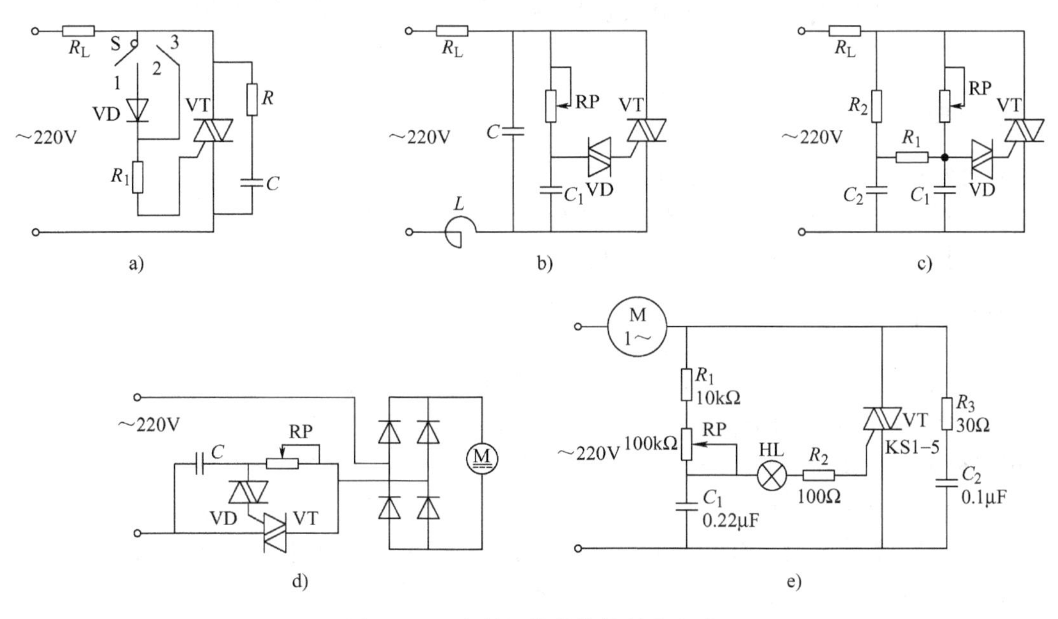

图 4-5　双向晶闸管的简易触发电路

(2) 单结晶体管触发　图 4-6 为单结晶体管触发的交流调压电路，调节 RP 阻值可改变负载 R_L上电压的大小。

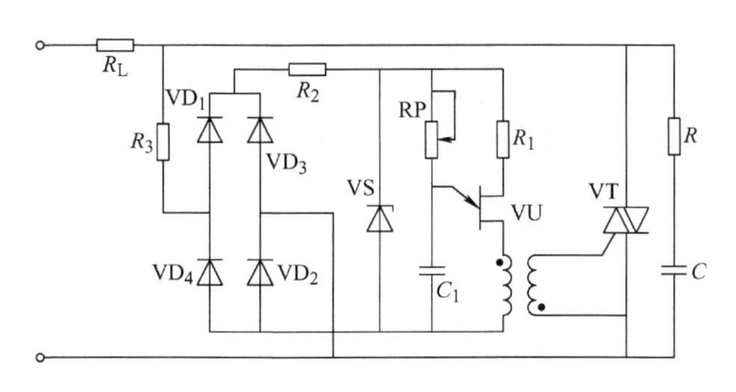

图 4-6　用单结晶体管组成的触发电路

(3) 集成触发器　图 4-7 所示为 KC06 组成的双向晶闸管移相交流调压电路。该电路主要适用于交流直接供电的双向晶闸管或反并联普通晶闸管的交流移相控制。RP_1用于调节触发电路锯齿波斜率，R_4、C_3用于调节脉冲宽度，RP_2为移相控制电位器，用于调节输出电压的大小。

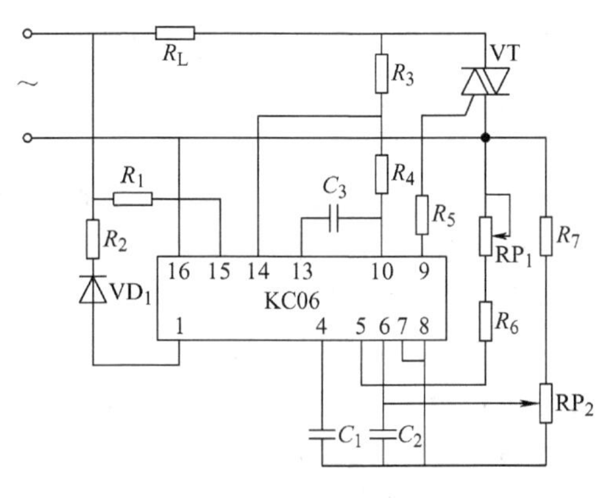

图 4-7　KC06 组成的集成触发器

任务二　静止无功补偿装置主电路分析

一、学习目标

1）理解单相、三相交流调压电路的基本电路结构。

2）掌握单相、三相交流调压电路的工作原理与波形分析。

3）掌握单相、三相交流调压应用电路的分析。

二、相关知识

把一种形式的交流电变换成另一种形式的交流电，可以是电压幅值的变换、频率或相数的变换，能实现这种变换的电路称为 AC-AC 变换器或 AC-AC 变换电路。根据变换参数的不同，可以分为交流调压电路、交流电力控制电路和交-交变频电路。

交流调压电路一般采用相位控制，其特点是维持频率不变，仅改变输出电压的大小，它广泛应用于电炉温度控制、灯光调节、异步电动机的软起动和调速等场合。此外，在高压或低压大功率直流电源中，也常用交流调压电路调节变压器一次电压。

在这种电路中如采用晶闸管相控整流电路，高电压小电流可控直流电源就需要很多晶闸管串联，低电压大电流直流电源需要很多晶闸管并联，这都是十分不合理的。若采用交流调压电路在变压器一次侧调压，其电压电流值都适中，而在变压器二次侧只要用二极管整流就可以了。

在一些大惯性环节中，例如温度控制环节，有时也采用通断控制，这种电路称交流调功电路。通断控制一般在交流电压的过零点接通或关断，加在负载上是整数倍周期的交流电，在接通期间负载上承受的电压与流过的电流均是正弦波，与相位控制相比，对电网不会造成谐波污染，仅仅表现为负载通断。

交流电子开关一般也采用通断控制，用来替代交流电路中的机械开关，主要用于投切交流电力电容器以控制电网的无功功率。交流调功电路和交流电子开关通称交流电力控制电路。

1. 单相交流调压电路

交流调压是将一种幅值的交流电能转化为同频率的另一种幅值的交流电能。

（1）电阻性负载　交流调压电路采用两单向晶闸管反并联或双向晶闸管，实现对交流电正、负半周的对称控制，达到方便地调节输出交流电压大小的目的，或实现交流电路的通、断控制，如图 4-8 所示。因此交流调压电路可用于供电系统无功调节或异步电动机的调压调速、恒流软起动，交流负载的功率调节，灯光调节等，应用领域十分广泛。

图 4-8a 所示为一双向晶闸管与电阻负载 R_L 组成的交流调压电路，图中双向晶闸管也可改用两只反并联的普通晶闸管，但需要两组独立的触发电路分别控制两只晶闸管。

在电源正半周 $\omega t=\alpha$ 时刻触发 VT_1 导通，有正向电流流过 R_L，负载端电压 u_R 为正值，电流过零时 VT_1 自行关断；在电源负半周 $\omega t=\pi+\alpha$ 时，再触发 VT_2 导通，有反向电流流过 R_L，其端电压 u_R 为负值，到电流过零时 VT_2 再次自行关断。然后重复上述过程。改变 α 即可调节负载两端的输出电压有效值，达到交流调压的目的。

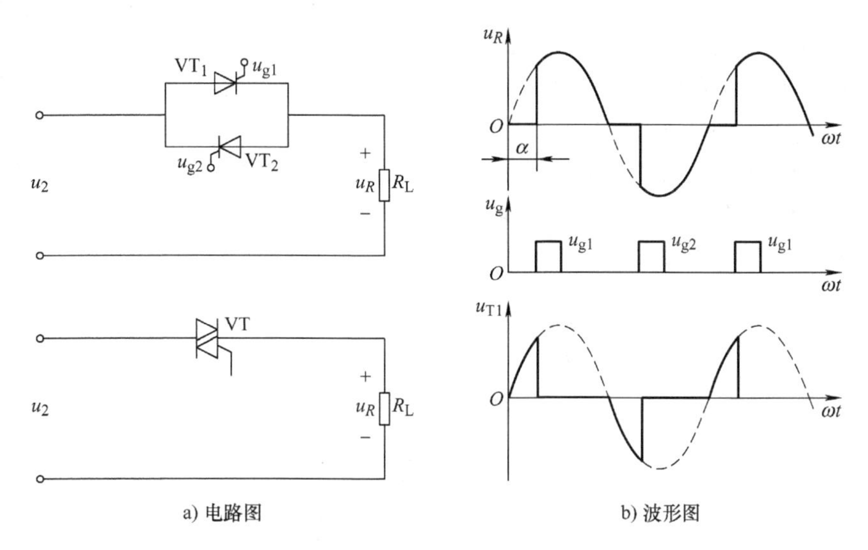

图 4-8　单相交流调压电路带电阻性负载电路及波形

电阻负载上交流电压有效值为

$$U_R = \sqrt{\frac{1}{\pi}\int_{\alpha}^{\pi}(\sqrt{2}U_2\sin\omega t)^2\mathrm{d}(\omega t)} = U_2\sqrt{\frac{1}{2\pi}\sin 2\alpha + \frac{\pi-\alpha}{\pi}}$$

电流有效值为

$$I = \frac{U_R}{R} = \frac{U_2}{R}\sqrt{\frac{1}{2\pi}\sin 2\alpha + \frac{\pi-\alpha}{\pi}}$$

电路功率因数为

$$\cos\varphi = \frac{P}{S} = \frac{U_R I}{U_2 I} = \sqrt{\frac{1}{2\pi}\sin 2\alpha + \frac{\pi-\alpha}{\pi}}$$

电路的移相范围为 $0\sim\pi$。

通过改变 α 可得到不同的输出电压有效值，从而达到交流调压的目的。由双向晶闸管组成的电路，只要在正负半周对称的相应时刻（α、$\pi+\alpha$）给触发脉冲，则和晶闸管反并联电路一样可得到同样的可调交流电压。

交流调压电路的触发电路完全可以套用整流移相触发电路，但是脉冲的输出必须通过脉冲变压器，其两个二次线圈之间要有足够的绝缘。

（2）电感性负载　图 4-9 所示为单相交流调压电路带电感性负载。由于电感的作用，在电源电压由正向负过零时，负载中电流要滞后一定角度 φ 才能到零，即管子要继续导通到电源电压的负半周才能关断。晶闸管的导通角 θ 不仅与触发延迟角 α 有关，而且与负载的功率因数角 φ 有关。触发延迟角越小则导通角越大，负载的功率因数角 φ 越大，表明负载感抗大，自感电动势使电流过零的时间越长，因而导通角 θ 越大。

下面分三种情况加以讨论。

1）$\alpha>\varphi$。由图 4-10a 可见，当 $\alpha>\varphi$ 时，$\theta<180°$，即正负半周电流断续，且 α 越大，θ 越小。可见，α 在 $\varphi\sim180°$ 范围内，交流电压连续可调。负载电流、电压波形如图 4-10a

所示。

2）$\alpha=\varphi$。由图 4-10b 可知，当 $\alpha=\varphi$ 时，$\theta=180°$，即正负半周电流临界连续。相当于晶闸管失去控制。负载电流、电压波形如图 4-10b 所示。

3）$\alpha<\varphi$。此种情况若开始给 VT_1 以触发脉冲，VT_1 导通，而且 $\theta>180°$。如果触发脉冲为窄脉冲，当 u_{g2} 出现时，VT_1 的电流还未到零，VT_1 关不断，VT_2 不能导通。当 VT_1 电流到零关断时，u_{g2} 脉冲已消失，此时 VT_2 虽已受正压，但也无法导通。到第三个半波时，u_{g1} 又触发 VT_1 导通。这样负载电流只有正半波部分，出现很大直流分量，电路不能正常工作。因而电感性负载时，晶闸管不能用窄脉冲触发，可采用宽脉冲或脉冲列触发。

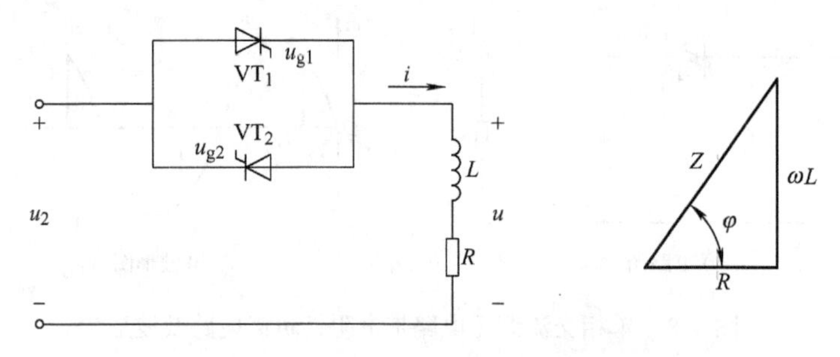

图 4-9　单相交流调压电路带电感性负载

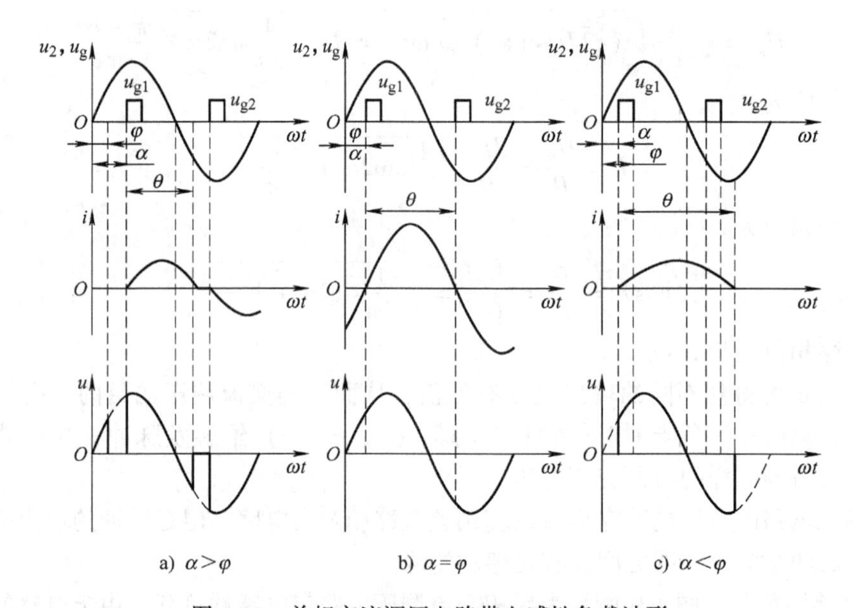

图 4-10　单相交流调压电路带电感性负载波形

综上所述，单相交流调压有如下特点：

① 带电阻性负载时，负载电流波形与单相桥式可控整流电路交流侧电流一致。改变触发延迟角 α 可以连续改变负载电压有效值，达到交流调压的目的。电阻性负载时移相范围为 0°～180°。

② 带电感性负载时，不能用窄脉冲触发，否则当 $\alpha<\varphi$ 时，会有一个晶闸管无法导通，产生很大直流分量电流，烧毁熔断器或晶闸管。

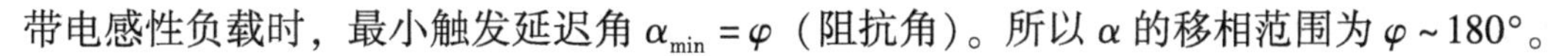

带电感性负载时，最小触发延迟角 $\alpha_{min}=\varphi$（阻抗角）。所以 α 的移相范围为 $\varphi\sim180°$。

2. 三相交流调压电路

单相交流调压电路只适用于单相负载和中、小容量的应用场合。在三相负载和大容量交流调压的场合，应该采用三相交流调压电路。例如三相异步电动机起动时，可以采用软起动器起动，以减小起动电流，提高电动机起动性能，而软起动器的主电路采用的是三相三线交流调压电路。

三相交流调压电路有多种组成形式，下面介绍较常用的三种接线形式。

（1）星形联结带中性线的三相交流调压电路　带中性线的三相交流调压电路实际上是三个单相交流调压电路的组合，如图 4-11 所示，其工作原理和波形分析也与单相交流调压电路相同。图 4-11a 采用单向晶闸管形式，图 4-11b 采用双向晶闸管形式。以图 4-11a 电路为例进行分析，从图中可以看出晶闸管的导通顺序为 $VT_1 \to VT_2 \to VT_3 \to VT_4 \to VT_5 \to VT_6$，触发脉冲间隔为 60°，由于有中性线，所以不需要采用双窄脉冲或宽脉冲触发。

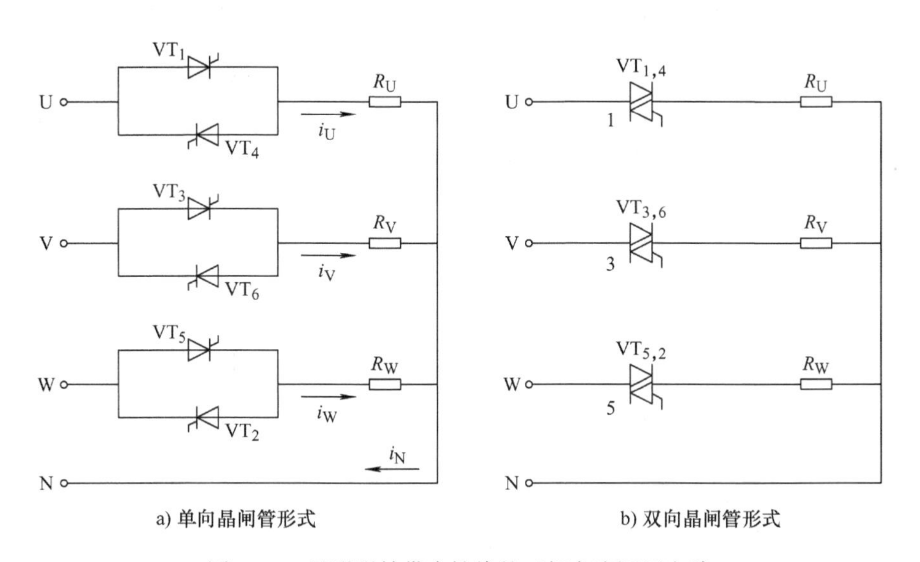

图 4-11　星形联结带中性线的三相交流调压电路

在三相正弦交流电路中，如三相对称（平衡），则中性线的电流为零。而在交流调压电路中，各相负载电流为正负对称的缺角正弦波，这包含了较大的奇次谐波电流，主要是 3 次谐波电流。各相的 3 次谐波电流之间并没有相位差，因此中性线的电流为一相 3 次谐波电流的 3 倍。特别是当 $\alpha=90°$时 3 次谐波电流最大，中性线电流近似为额定相电流。当三相不平衡时，中性线电流更大，这种电路要求中性线的截面积较大。如果变压器为三柱式，则 3 次谐波磁通不能在铁心中形成通路，会出现较大的漏磁通，引起变压器发热和噪声，对线路和电网均带来干扰。因此这种电路的应用有一定的局限性。

（2）晶闸管与负载连接成内三角形的三相交流调压电路　晶闸管与负载连接成内三角形的三相交流调压电路接线形式如图 4-12 所示，这种电路实际上也是由 3 个单相交流调压电路组合而成的。其优点是由于晶闸管串接在三角形内部，流过晶闸管的电流是相电流，故在同样的线电流下，晶闸管的电流容量可以降低。其线电流中无 3 的倍数次谐波分量，对外干扰较小。缺点是负载必须为能拆成三部分的负载，因而应用范围有一定的局限性。

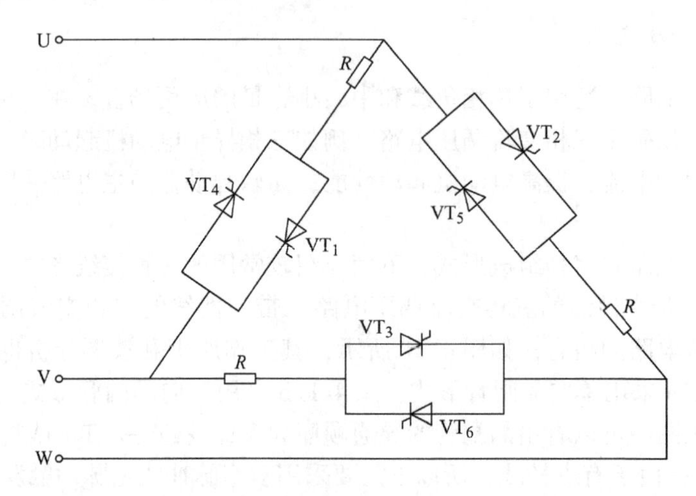

图 4-12　晶闸管与负载连接成内三角形的三相交流调压电路

（3）三对反并联晶闸管连接成的三相三线交流调压电路　该电路的接线形式如图 4-13 所示，负载可连接成星形或三角形。由于没有中性线（零线），每相电流和另一相电流构成回路，因此触发电路和三相桥式全控整流电路一样，需采用宽脉冲或双窄脉冲。

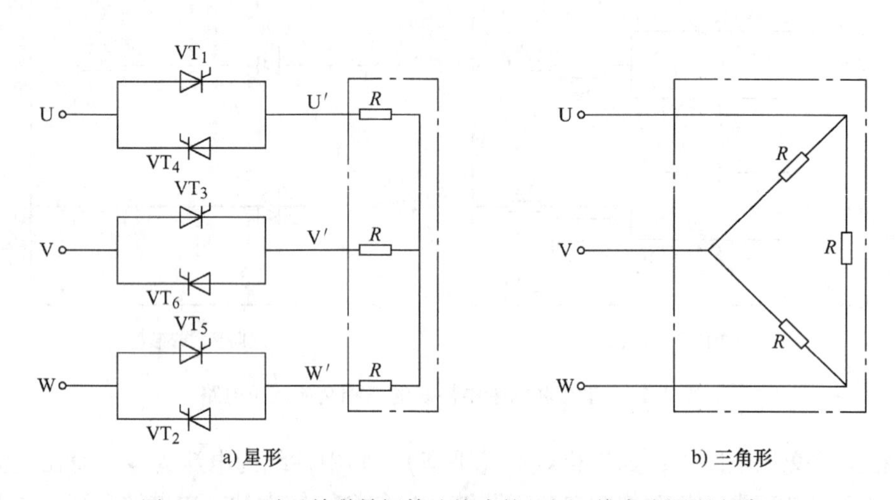

图 4-13　三对反并联晶闸管连接成的三相三线交流调压电路

下面以图 4-13 中星形联结的电阻负载为例进行分析。

1）触发延迟角 $\alpha=0°$。$\alpha=0°$即在相应的每相电压过零处给晶闸管施加触发脉冲，就相当于将六只晶闸管换成六只二极管，因而三相正、反向电流都畅通，相当于一般的三相交流电路。各相的电流为

$$i=\frac{u_2}{R}$$

式中，u_2 是对应相电压。

以图 4-13 为例分析，电路中晶闸管的导通顺序为：$VT_1 \rightarrow VT_2 \rightarrow VT_3 \rightarrow VT_4 \rightarrow VT_5 \rightarrow VT_6$。触发电路的脉冲间隔为 60°，每个晶闸管导通角 $\theta=180°$，除过零换相外，任何时刻都有三

只晶闸管导通。

2）触发延迟角 $\alpha=60°$。U 相晶闸管导通情况与电流波形如图 4-14 所示。ωt_1 时刻触发 VT_1 导通，VT_1 与 VT_6 构成电流回路，此时在线电压 u_{UV} 作用下，U 相电流为

$$i_U = \frac{u_{UV}}{2R}$$

式中，u_{UV} 是 U 相与 V 相之间线电压。

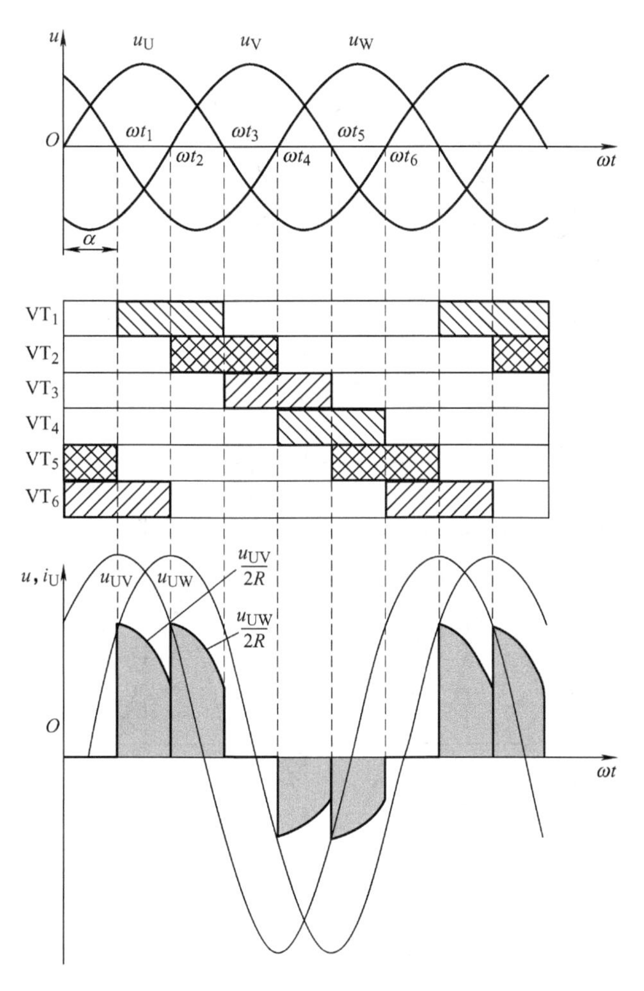

图 4-14　触发延迟角 $\alpha=60°$ 时的波形和晶闸管导通情况

ωt_2 时刻，VT_2 被触发导通，VT_1 与 VT_2 构成电流回路，此时在线电压 u_{UW} 作用下，U 相电流为

$$i_U = \frac{u_{UW}}{2R}$$

式中，u_{UW} 是 U 相与 W 相之间线电压。

ωt_3 时刻，VT_3 被触发导通，VT_1 关断，VT_4 未导通，所以 $i_U=0$。ωt_4 时刻，VT_4 被触发导通，i_U 在 u_{VU} 电压的作用下，经 VT_3 与 VT_4 构成电流回路。i_U 电流波形如图 4-14 所示。同样分析可得 i_V、i_W 波形，其波形与 i_U 相同，只是相位互差 120°。

3）触发延迟角 $\alpha=120°$。$\alpha=120°$时的波形和晶闸管导通情况如图4-15所示。在 ωt_1 时刻触发 VT_1 导通时，VT_1 与 VT_6 构成回路，导通到 ωt_2 时刻，由于 u_{UV} 电压过零反向，迫使 VT_1 关断，VT_1 只导通了30°。在 ωt_3 时刻，VT_2 被触发导通，此时由于采用了脉宽大于60°的宽脉冲或双窄脉冲触发方式，故 VT_1 仍有脉冲触发。此时在线电压 u_{UW} 的作用下，经 VT_1、VT_2 构成回路，使 VT_1 又重新导通30°。从图4-15可见，当 α 增大至150°时，$i_U=0$。故电阻负载时电路的移相范围为0°~150°，导通角 $\theta=180°-\alpha$。

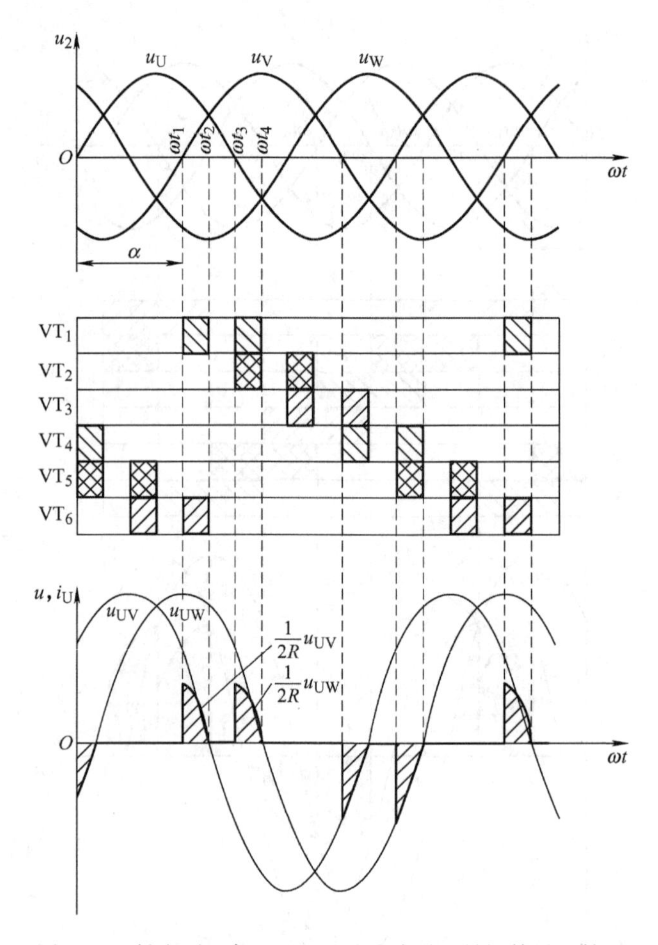

图4-15　触发延迟角 $\alpha=120°$时的波形和晶闸管导通情况

项目实施　单相交流调压电路安装与调试

一、实训目的

1）了解KC05集成晶闸管移相触发器的工作原理和应用。

2）理解单相交流调压电路的工作原理。

3）理解单相交流调压电路带电感性负载对脉冲及移相范围的要求。

4）熟悉单相交流调压电路故障的分析与处理。

二、仪器器材

模块化电力电子实训装置、双踪示波器、万用表。

三、实训内容及原理

1. KC05 集成晶闸管移相触发器安装与调试

图 4-16 为单相交流调压触发电路原理图。同步电压由 KC05 的 15、16 脚输入，在 TP_2 点可以观测到锯齿波，锯齿波斜率取决于 RP_1、R_1、C_1 的数值，锯齿波的斜率由 5 脚的外接电位器 RP_1 调节。锯齿波与 6 脚引入的移相控制电压进行比较放大，由 R_3、C_2 微分。脉冲宽度由 R_3、C_2 的值决定，再经功率放大由 9 脚输出，能够得到 200mA 的输出负载能力。当来自比较放大器的单稳微分触发脉冲没有触发晶闸管时，从 2 脚得到的检测信号通过 12 脚的连接，使 9 脚又输出脉冲给晶闸管，这样对电感性负载是非常有利的，此外也能起到锯齿波与移相控制电压失交保护的作用。电位器 RP_2 调节移相角度，触发脉冲从 9 脚经脉冲变压器输出。

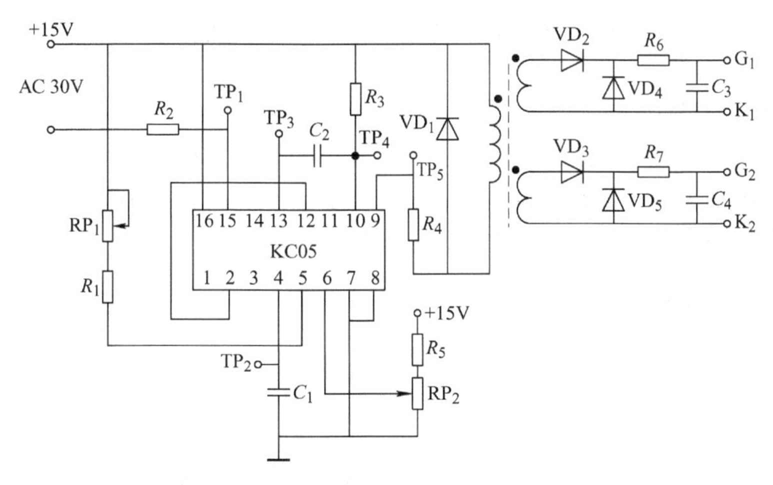

图 4-16　单相交流调压触发电路原理图

电位器 RP_1、RP_2 均已安装在挂箱的面板上，同步变压器二次绕组已在挂箱内部接好，所有的测试信号都在面板上引出。

单相交流调压触发挂件中引出的 TP_1 ~ TP_5 各点在 $\alpha=90°$时的波形如图 4-17 所示。

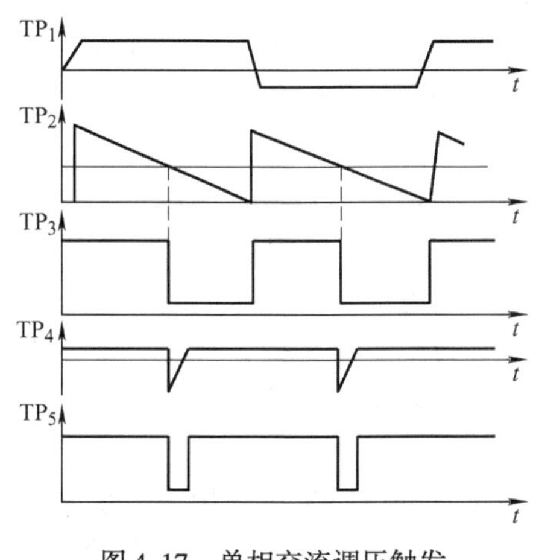

图 4-17　单相交流调压触发电路各点波形（$\alpha=90°$时）

2. 单相交流调压主电路安装与调试

单相晶闸管交流调压器的主电路由两个反向并联的晶闸管组成，如图 4-18 所示。图中电阻 R 为 450Ω（可用两个 900Ω 并联），电抗器为 200mH。

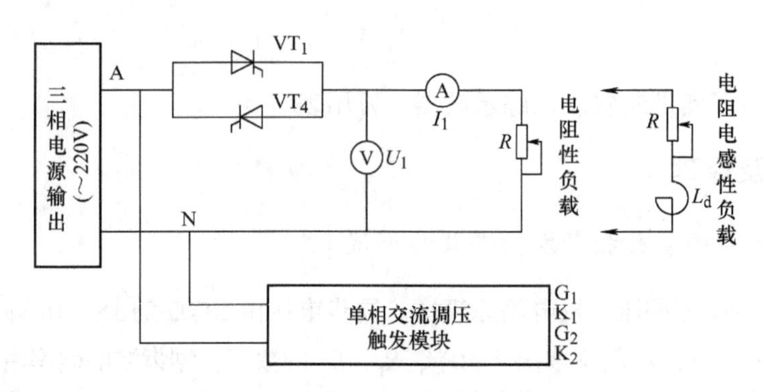

图 4-18 单相交流调压主电路原理图

四、实训方法

1. 单相交流调压触发电路实训方法

1）根据单相交流调压触发电路的原理测试要求，在模块化电力电子实训装置上选取对应的模块。

2）根据选取的模块与对应的原理要求正确接线。

3）接线正确后，启动电源，用示波器观察 1～5 端及脉冲输出的波形。调节电位器 RP_1，观察锯齿波斜率是否变化；调节 RP_2，观察输出脉冲的移相范围如何变化，移相能否达到 170°，记录上述过程中观察到的各点电压波形。

2. 单相交流调压电路实训方法

1）根据单相交流调压电路的原理测试要求，在模块化电力电子实训装置上选取对应的模块。

2）根据选取的模块与对应的原理要求正确接线。

3）先接电阻性负载。接线正确后，启动电源，将触发器的输出脉冲端 G_1、K_1、G_2 和 K_2 分别接至主电路相应晶闸管的门极和阴极。接上电阻性负载，用示波器观察负载电压、晶闸管两端电压 u_T的波形。调节单相交流调压触发电路上的电位器 RP_2，观察在不同 α 时各点波形的变化，并记录 $\alpha=30°$、60°、90°、120°时的波形。

4）待电阻性负载调试完后，切断电源，将 L_d 与 R 串联，改接为电感性负载。按下“启动”按钮，用双踪示波器同时观察负载电压 u_1和负载电流 i_1的波形。调节 R 的数值，使阻抗角为一定值，观察在不同 α 角时波形的变化情况，记录 $\alpha>\varphi$、$\alpha=\varphi$、$\alpha<\varphi$ 三种情况下负载两端的电压 u_1和流过负载的电流 i_1波形。

在进行电感性负载实训时，需要调节负载阻抗角的大小，因此应该知道电抗器的内阻和电感量。常采用直流伏安法来测量内阻，如图 4-19 所示。电抗器的内阻为

$$R_L=U_L/I$$

电抗器的电感量可采用交流伏安法测量，如图 4-20 所示。由于电流大时，对电抗器的电感量影响较大，因此采用自耦调压器调压，多测几次取其平均值，从而可得到交流阻抗：

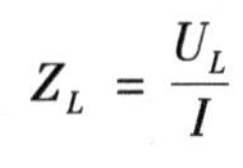

$$Z_L = \frac{U_L}{I}$$

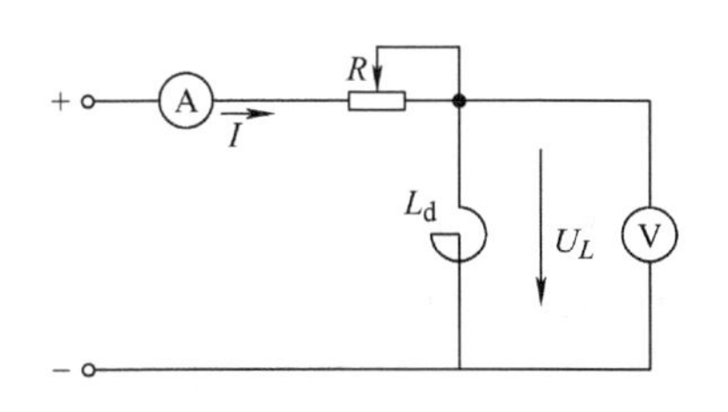

图 4-19　用直流伏安法测电抗器内阻

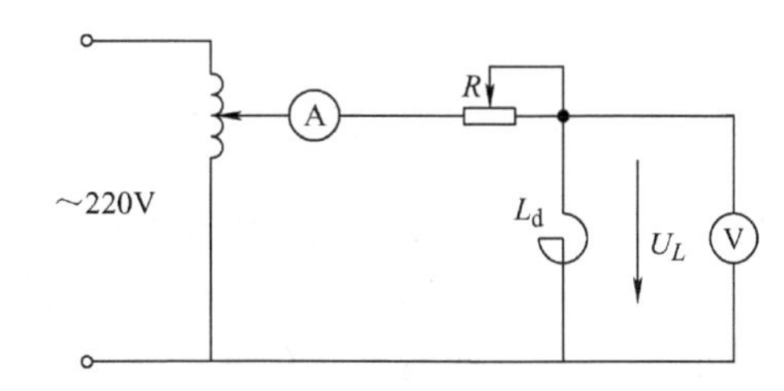

图 4-20　用交流伏安法测定电感量

电抗器的电感为

$$L = \sqrt{\frac{Z_L^2 - R_L^2}{2\pi f}}$$

这样，即可求得负载阻抗角

$$\varphi = \arctan \frac{\omega L}{R + R_L}$$

在实训中，欲改变阻抗角，只需改变可调电阻器 R 的电阻值即可。

五、实训报告

1）画出 $\alpha = 60°$时，KC05 集成晶闸管移相触发电路各点输出的波形及其幅值。

2）画出电阻性负载在 $\alpha = 30°$、$60°$、$90°$、$120°$时的波形。

3）画出电感性负载在 $\alpha > \varphi$、$\alpha = \varphi$、$\alpha < \varphi$ 三种情况下负载两端的电压 u_1 和流过负载的电流 i_1 波形。

4）对调试过程中出现的故障现象做出书面分析。

六、注意事项

1）双踪示波器有两个探头，可同时观测两路信号，但这两探头的地线都与示波器的外壳相连，所以两个探头的地线不能同时接在同一电路的不同电位的两个点上，否则这两点会通过示波器外壳发生电气短路。因此，为了保证测量的顺利进行，可将其中一根探头的地线取下或外包绝缘，只使用其中一路的地线，这样可从根本上解决这个问题。当需要同时观察两个信号时，必须在被测电路上找到这两个信号的公共点，将探头的地线接于此处，探头分别接至被测信号，只有这样才能在示波器上同时观察到两个信号，而不发生意外。

2）由于“G”“K”输出端有电容影响，故观察触发脉冲电压波形时，需将输出端“G”和“K”分别接到晶闸管的门极和阴极（或者也可用约 100Ω 左右阻值的电阻接到“G”、“K”两端，来模拟晶闸管门极与阴极的阻值），否则，无法观察到正确的脉冲波形。

知识拓展　交流开关及其应用电路

一、晶闸管交流开关的基本形式

晶闸管交流开关是以其门极中毫安级的触发电流，来控制其阳极中几安至几百安大电流通断的装置。在电源电压为正半周时，晶闸管承受正向电压并触发导通；在电源电压过零或为负时晶闸管承受反向电压，在电流压零时晶闸管自然关断。由于晶闸管总是在电压过零时关断，因而在关断时不会因负载或线路中电感储能而造成暂态过电压。

图 4-21 所示为几种晶闸管交流开关的基本形式。图 4-21a 是普通晶闸管反并联形式。当开关 S 闭合时，两只晶闸管均以管子本身的阳极电压作为触发电压进行触发，这种触发属于强触发，对要求大触发电流的晶闸管也能可靠触发。随着交流电源的正负交变，两管轮流导通，在负载上得到基本为正弦波的电压。图 4-21b 为双向晶闸管交流开关，双向晶闸管工作于 I_+、III_- 触发方式，这种形式比较简单，但其工作频率低于反并联电路。图 4-21c 为带整流桥的晶闸管交流开关。该电路只用一只普通晶闸管，且晶闸管不受反压。其缺点是串联器件多，压降损耗较大。

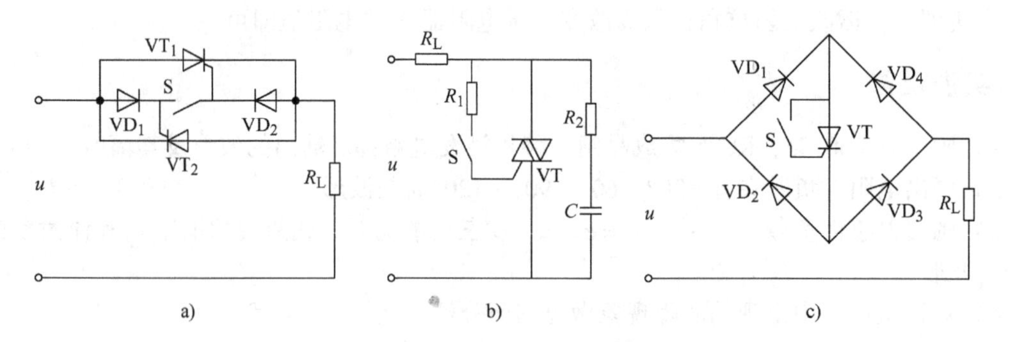

图 4-21　晶闸管交流开关的基本形式

图 4-22 是一个三相自动温控电热炉电路，它采用双向晶闸管作为功率开关，与 KT 温控仪配合，实现三相电热炉的温度自动控制。控制开关 S 有三个档位：自动、手动、停止。当

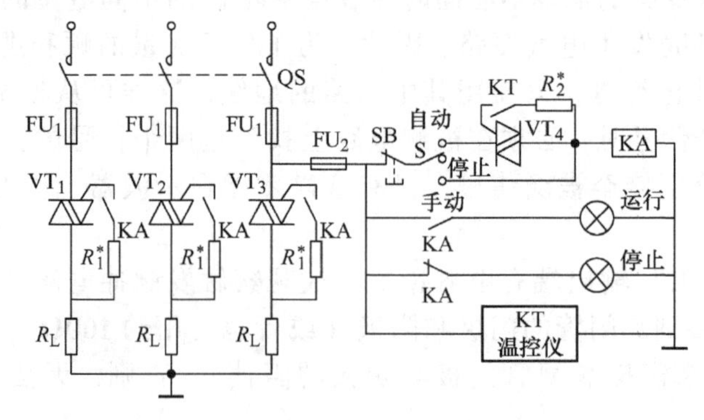

图 4-22　三相自动温控电热炉电路

S 拨至“手动”位置时，中间继电器 KA 得电，主电路中三个本相强触发电路工作，VT_1 ~ VT_3导通，电路一直处于加热状态，须由人工控制按钮 SB 来调节温度。当 S 拨至“自动”位置时，温控仪 KT 自动控制晶闸管的通断，使炉温自动保持在设定温度上。若炉温低于设定温度，温控仪 KT（调节式毫伏温度计）使常开触点 KT 闭合，晶闸管 VT_4被触发，KA 得电，使 VT_1 ~ VT_3导通，R_L发热使炉温升高。炉温升至设定温度时，温控仪控制触点 KT 断开，KA 失电，VT_1 ~ VT_3关断，停止加热。待炉温降至设定温度以下时，再次加热。如此反复，则炉温被控制在设定温度附近的小范围内。由于继电器 KA 线圈导通电流不大，故 VT_4采用小容量的双向晶闸管即可。各双向晶闸管的门极限流电阻（R_1^*、R_2^*）可由实验确定，其值以使双向晶闸管两端交流电压减到 2 ~ 5V 为宜，通常为 30Ω ~ 3kΩ。

二、交流调功器

前述各种晶闸管可控整流电路都是采用移相触发控制。这种触发方式的主要缺点是其所产生的缺角正弦波中包含较大的高次谐波，对电力系统形成干扰。过零触发（亦称零触发）方式则可克服这种缺点。晶闸管过零触发开关是在电源电压为零或接近零的瞬时给晶闸管以触发脉冲使之导通，利用管子电流小于维持电流使管子自行关断。这样，晶闸管的导通角是 2π 的整数倍，不再出现缺角正弦波，因而对外界的电磁干扰最小。

利用晶闸管的过零控制可以实现交流功率调节，这种装置称为调功器或周波控制器。其控制方式有全周波连续式和全周波断续式两种，如图 4-23 所示。在设定周期内，将电路接通几个周波，然后断开几个周波，通过改变晶闸管在设定周期内通断时间的比例，达到调节负载两端交流电压有效值即负载功率的目的。

如在设定周期 T_C内导通的周波数为 n，每个周波的周期为 T（50Hz，$T = 20$ms），则调功器的输出功率为

$$P = \frac{nT}{T_C}P_n$$

调功器输出电压有效值为

$$U = \sqrt{\frac{nT}{T_C}}U_n$$

式中，P_n、U_n为在设定周期 T_C 内晶闸管全导通时调功器输出的功率与电压有效值。显然，改变导通的周波数 n 就可改变输出电压或功率。

调功器可以用双向晶闸管，也可以用两只晶闸管反并联连接，其触发电路可以采用集成过零触发器，也可利用分立元器件组成的过零触发电路。图 4-24 为全周波连续式的过零触发电路。电路由锯齿波发生、信号综合、直流开关、同步电压与过零脉冲输出五个环节组成。

1）锯齿波是由单结晶体管 VU 和 R_1、R_2、R_3、RP_1 和 C_1组成张弛振荡器产生的，经射极跟随器（V_1、R_4）输出。其波形如图 4-25a 所示。锯齿波的底宽对应着一定的时间间隔（T_C）。调节电位器 RP_1即可改变锯齿波的斜率。由于单结晶体管的分压比一定，故电容 C_1放电电压为一定，斜率的减小，就意味着锯齿波底宽增大（T_C增大），反之，底宽减小。

2）控制电压（U_C）与锯齿波电压进行叠加后送至 V_2 基极，合成电压为 u_S。当 $u_S > 0$（0.7V），则 V_2 导通；$u_S < 0$，则 V_2 截止，u_S 电压波形如图 4-25b 所示。

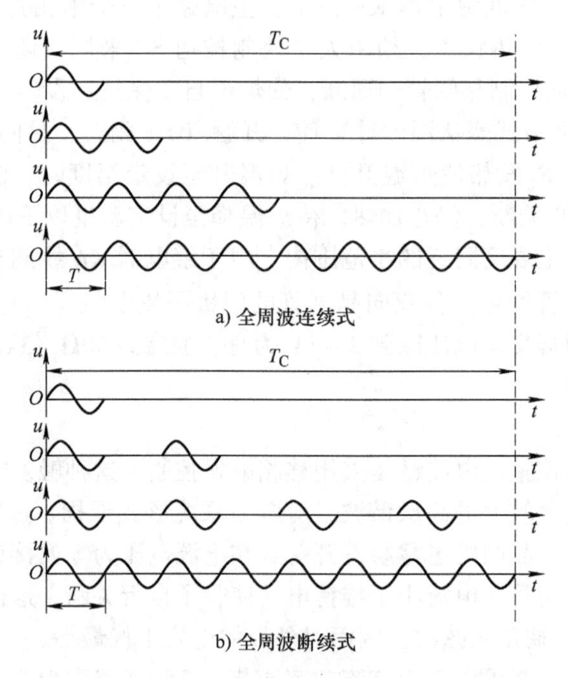

a) 全周波连续式

b) 全周波断续式

图 4-23　全周波过零触发输出电压波形

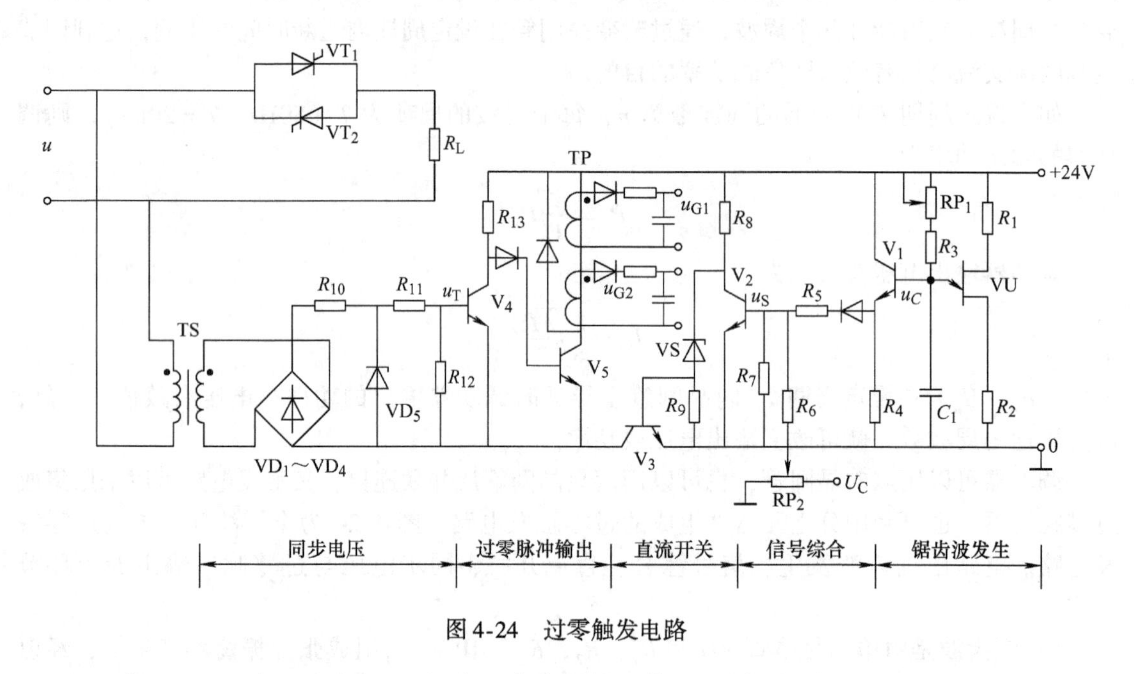

图 4-24　过零触发电路

3）由 V_2、V_3 及 R_8、R_9、VS 组成一直流开关。当 V_2 基极电压 $U_{be2}>0$（0.7V）时，V_2 导通，u_{be3} 接近零电位，V3 截止，直流开关阻断。

当 $u_{be2}<0$ 时，V_2 截止，由 R_8、VS 和 R_9 组成的分压电路使 V_3 导通，直流开关导通，输出 24V 直流电压，V_3 通断时刻如图 4-25c 所示。VS 为 V_3 基极提供一阈值电压，使 V_2 导通时，V_3 更可靠地截止。

4）过零脉冲输出。由同步变压器 TS、整流桥 $VD_1 \sim VD_4$ 及 R_{10}、R_{11}、VD_5 组成一削波同步电源，u_T 电压波形如图 4-25d 所示。它与直流开关输出电压共同去控制 V_4 和 V_5，只有当直流开关导通期间，V_4 和 V_5 集电极和发射极之间才有工作电压，才能进行工作。在这期间，同步电压每次过零时，V_4 截止，其集电极输出一正电压，使 V_5 由截止转为导通，经脉冲变压器输出触发脉冲，此脉冲使晶闸管导通，u_G 电压波形如图 4-25e 所示。于是在直流开关导通期间，便输出连续的正弦波，如图 4-25f 所示。增大控制电压，便可加长开关导通的时间，也就增多了导通的周波数，从而增加了输出的平均功率。

过零触发虽然没有移相触发高频干扰的问题，但其通断频率比电源频率低，特别是当通断比较小时，会出现低频干扰，使照明出现人眼能觉察倒的闪烁、电表指针摇摆等。所以调功器通常用于热惯性较大的电热负载。

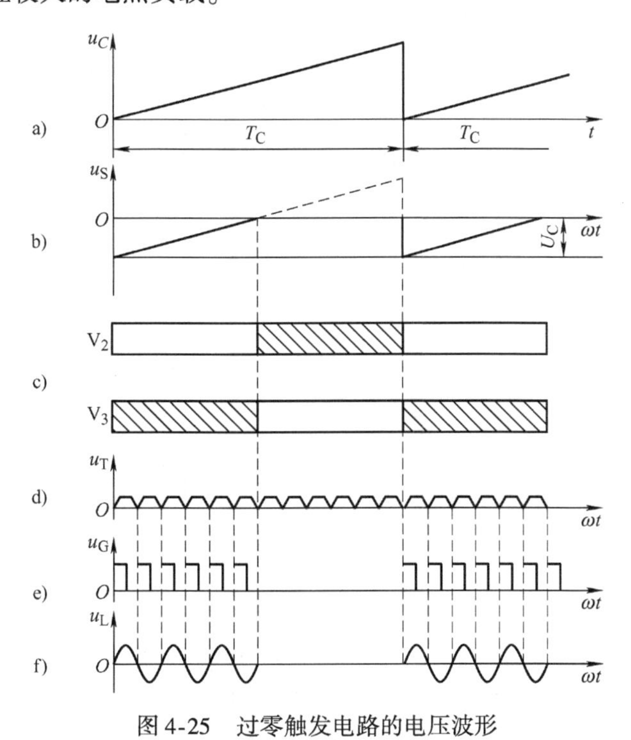

图 4-25　过零触发电路的电压波形

三、固态开关

固态开关也称为固态继电器或固态接触器，它是以双向晶闸管为基础构成的无触点通断组件。

图 4-26a 为采用光敏晶体管耦合器的“0”压固态开关内部电路。1、2 为输入端，相当于继电器或接触器的线圈；3、4 为输出端，相当于继电器或接触器的一对触点，与负载串联后接到交流电源上。

输入端接上控制电压，使发光二极管 VD_2 发光，光敏晶体管 V_1 阻值减小，使原来导通的 V_1 截止，原来阻断的晶闸管 VT_1 通过 R_4 被触发导通。输出端交流电源通过负载、二极管 $VD_3 \sim VD_6$、VT_1 以及 R_6 构成通路，在电阻 R_5 上产生电压降作为双向晶闸管 VT_2 的触发信号，使 VT_2 导通，负载得电。由于 VT_2 的导通区域处于电源电压的“0”点附近，因而具有“0”电压开关功能。

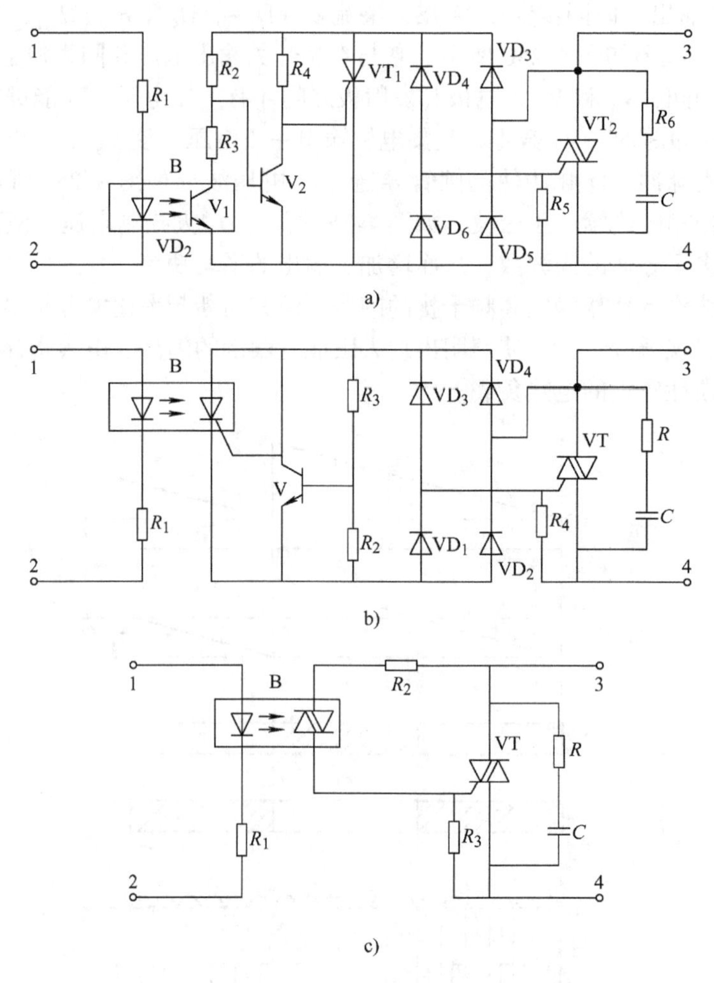

a)

b)

c)

图 4-26　固态开关

图 4-26b 为光敏晶闸管耦合器“0”电压开关。由输入端 1、2 输入信号，光敏晶闸管耦合器 B 中的光控晶闸管导通；电流经 3→VD_4→B→VD_1→R_4→4 构成回路；借助 R_4 上的电压降为双向晶闸管 VT 的门极提供触发信号，使 VT 导通。由 R_3、R_2 与 V 组成“0”电压开关功能电路，即当电源电压过“0”并升至一定幅值时，V 导通，光控晶闸管则被关断。

图 4-26c 为光敏双向晶闸管耦合器非“0”电压开关。由输入端 1、2 输入信号时，光敏双向晶闸管耦合器 B 导通；电流经 3→R_2→B→R_3→4 形成回路，R_3 提供双向晶闸管 VT 的触发信号。这种电路相对于输入信号的任意相位，交流电源均可同步接通，因而称为非“0”电压开关。

项目小结

1. 双向晶闸管与普通晶闸管一样，封装形式也有塑封式、螺栓式和平板式，其核心部分是 NPNPN 五层三端半导体结构，有两个主电极 T_1、T_2，一个门极 G。

2. 双向晶闸管常用在交流调压电路中，触发方式常选（Ⅰ$_+$、Ⅲ$_-$）或（Ⅰ$_-$、Ⅲ$_-$）。

3. 额定通态电流 $I_{T(RMS)}$ 选取：对于绕线转子异步电动机，最大电流为电动机额定电流的3~6倍；对于笼型异步电动机，则取7~10倍。

4. 额定电压 U_{Tn} 在选择时通常取2倍的电压裕量。

5. 单相交流调压电路带电阻性负载时，负载电流波形与单相桥式可控整流电路交流侧电流一致。改变触发延迟角 α 可以连续改变负载电压有效值，达到交流调压的目的。

6. 单相交流调压电路带电感性负载时，不能用窄脉冲触发。否则当 $\alpha<\varphi$ 时，会有一个晶闸管无法导通，产生很大的直流分量电流，烧毁熔断器或晶闸管。

7. 单相交流调压电路带电感性负载时，最小触发延迟角 $\alpha_{min}=\varphi$（阻抗角）。所以 α 的移相范围为 φ~180°，电阻性负载时移相范围为0°~180°。

8. 星形联结带中性线的三相交流调压电路，由于有中性线，所以不需要采用双窄脉冲或宽脉冲触发。这种电路要求中性线的截面积较大。

9. 晶闸管与负载连接成内三角形的三相交流调压电路，优点是由于晶闸管串接在三角形内部，流过晶闸管的电流是相电流，故在同样的线电流下，晶闸管的电流容量可以降低。

10. 三对反并联晶闸管连接成的三相三线交流调压电路，触发电路和三相桥式全控整流电路一样，需采用宽脉冲或双窄脉冲。

项目测试

一、选择题

1. 双向晶闸管的额定电流是用电流的（　　）来表示的。

A. 有效值　　B. 最大值　　C. 平均值　　D. 峰值

2. 双向晶闸管的4种触发方式中，灵敏度最低的是（　　）。

A. $Ⅰ_{+}$　　B. $Ⅰ_{-}$　　C. $Ⅲ_{+}$　　D. $Ⅲ_{-}$

3. 三相三线交流调压电路中不同相的晶闸管 VT_1、VT_3、VT_5 的触发脉冲依次相位差（　　）。

A. 60°　　B. 90°　　C. 120°　　D. 180°

二、判断题

1. 双向晶闸管的额定电流是用有效值来表示的。（　　）

2. 两只反并联50A的普通晶闸管可以用一只额定电流为100A的双向晶闸管来代替。（　　）

3. 普通单向晶闸管不能进行交流调压。（　　）

4. 单相交流调压电路带电感性负载时移相范围为0°~180°。（　　）

5. 单相交流调压电路带电阻负载时移相范围为0°~180°。（　　）

6. 单相交流调压电路带电感性负载时，可以用窄脉冲触发。（　　）

7. 采用相位控制的交流调压电路输出电压为缺角正弦波，其谐波分量较大。（　　）

8. 三相三线交流调压电路的触发脉冲应采用宽脉冲或双脉冲。（　　）

三、思考题

1. 双向晶闸管额定电流的定义和普通晶闸管额定电流的定义有何不同？额定电流为100A的两只普通晶闸管反并联可以用额定电流为多少的双向晶闸管代替？

2. 双向晶闸管有哪几种触发方式？一般选用哪几种？

3. 说明图4-27所示的电路中双向晶闸管的触发方式。

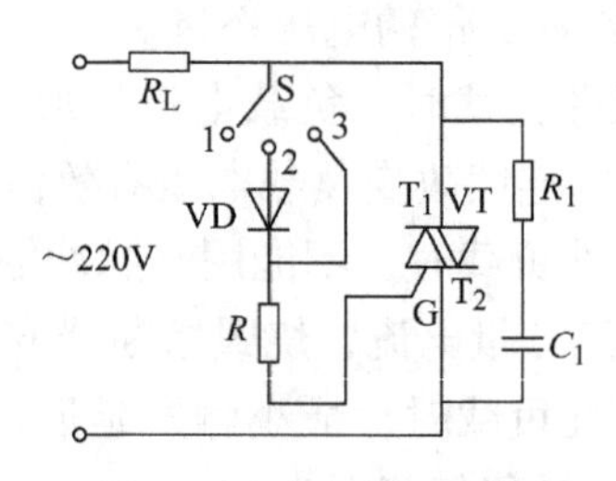

图4-27　双向晶闸管电路

4. 在交流调压电路中，采用相位控制和通断控制各有何优缺点？为什么通断控制适用于大惯性负载？

5. 单相交流调压电路，负载阻抗角为30°，问触发延迟角 α 的有效移相范围有多大？

6. 单相交流调压主电路中，对于电感性负载，为什么晶闸管的触发脉冲要用宽脉冲或脉冲列？

7. 一台220V/10kW的电炉，采用单相交流调压电路，现使其工作在功率为5kW的电路中，试求电路的触发延迟角 α、工作电流以及电源侧功率因数。

8. 图4-28所示单相交流调压电路中，$U_2=220\text{V}$，$L=5.516\text{mH}$，$R=1\Omega$，试求：

1）触发延迟角 α 的移相范围。

2）负载电流最大有效值。

3）最大输出功率和功率因数。

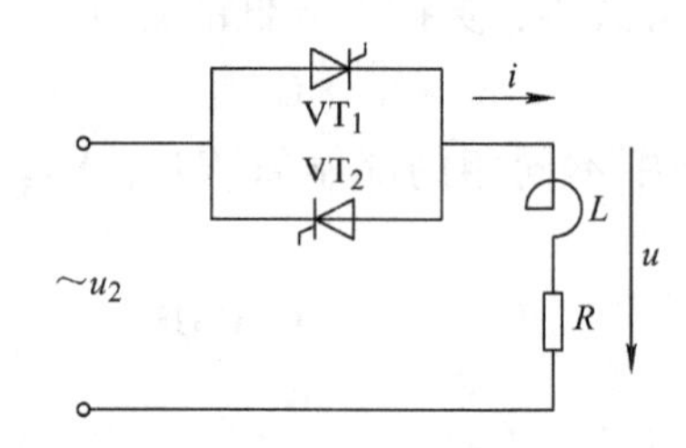

图4-28　单相交流调压电路

9. 采用双向晶闸管组成的单相调功电路采用过零触发，$U_2=220\text{V}$，负载电阻 $R=1\Omega$，在控制的设定周期 T_C 内，使晶闸管导通0.3s，断开0.2s。试计算：

1）输出电压的有效值。

2）负载上所得平均功率与假定晶闸管一直导通时的输出功率。

3）选择双向晶闸管的型号。

项目五　开关电源

【项目描述】

开关电源是一种高效率、高可靠性、小型化、轻型化的稳压电源，是电子设备的主流电源，广泛应用于生活、生产、军事等领域中。各种计算机设备、彩色电视机等家用电器等都大量采用了开关电源。图5-1是常见的PC主机开关电源。

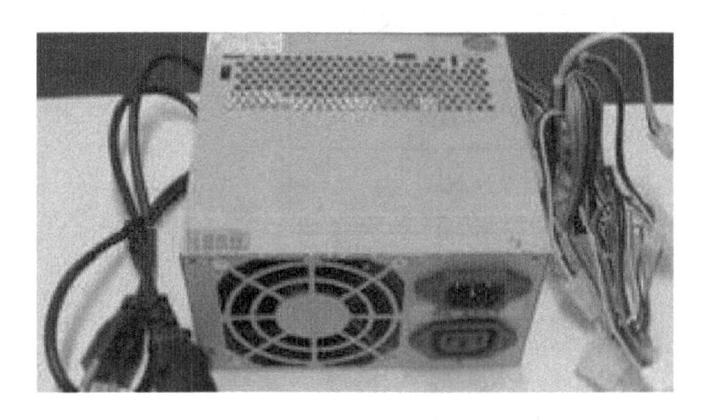

图5-1　PC主机开关电源

【项目分析】

PC主机开关电源的基本作用就是将交流电网的电能转换为适合各配件使用的低压直流电供给整机使用。一般有四路输出，分别是+5V、-5V、+12V、-12V。本项目通过对开关管、DC-DC变换电路的分析使学生理解开关电源的工作原理，进而掌握开关器件和DC-DC变换电路的原理及其在其他方面的应用。

任务一　全控型器件的认知

一、学习目标

1）了解常用全控型电力电子器件的基本原理。

2）掌握常用全控型电力电子器件的应用场合及使用注意事项。

二、相关知识

1. 电力晶体管

（1）GTR的结构　电力晶体管（Giant Transistor）简称GTR，俗称巨型晶体管，又称双极型功率晶体管。它是一种电流控制的双极双结型大功率、高反压电力电子器件。

通常把集电极最大允许耗散功率在1W以上，或最大集电极电流在1A以上的晶体管称为大功率晶体管，其结构和工作原理都和小功率晶体管非常相似，由三层半导体、两个PN结组成，有PNP型和NPN型两种结构。

GTR 可通过基极电流信号方便地对集电极-发射极的通断进行控制，并具有饱和压降低、耐压高、电流大、开关特性好等优点，在电源、电动机控制、通用逆变器等中等容量、中等频率的电路中应用广泛。

GTR 与一般双极晶体管结构相似，也分为 PNP 型和 NPN 型两种，但大功率的 GTR 多采用 NPN 型。NPN 型 GTR 的结构、电气符号和正向导通原理图如图 5-2 所示。

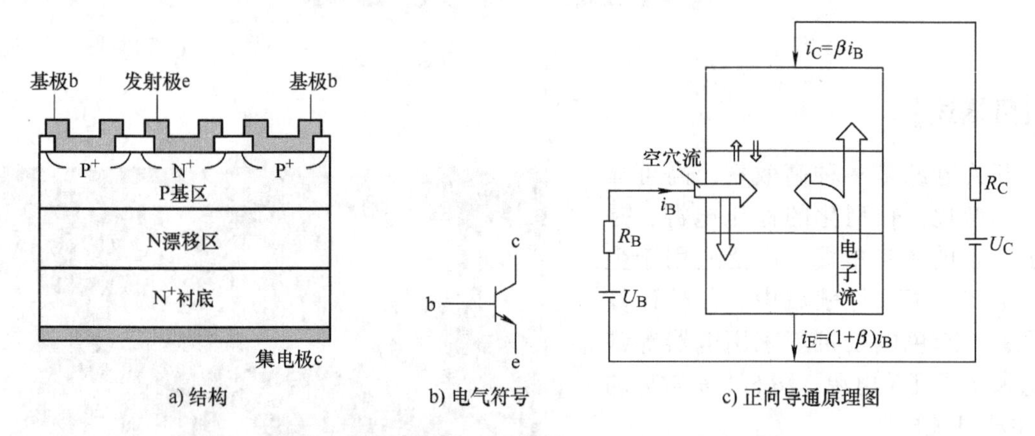

图 5-2　GTR 的结构、电气符号和正向导通原理图

一些常见大功率晶体管的外形如图 5-3 所示。从图可见，大功率晶体管的外形除体积比较大外，其外壳上都有安装孔或安装螺钉，便于将晶体管安装在外加的散热器上。因为对功率晶体管来讲，单靠外壳散热是远远不够的。例如，50W 的硅低频大功率晶体管，如果不加散热器工作，其最大允许耗散功率仅为 2 ~ 3W。

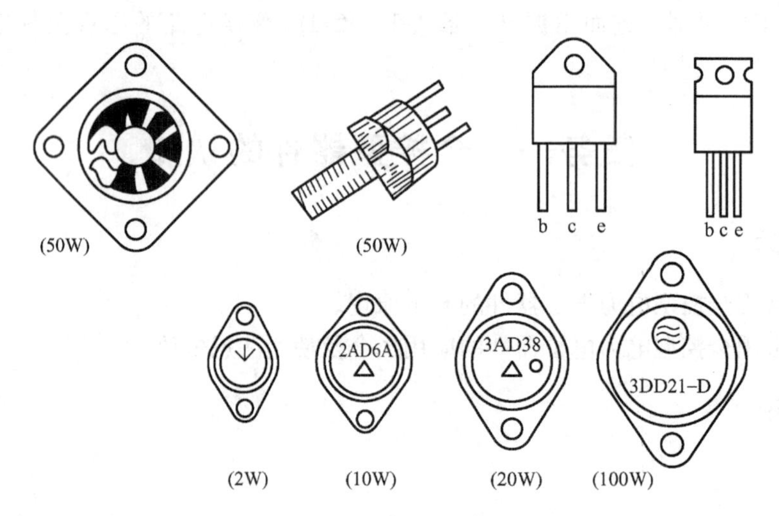

图 5-3　常见大功率晶体管外形

（2）GTR 的工作原理　GTR 是用基极电流 i_B 来控制集电极电流 i_C 的电流控制型器件，其基本工作原理与小功率晶体管基本相同。当工作在正偏（$i_B>0$）时，GTR 导通；当工作在反偏（$i_B<0$）时，GTR 截止，因此，给 GTR 的基极施加幅度足够大的脉冲驱动信号，它将工作于导通和截止的开关工作状态。

在电力电子技术中，GTR 主要作为功率开关使用，工作于饱和导通与截止状态，不允许工作于放大状态。GTR 要有足够的容量、适当的增益、较高的开关速度和较低的功率损耗等。

（3）GTR 的二次击穿与安全工作区

1）二次击穿问题。二次击穿是由于集射极间电压升高到一定值（未达到极限值）时，发生雪崩效应造成的。按理来讲，只要功耗不超过极限，管子是可以承受的，但是在实际使用中，出现负阻效应，i_E 进一步剧增。由于管子结面的缺陷、结构参数的不均匀，使局部电流密度剧增，形成恶性循环，使管子损坏。

二次击穿是电力晶体管突然损坏的主要原因之一，成为影响其是否安全可靠使用的一个重要因素。一旦发生二次击穿就会使器件永久性损坏，而且二次击穿难以计算和预测。防止二次击穿的办法是：

① 应使实际使用的工作电压比反向击穿电压低得多。

② 必须有电压电流缓冲保护措施。

2）安全工作区。GTR 的安全工作区（SDA）如图 5-4 所示，是由电力晶体管的二次击穿功率 P_{SB}、集射极最高电压 U_{CEM}、集电极最大电流 I_{CM}、集电极最大耗散功率 P_{CM} 等参数限制的区域。为了防止二次击穿，要选用足够大功率的 GTR，实际使用的最高电压应比 GTR 的极限电压低很多。

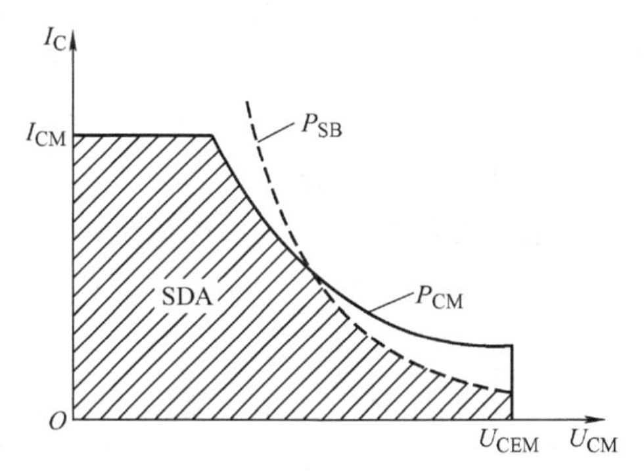

图 5-4　GTR 的安全工作区

安全工作区是在一定的温度条件下得出的，例如环境温度 25℃或壳温 75℃等，使用时若超过上述指定温度值，允许功耗和二次击穿耐量都必须降额。

2. 功率场效应晶体管

功率场效应晶体管（Metal Oxide Semiconductor Field Effect Transistor，MOSFET）与 GTR 相比，具有开关速度快、损耗低、驱动电流小、无二次击穿现象等优点。它的缺点是电压还不能太高、电流容量也不能太大，所以目前只适用于高频中小功率电力电子变流装置中。

（1）功率 MOSFET 的类型及结构　功率场效应晶体管分为结型和绝缘栅型，但通常指绝缘栅型，栅极是由多晶硅制成的，它与基片之间隔着 SiO_2 薄层，因此它与其他两个极之间是绝缘的。这样一来，只要 SiO_2 层不被击穿，栅极与源极之间的阻抗是非常高的。结型功率场效应晶体管一般称作静电感应晶体管（SIT）。

根据载流子的性质，功率 MOSFET 可分为 P 沟道和 N 沟道两种类型，其结构和电气图形符号如图 5-5 所示。

它的三个电极分别是：栅极 G、源极 S、漏极 D。N 沟道中的载流子是电子，P 沟道中的载流子是空穴。每种类型又可以分为增强型和耗尽型。对于增强型，当 $U_{GS}=0$ 时没有导电沟道，$I_D=0$，只有当 $U_{GS}>0$（N 沟道）或 $U_{GS}<0$（P 沟道）时才开始有 I_D；对于耗尽型，当栅源极间电压 $U_{GS}=0$ 时存在导电沟道，漏极电流 $I_D \neq 0$。功率 MOSFET 主要是 N 沟道增强型。这是因为电子作用比空穴大得多。

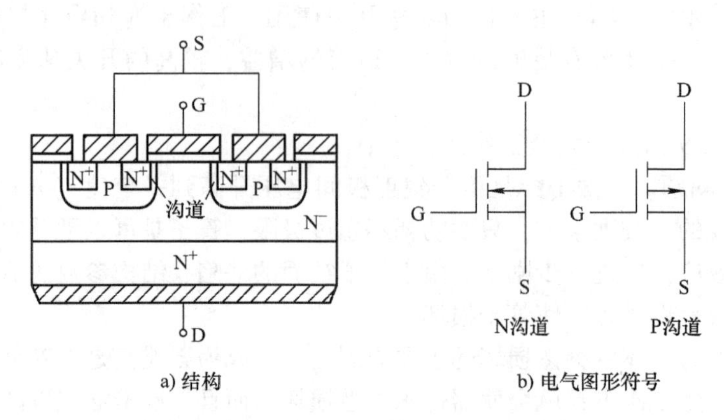

图 5-5 功率 MOSFET 的结构和电气图形符号

（2）功率 MOSFET 的工作原理　当漏源极间加正向电压，栅源极间电压 $U_{GS}=0$ 时，P 基区与 N 漂移区之间形成 PN 结反偏，漏源极之间无电流流过。如在栅源极间加正电压，即 $U_{GS}>0$，栅极是绝缘的，所以不会有栅极电流流过，但栅极的正电压会将其下面 P 区中的空穴推开，而将 P 区中的少子——电子吸引到栅极下面的 P 区表面。当 $U_{GS}>U_T$（U_T为开启电压或阈值电压）时，栅极下 P 区表面的电子浓度将超过空穴浓度，使 P 型半导体反型成反型层，该反型层形成 N 沟道而使 PN 结消失，漏极和源极导电，流过漏极电流。

功率 MOSFET 最大的优点是具有极高的输入阻抗，但在静电较强的场合易被静电击穿，防止静电击穿应注意：

1）在测试和接入电路之前器件应存放在静电包装袋、导电材料或金属容器中，不能放在塑料盒或塑料袋中。取用时应拿管壳部分而不是引线部分。工作人员需通过腕带良好接地。

2）将器件接入电路时，工作台和电烙铁都必须良好接地，焊接时电烙铁应断电。

3）在测试器件时，测量仪器和工作台都必须良好接地。器件的三个电极未全部接入测试仪器或电路前不要施加电压。改换测试范围时，电压和电流都必须先恢复到零。

4）注意栅极电压不要过限。

3. 绝缘栅双极晶体管

绝缘栅双极晶体管（Insulated Gate Bipolar Transistor，IGBT）是一种复合型电力半导体器件。由于它结合了 MOSFET 和 GTR 的特点，既具有输入阻抗高、速度快、热稳定性好和驱动电路简单的优点，又具有输入通态电压低、耐压高和承受电流大的优点。因此 IGBT 自 20 世纪 80 年代初问世以来，发展非常迅速。在电机控制、中频和开关电源以及要求快速、低损耗的领域备受青睐且有着主导地位。

（1）IGBT 的结构　IGBT 是从功率 MOSFET 发展而来，也是三端器件，它的三个极为漏极 D、栅极 G 和源极 S。有时也将 IGBT 的漏极称为集电极 C，源极称为发射极 E。图 5-6 是一种由 N 沟道 MOSFET 与双极晶体管复合而成的 IGBT 的结构、简化等效电路、电气图形符号及实物图。由图可知，IGBT 与 N 沟道 MOSFET 结构十分类似，不同之处是 IGBT 多一个 P^+ 层发射极，形成 PN 结 J_1，由此引出集电极；发射极和栅极与 N 沟道 MOSFET 类似。IG-

BT可按缓冲区的有无来分类，缓冲区是介于P^+发射区和N^-漂移区之间的N^+层。有N^+缓冲区的称为非对称型IGBT，也称为穿透型IGBT；无N^+缓冲区的称为对称型IGBT，也称为非穿透型IGBT。由于其结构的不同，器件的性能也有所不同，非对称型IGBT反向阻断能力弱，但正向阻断能力强，正向压降低，关断时间短，关断尾部电流小；对称型IGBT具有正、反向阻断能力，但特性不及非对称型IGBT。

从结构图中可以看出，IGBT相当于一个由N沟道MOSFET驱动的厚基区GTR（PNP型），其简化等效电路如图5-6b所示，等效电路中R_{dr}是厚基区GTR基区内的扩展电阻。IGBT是以GTR为主导器件、N沟道MOSFET为驱动器件的达林顿结构。图5-6c为以GTR形式表示的IGBT符号，若以MOSFET形式表示，也可将IGBT的集电极称为漏极、发射极称为源极。

以上所示PNP型晶体管与N沟道MOSFET组合而成的IGBT称为N沟道IGBT，相应地，改变半导体的类型可制成P沟道IGBT，即MOSFET为P沟道，GTR为NPN型，其符号和N沟道IGBT箭头方向相反。

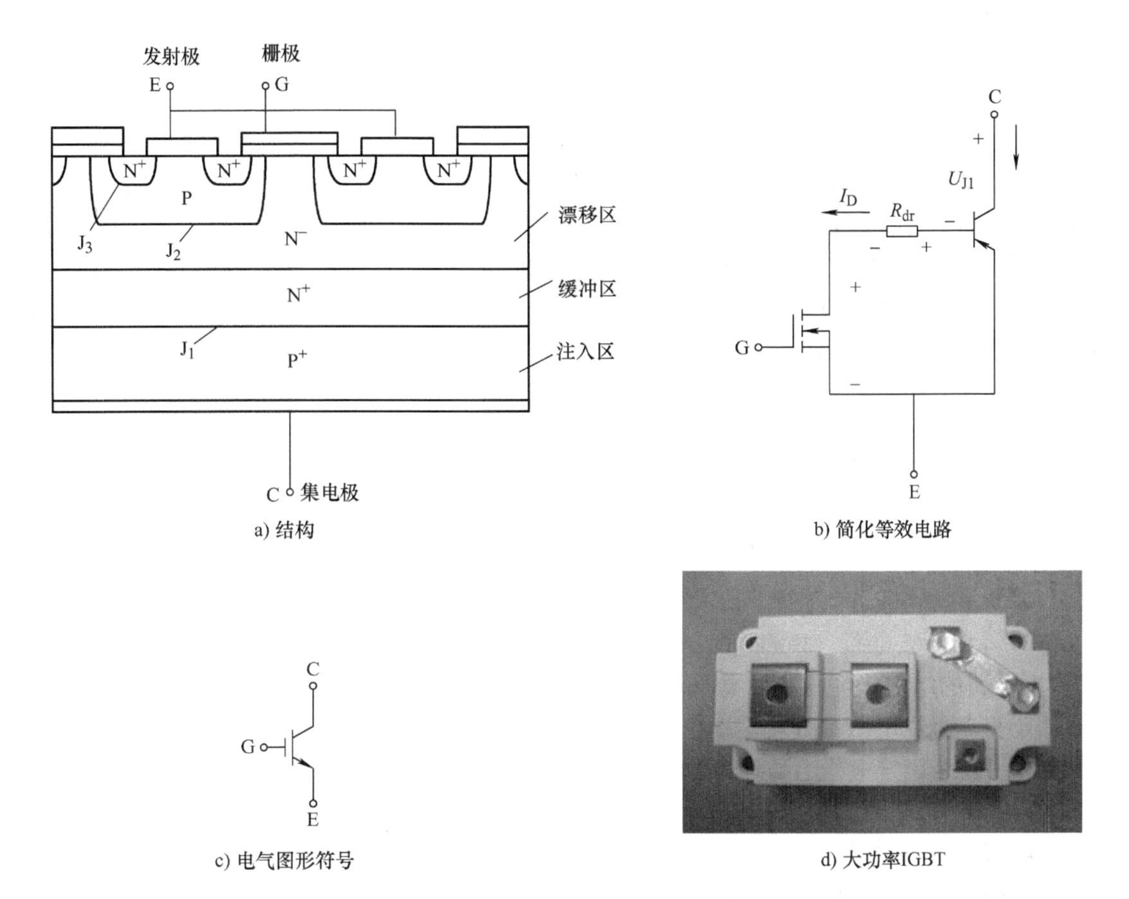

图5-6　IGBT的结构、简化等效电路、电气图形符号及实物图

（2）IGBT的工作原理　IGBT的驱动原理与电力MOSFET基本相同，它是一种压控型器件。其开通和关断是由栅极和发射极间的电压U_{GE}决定的，当U_{GE}为正且大于开启电压$U_{GE(th)}$时，MOSFET内形成沟道，并为晶体管提供基极电流使其导通；当栅极与发射极之间

加反向电压或不加电压时，MOSFET 内的沟道消失，晶体管无基极电流，IGBT 关断。

任务二　开关电源主电路分析

一、学习目标

1）了解 DC－DC 变换电路的组成。
2）熟悉 DC－DC 变换电路的工作模式。
3）掌握 DC－DC 变换电路的工作原理及波形分析。

二、相关知识

开关电源的核心技术就是 DC－DC 变换电路。DC－DC 变换电路就是将直流电压变换成固定的或可调的直流电压。DC－DC 变换电路广泛应用于开关电源、无轨电车、地铁列车、蓄电池供电的机车车辆的无级变速以及 20 世纪 80 年代兴起的电动汽车的调速及控制。常见的 DC－DC 变换电路有非隔离型电路、隔离型电路和软开关电路。

1. 非隔离型电路

非隔离型电路即各种直流斩波电路，根据电路形式的不同可以分为降压斩波电路、升压斩波电路、升降压斩波电路、库克斩波电路和全桥斩波电路。其中降压斩波电路和升压斩波电路是基本形式，升降压斩波电路和库克斩波电路是它们的组合，而全桥斩波电路则属于降压式。

（1）直流斩波电路的工作原理　最基本的直流斩波电路如图 5-7a 所示，负载为纯电阻 R，当开关 S 闭合时，负载电压 $u_o=U$，并持续时间 T_{ON}；当开关 S 断开时，负载上电压 $u_o=0$，并持续时间 T_{OFF}。则 $T=T_{ON}+T_{OFF}$ 为斩波电路的工作周期，斩波电路的输出电压波形如图 5-7b 所示。若定义斩波器的占空比 $D=\frac{T_{ON}}{T}$，则由波形图上可得输出电压的平均值为

$$U_o=\frac{T_{ON}}{T_{ON}+T_{OFF}}U=\frac{T_{ON}}{T}U=DU$$

只要调节 D，即可调节负载的平均电压。

（2）降压斩波电路（Buck Chopper）

1）电路的结构。降压斩波电路是一种输出电压的平均值低于输入直流电压的电路。它主要用于直流稳压电源和直流电动机的调速。降压斩波电路的原理图及工作波形如图 5-8 所示。图中，U 为固定电压的直流电源，V 为晶体管开关（可以是大功率晶体管，也可以是功率场效应晶体管）。L、R、电动机为负载，为在 V 关断时给负载中的电感电流提供通道，还设置了续流二极管 VD。

2）电路的工作原理。为了获得各类开关型变换器的基本工作原理分析而又能简化分析，假定变换器都是由理想器件组成的（本书后续的开关型变换器电路均做如此假定），即开关管 V 和二极管 VD 从导通变为阻断或从阻断变为导通的过渡时间均为零；开关器件的通态电阻为零，管压降为零；断态电阻为无限大，漏电流为零；电路中电感和电容均为无损耗的理想储能元件；线路阻抗为零；电源输出到变换器的功率等于变换器的输出功率。

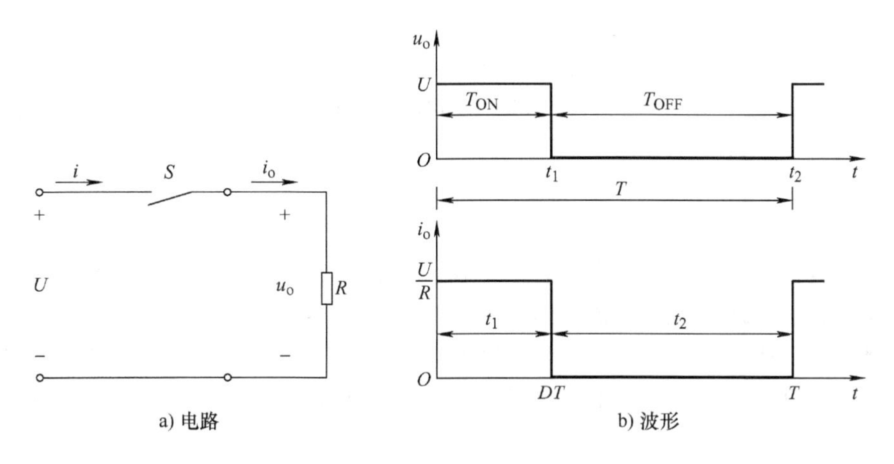

图 5-7 基本的直流斩波电路及其波形

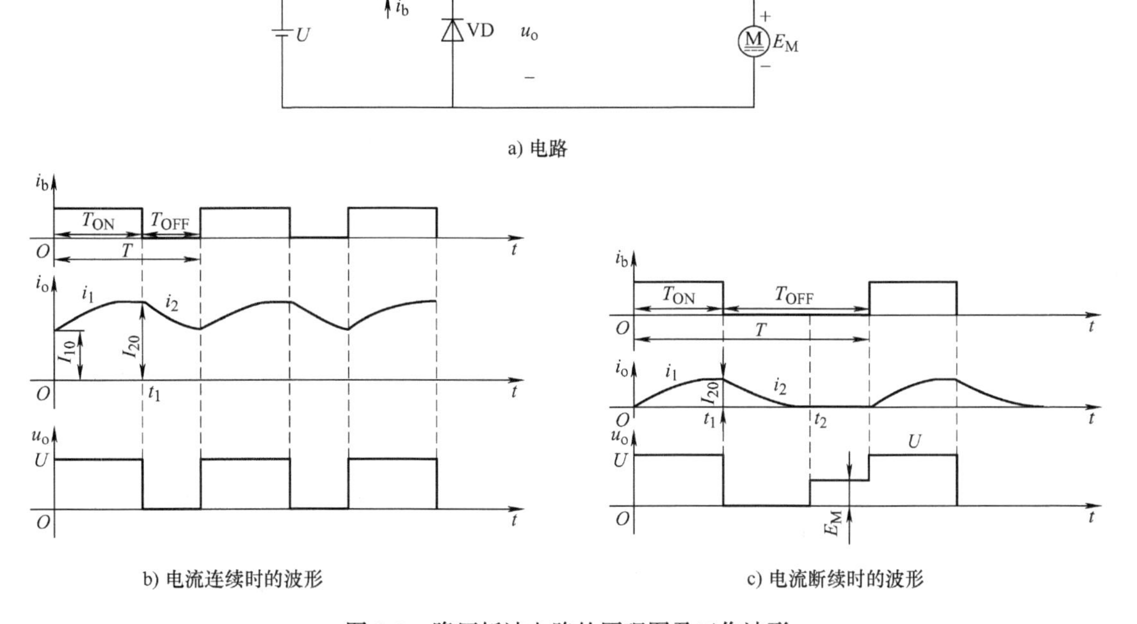

图 5-8 降压斩波电路的原理图及工作波形

$t=0$ 时刻，驱动 V 导通，电源 U 向负载供电，忽略 V 的导通压降，负载电压 $u_o=U$，负载电流按指数规律上升。

$t=t_1$时刻，撤去 V 的驱动使其关断，因感性负载电流不能突变，负载电流通过续流二极管 VD 续流，忽略 VD 导通压降，负载电压 $u_o=0$，负载电流按指数规律下降。为使负载电流连续且脉动小，一般需串联较大的电感 L，L 也称为平波电感。

$t=t_2$时刻，再次驱动 V 导通，重复上述工作过程。当电路进入稳定工作状态时，负载电流在一个周期内的起始值和终值相等。

由前面的分析知，这个电路的输出电压平均值为

$$U_o = \frac{T_{ON}}{T_{ON} + T_{OFF}}U = \frac{T_{ON}}{T}U = DU$$

由于 $D<1$，所以 $U_o<U$，即斩波器输出电压平均值小于输入电压，故称为降压斩波电路。而负载平均电流为

$$I_o = \frac{U_o - E_M}{R}$$

当平波电感 L 较小时，在 V 关断后，未到 t_2 时刻，负载电流已下降到零，负载电流发生断续。负载电流断续时，其波形如图 5-8c 所示。由图可见，负载电流断续期间，负载电压 $u_o = E_M$。因此，负载电流断续时，负载平均电压 u_o 升高，带直流电动机负载时，特性变软，是我们所不希望的。所以在选择平波电感 L 时，要确保电流断续点不在电动机的正常工作区域。

（3）升压斩波电路（Boost Chopper）

1）电路的结构。升压斩波电路的输出电压总是高于输入电压。升压斩波电路与降压斩波电路最大的不同是，斩波控制开关 V 与负载呈并联形式连接，储能电感与负载呈串联形式连接，升压斩波电路的原理图及工作波形如图 5-9 所示。

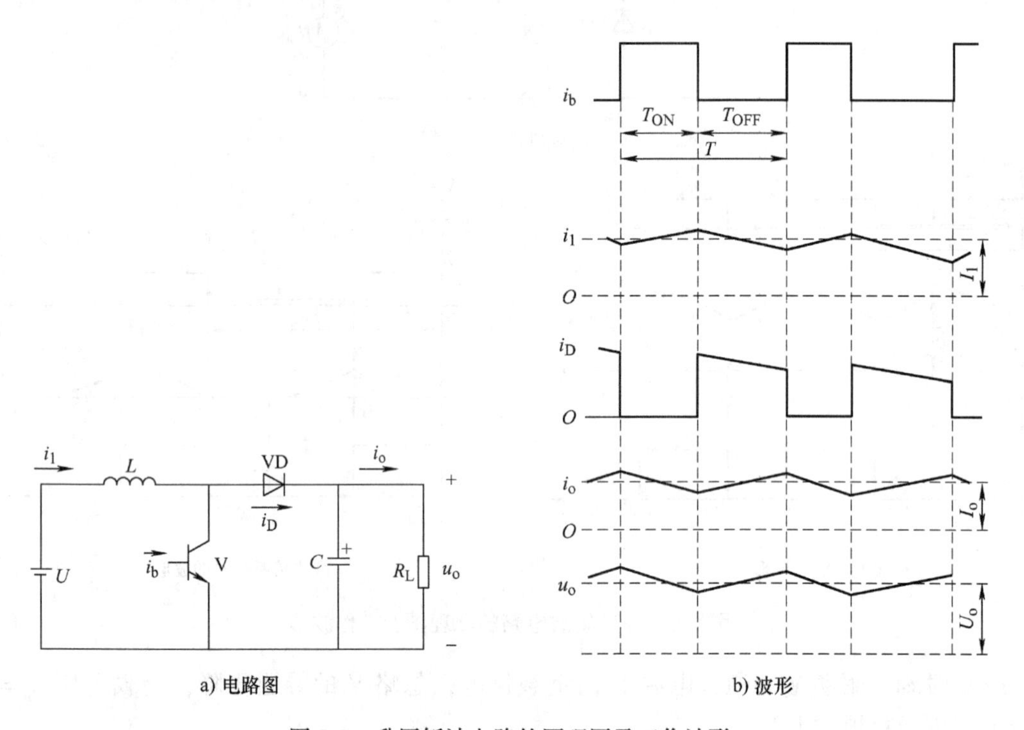

图 5-9　升压斩波电路的原理图及工作波形

2）电路的工作原理。工作原理如图 5-9 所示。假设电路中 L 值、C 值很大。当 V 处于通态时，电源 U 向电感 L 充电，充电电流基本恒为 I_1，同时 C 向负载供电，因 C 值很大，输出电压 u_o 基本为恒值，记为 u_o。设 V 处于通态的时间为 T_{ON}，此阶段 L 上积蓄的能量为 UI_1T_{ON}；V 处于断态时，U 和 L 共同向 C 充电并向负载 R 供电。设 V 关断的时间为 T_{OFF}，则此期间电感 L 释放能量为 $(U_o - U)I_1T_{OFF}$。

稳态时，一个周期 T 中 L 积蓄的能量与释放的能量相等，即

$$UI_1T_{ON} = (U_o - U)I_1T_{OFF}$$

化简得
$$U_o = \frac{T_{ON} + T_{OFF}}{T_{OFF}}U = \frac{T}{T - T_{ON}}U = \frac{U}{1 - D}$$

上式中，$\frac{1}{1-D}>1$，输出电压 U_o高于输入电源电压 U，故称升压斩波电路，也称之为 Boost 变换器。

升压斩波电路能使输出电压 U_o高于电源电压 U，是因为 L 储能之后具有使电压泵升的作用，电容 C 可将输出电压保持住。

升压斩波电路目前的典型应用，一是用于直流电动机传动，二是用作单相功率因数校正电路，三是用于其他交直流电源中。

（4）升降压斩波电路（Boost Buck Chopper）

1）电路的结构。升降压斩波电路可以得到高于或低于输入电压的输出电压。电路原理图如图 5-10a 所示，该电路的结构特征是储能电感与负载并联，续流二极管 VD 反向串联接在储能电感与负载之间。电路分析前可先假设电路中电感 L 很大，使电感电流 i_L和电容电压及负载电压 u_o基本稳定。

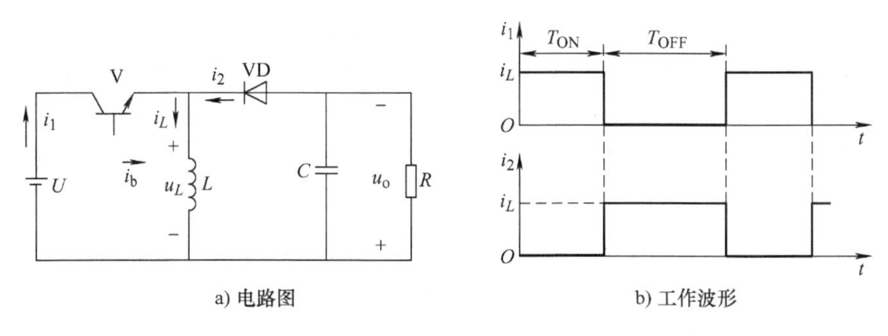

a) 电路图　　b) 工作波形

图 5-10　升降压斩波电路的原理图及工作波形

2）电路的工作原理。电路的基本工作原理是：V 导通时，电源 U 经 V 向 L 供电使其储能，此时二极管 VD 反偏，流过 V 的电流为 i_1。由于 VD 反偏截止，电容 C 向负载 R 提供能量并维持输出电压基本稳定，负载 R 及电容 C 上的电压极性为上负下正，与电源极性相反。

V 断时，电感 L 极性变反，VD 正偏导通，L 中储存的能量通过 VD 向负载释放，电流为 i_2，同时电容 C 被充电储能。负载电压极性为上负下正，与电源电压极性相反，该电路也称作反极性斩波电路。工作波形如图 5-10b 所示。稳态时，一个周期 T 内电感 L 两端电压 u_L对时间的积分为零，即

$$\int_0^T u_L \mathrm{d}t = 0$$

当 V 处于通态期间，$u_L = U$；而当 V 处于断态期间，$u_L = -u_o$。于是有

$$UT_{ON} = U_oT_{OFF}$$

所以输出电压为

$$U_o = \frac{T_{ON}}{T_{OFF}}U = \frac{T_{ON}}{T - T_{ON}}U = \frac{D}{1 - D}U$$

上式中，若改变占空比 D，则输出电压既可高于电源电压，也可能低于电源电压。

由此可知，当$0<D<\frac{1}{2}$时，斩波器输出电压低于直流电源输入，此时为降压斩波器；当$\frac{1}{2}<D<1$时，斩波器输出电压高于直流电源输入，此时为升压斩波器。

（5）库克斩波电路（Cuk Chopper）

1）电路的结构。库克斩波电路的特点与升降压斩波电路相似，库克斩波电路的一个突出优点是输入和输出端都串联了电感，减小了输入和输出电流的脉动，可以改善电路产生的电磁干扰问题。电路原理图如图5-11所示。

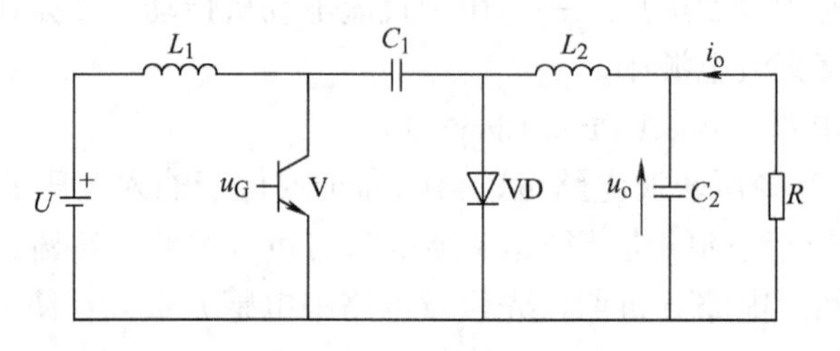

图5-11　库克斩波电路

库克斩波电路也只有一个开关管，因此电路也只有两种工作模式。

2）电路的工作原理。如图5-12所示，开关管V导通时，$T_{ON}=DT$，电源U经L_1和开关管V短路，i_{L1}线性增加，L_1储能，与此同时，电容C_1经开关管V对C_2和负载R放电，并使电感L_2电流增加，L_2储能。在这阶段，因为C_1释放能量，二极管反偏而处于截止状态。

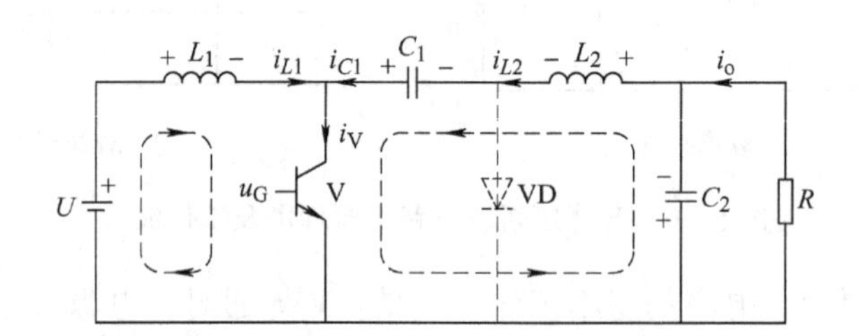

图5-12　开关管V导通时库克斩波电路工作模式

开关管V关断时，$T_{OFF}=(1-D)T$，根据电感L_2电流的情况，有电流i_{L2}连续和断续两种状态。工作模式如图5-13所示。

在库克斩波电路中，一般C_1、C_2值都较大，u_{C1}、u_{C2}波动较小，L_1、L_2的电流脉动也较小，忽略这些脉动，二极管VD导通时，电容C_1的平均电压$U_{C1}=\frac{T_{ON}}{T}U=DU$，在VD截止时，$U_{C1}=\frac{T_{OFF}}{T}U_o=(1-D)U_o$，因此有$DU=(1-D)U_o$，$U_o=\frac{D}{1-D}U$。

从上述原理分析可以得出，库克斩波电路与升降压斩波电路的功能是一样的，但是库克斩波电路的电源和负载电流都是连续的，纹波很小，库克斩波电路只是对开关管和二极管的耐压和电流要求较高。

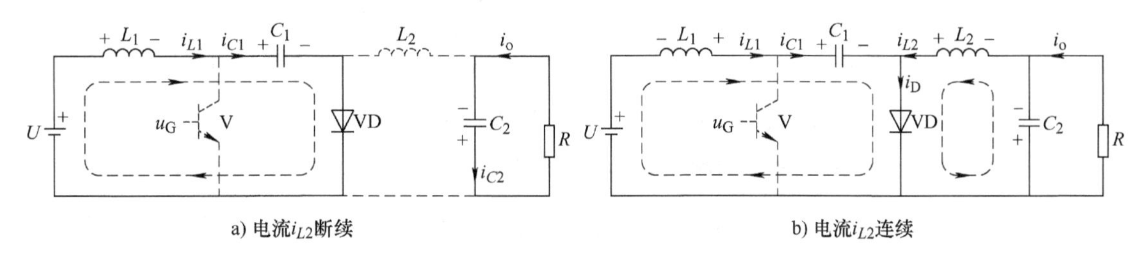

a) 电流i_{L2}断续　　b) 电流i_{L2}连续

图 5-13　开关管关断时库克斩波电路工作模式

2. 隔离型电路

(1) 正激电路

1) 电路结构。正激电路包含多种不同结构，典型的单开关正激电路及其工作波形如图 5-14 所示。图中，S 表示开关状态，U_S 表示开关端电压，i_L 表示流过电感 L 的电流，i_S 表示流经 S 的电流。

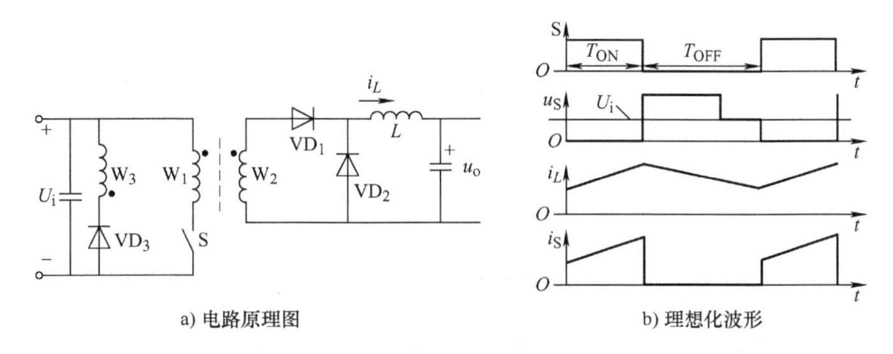

a) 电路原理图　　b) 理想化波形

图 5-14　正激电路原理图及理想化波形

2) 工作原理。开关 S 接通后，变压器绕组 W_1 两端的电压为上正下负，与其耦合的绕组 W_2 两端的电压也是上正下负，因此 VD_1 处于通态，VD_2 为断态，电感上的电流逐渐增长；S 关断后，电感 L 通过 VD_2 续流，VD_1 关断，L 的电流逐渐下降。S 关断后变压器的励磁电流经绕组 W_3 和 VD_3 流回电源，所以 S 关断后承受的电压为

$$u_S = \left(1 + \frac{N_1}{N_3}\right)U_i$$

式中，N_1 是变压器绕组 W_1 的匝数；N_3 是变压器绕组 W_3 的匝数。

开关 S 接通后，变压器的励磁电流 i_m 由零开始，随着时间的增加而线性增长，直到 S 关断。S 关断后到下一次再开通的一段时间内，必须设法使励磁电流降回零，否则下一个开关周期中，励磁电流将在本周期结束时的剩余值基础上继续增加，并在以后的开关周期中依次累积起来，变得越来越大，从而导致变压器的励磁电感饱和。励磁电感饱和后，励磁电流会更加迅速地增长，最终损坏电路中的开关器件。因此在 S 关断后使励磁电流降回零是非常重要的，这一过程称为变压器的磁心复位。在正激电路中，变压器的绕组 W_3 和二极管 VD_3 组成复位电路。

开关S关断后，变压器励磁电流通过W_3绕组和VD_3流回电源，并逐渐线性下降为零。从S关断到W_3绕组的电流下降到零所需的时间$T_{rst}=\frac{N_3}{N_1}T_{ON}$。S处于断态的时间必须大于$T_{rst}$，以保证S下次开通前励磁电流能够降为零，使变压器磁心可靠复位。

在输出滤波电感电流连续的情况下，即S接通时电感L的电流不为零，输出电压与输入电压的比为$\frac{U_o}{U_i}=\frac{N_2}{N_1}\frac{T_{ON}}{T}$。如果输出滤波电感电流不连续，输出电压$U_o$将高于上式的计算值，并随负载减小而升高，在负载为零的极限情况下，$U_o=\frac{N_2}{N_1}U_i$。

（2）反激电路

1）电路结构。反激电路及其工作波形如图5-15所示。与正激电路不同，反激电路中的变压器起着储能元件的作用，可以看作是一对相互耦合的电感。

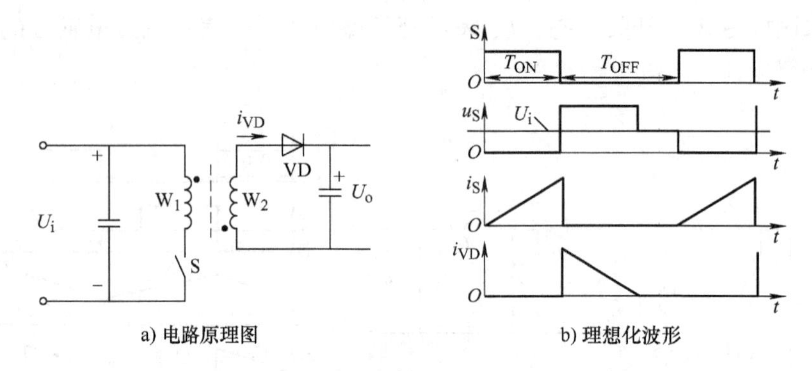

a) 电路原理图　　b) 理想化波形

图5-15　反激电路原理图及理想化工作波形

2）工作原理。S接通后，VD处于断态，绕组W_1的电流线性增长，电感储能增加；S关断后，绕组W_1的电流被切断，变压器中的磁场能量通过绕组W_2和VD向输出端释放。S关断后承受的电压为

$$u_S=U_i+\frac{N_1}{N_2}U_o$$

反激电路可以工作在电流断续和电流连续两种模式：

① 如果当S接通时，绕组W_2中的电流尚未下降到零，则称电路工作于电流连续模式。当工作于电流连续模式时，$\frac{U_o}{U_i}=\frac{N_2}{N_1}\frac{T_{ON}}{T_{OFF}}$。

② 如果S接通前，绕组W_2中的电流已经下降到零，则称电路工作于电流断续模式。当电路工作在断续模式时，输出电压高于上式的计算值，并随负载减小而升高，在负载电流为零的极限情况下，$U_o\to\infty$，这将损坏电路中的器件，因此反激电路不应工作于负载开路状态。

（3）半桥电路

1）电路结构。半桥电路原理图及理想化工作波形如图5-16所示。在半桥电路中，变压器一次绕组两端分别连接在电容C_1、C_2的中点和开关S_1、S_2的中点。电容C_1、C_2的中点电压为$U_i/2$。S_1与S_2交替导通，使变压器一次侧形成幅值为$U_i/2$的交流电压。改变开关的占

空比，就可以改变二次整流电压 U_d的平均值，也就改变了输出电压 U_o。

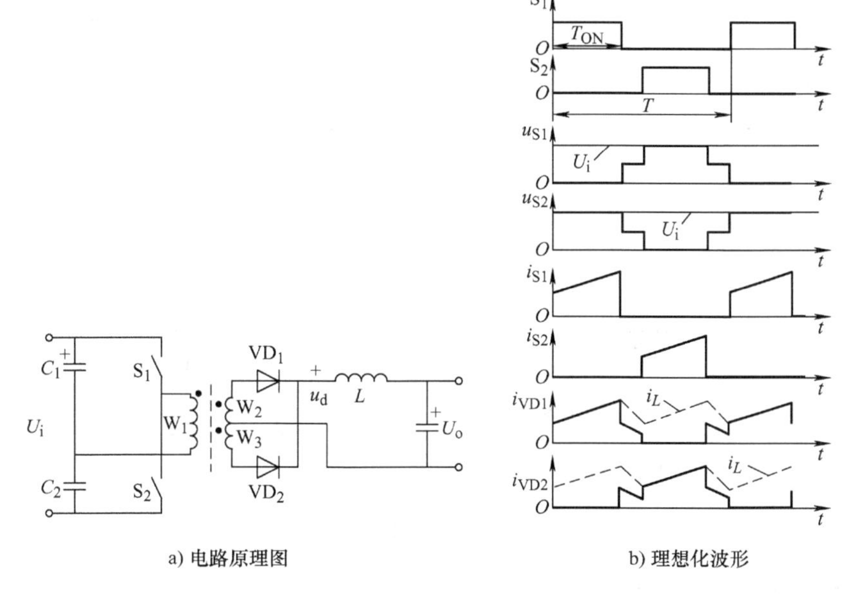

a) 电路原理图　　b) 理想化波形

图 5-16　半桥电路原理图及理想化工作波形

2）工作原理。S_1导通时，二极管 VD_1处于通态，S_2导通时，二极管 VD_2处于通态，当两个开关都关断时，变压器绕组 W_1（匝数为 N_1）中的电流为零，根据变压器的磁动势平衡方程，绕组 W_2（匝数为 N_2）和 W_3（匝数为 N_3）中的电流大小相等、方向相反，所以 VD_1和 VD_2都处于通态，各分担一半的电流。S_1或 S_2导通时电感上的电流逐渐上升，两个开关都关断时，电感上的电流逐渐下降。S_1和 S_2断态时承受的峰值电压均为 U_i。

由于电容的隔离作用，半桥电路对由于两个开关导通时间不对称而造成的变压器一次电压的直流分量有自动平衡作用，因此不容易发生变压器的偏磁和直流磁饱和。

为了避免上下两开关在换相过程中发生短暂的同时导通现象而造成短路损坏开关器件，每个开关各自的占空比不能超过50%，并应留有裕量。

当滤波电感 L 的电流连续时，有

$$\frac{U_o}{U_i}=\frac{N_2}{N_1}\frac{T_{ON}}{T}$$

如果输出电感电流不连续，输出电压 U_o将高于式中的计算值，并随负载减小而升高，在负载电流为零的极限情况下，有

$$U_o=\frac{N_2}{N_1}\frac{U_i}{2}$$

（4）全桥电路

1）电路结构。全桥电路的原理图及理想化工作波形如图 5-17 所示。全桥电路中互为对角的两个开关同时导通，而同一侧半桥上下两开关交替导通，将直流电压幅值为 U_i的交流电压，加在变压器一次侧。改变开关的占空比，就可以改变 u_d的平均值 U_d，也就改变了输出电压 U_o。

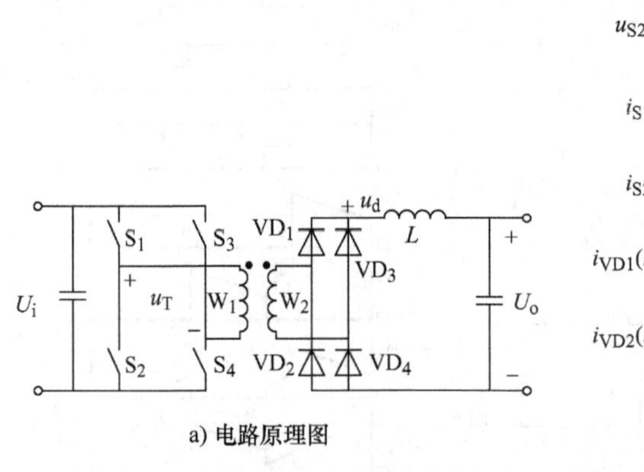

a) 电路原理图

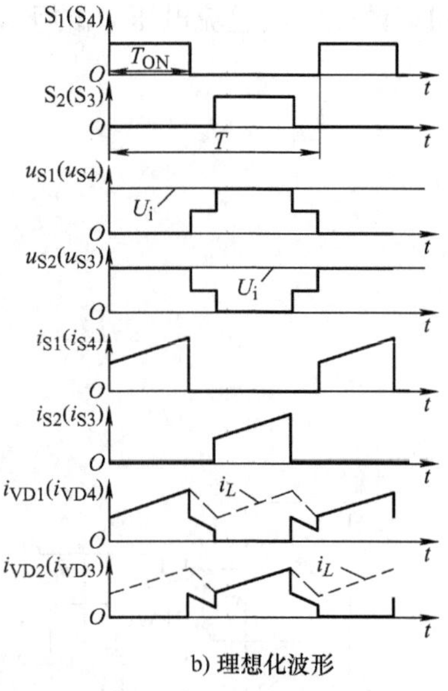

b) 理想化波形

图 5-17　全桥电路原理图及理想化工作波形

2）工作原理。当 S_1 与 S_4 开通后，二极管 VD_1 和 VD_4 处于通态，电感 L 的电流逐渐上升；S_2 与 S_3 开通后，二极管 VD_2 和 VD_3 处于通态，电感 L 的电流也上升。当 4 个开关都关断时，4 个二极管都处于通态，各分担一半的电感电流，电感 L 的电流逐渐下降。S_1 和 S_4 断态时承受的峰值电压均为 U_i。

若 S_1、S_4 与 S_2、S_3 的导通时间不对称，则交流电压 u_T 中将含有直流分量，会在变压器一次电流中产生很大的直流分量，并可能造成磁路饱和，因此全桥应注意避免电压直流分量的产生，也可以在一次回路电路中串联一个电容，以阻断直流电流。

为了避免同一侧半桥中上下两开关在换相的过程中，发生短暂的同时导通现象而损坏开关，每个开关各自的占空比不能超过 50%，并应留有裕量。

当滤波电感 L 的电流连续时，有

$$\frac{U_o}{U_i} = \frac{N_2}{N_1}\frac{2T_{ON}}{T}$$

如果输出电感电流不连续，输出电压 U_o 将高于式中的计算值，并随负载减小而升高，在负载电流为零的极限情况下，有

$$U_o = \frac{N_2}{N_1}U_i$$

任务三　开关状态控制电路分析

一、学习目标

1）了解脉宽调制（PWM）控制技术原理。

2）了解脉宽调制（PWM）控制电路的基本结构与原理。

3）了解脉宽调制（PWM）控制芯片的类型及应用情况。

二、相关知识

1. 开关状态控制方式

开关电源中，开关器件开关状态的控制方式主要有占空比控制和幅度控制两种。

（1）占空比控制方式　占空比控制方式又包括脉冲宽度控制和脉冲频率控制。

1）脉冲宽度控制。脉冲宽度控制是指开关工作频率（即开关周期 T）固定的情况下直接通过改变导通时间（T_{ON}）来控制输出电压 U_o大小的一种方式。因为改变开关导通时间 T_{ON}就是改变开关控制电压 U_c的脉冲宽度，因此又称脉冲宽度调制（PWM）控制。

PWM 控制方式的优点是，因为采用了固定的开关频率，设计滤波电路时就简单方便；其缺点是，受功率开关管最小导通时间的限制，对输出电压不能做宽范围的调节，此外，为防止空载时输出电压升高，输出端一般要接假负载（预负载）。

2）脉冲频率控制。脉冲频率控制是指开关控制电压 U_c的脉冲宽度（即 T_{ON}）不变的情况下，通过改变开关工作频率（改变单位时间的脉冲数，即改变 T）而达到控制输出电压 U_o大小的一种方式，又称脉冲频率调制（PFM）控制。

目前，集成开关电源大多采用 PWM 控制方式。

（2）幅度控制方式　即通过改变开关的输入电压 U_S的幅值而控制输出电压 U_o大小的控制方式，但要配以滑动调节器。

2. PWM 控制电路的基本构成和原理

（1）电路结构　图 5-18 是 PWM 控制电路的基本组成和工作波形。PWM 控制电路由以下几部分组成：① 基准电压稳压器，提供一个供输出电压进行比较的稳定电压和一个内部 IC 电路的电源；② 振荡器，为 PWM 比较器提供一个锯齿波和与该锯齿波同步的驱动脉冲控制电路的输出；③ 误差放大器，使电源输出电压与基准电压进行比较；④ 以正确的时序使输出开关管导通的脉冲倒相电路。

（2）工作原理　输出开关管在锯齿波的起始点被导通。由于锯齿波电压比误差放大器

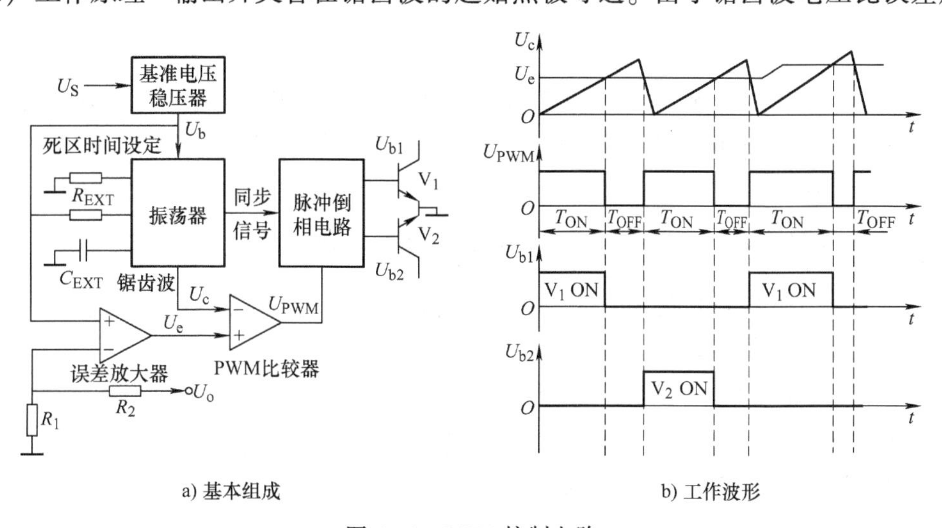

a) 基本组成　　b) 工作波形

图 5-18　PWM 控制电路

的输出电压低，所以 PWM 比较器的输出较高，因为同步信号已在斜坡电压的起始点使脉冲倒相电路工作，所以脉冲倒相电路将这个高电位输出使 V_1 导通。当斜坡电压比误差放大器的输出高时，PWM 比较器的输出电压下降，通过脉冲倒相电路使 V_1 截止，下一个斜坡周期则重复这个过程。

3. PWM 控制器集成芯片介绍

（1）SG1524/2524/3524 系列 PWM 控制器　SG1524 是双列直插式集成芯片，其结构框图如图 5-19 所示。它包括基准电源、锯齿波振荡器、电压比较器、逻辑输出环节、误差放大器以及检测和保护环节等部分。SG2524 和 SG3524 也属这个系列，内部结构及功能相同，仅工作电压及工作温度有差异。

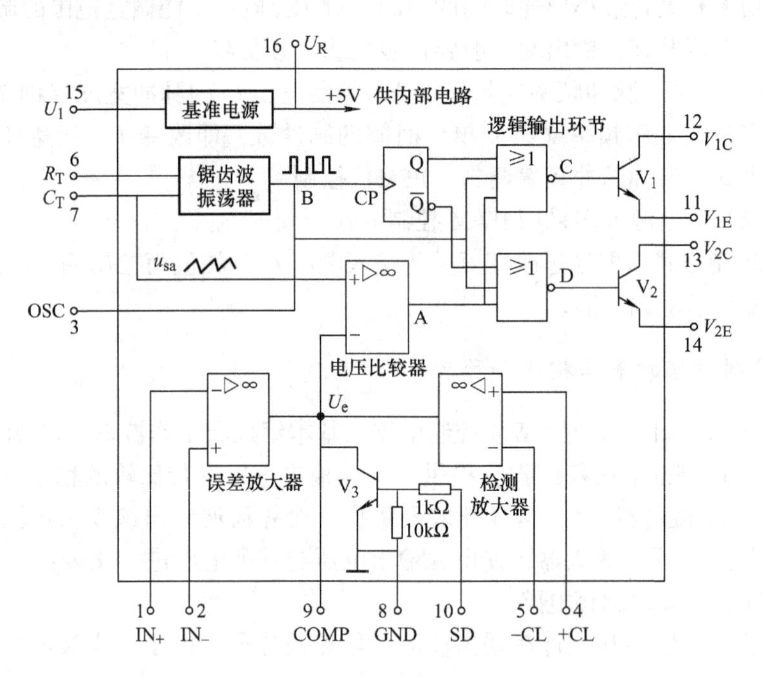

图 5-19　SG1524 结构框图

基准电源由 15 端输入 8～30V 的不稳定直流电压，经稳压输出 +5V 基准电压，供片内所有电路使用，并由 16 端输出 +5V 的参考电压供外部电路使用，其最大电流可达 100mA。

锯齿波振荡器通过 7 端和 6 端分别对地接上一个电容 C_T 和电阻 R_T 后，在 C_T 上输出频率 $f_{osc}=\dfrac{1}{R_T C_T}$ 的锯齿波。电压比较器反向输入端输入直流控制电压 U_e；同相输入端输入锯齿波电压 u_{sa}。当改变直流控制电压大小时，电压比较器输出端电压 u_A 即为宽度可变的脉冲电压，送至两个或非门组成的逻辑电路。

每个或非门有 3 个输入端，其中：一个输入为宽度可变的脉冲电压 u_A；一个输入分别来自触发器输出的 Q 和 $\overline{Q}$ 端（它们是锯齿波电压分频后的方波）；另一个输入（B 点）为锯齿波同频的窄脉冲。在不考虑第 3 个输入窄脉冲时，两个或非门输出（C、D 点）分别经晶体管 V_1、V_2 放大后的波形 T_1、T_2 如图 5-20 所示。它们的脉冲宽度由 U_e 控制，周期比 u_{sa} 大一倍，且两个波形的相位差为180°。这样的波形适用于可逆PWM电路。或非门第3个输入端的窄脉冲使这期间两个晶体管同时截止，以保证两个晶体管的导通有一短时间间隔，可作为上、下两管的死区。当用于不可逆PWM电路时，可将两个晶体管的发射极并联使用。

误差放大器在构成闭环控制时，可作为运算放大器接成调节器使用。如将1端和9端短接，该放大器作为一个电压跟随器使用，由2端输入给定电压来控制SG1524输出脉冲宽度的变化。

当保护输入端10的输入达一定值时，晶体管V_3导通，使电压比较器的反相输入端为零，A端一直为高电平，V_1、V_2均截止，以达到保护的目的。检测放大器的输入可检测出较小的信号，当4、5端输入信号达到一定值时，同样可使电压比较器的反相输入端为零，也起到保护作用。使用中可利用上述功能来检测需要限制的信号（如电流）对主电路实现保护。

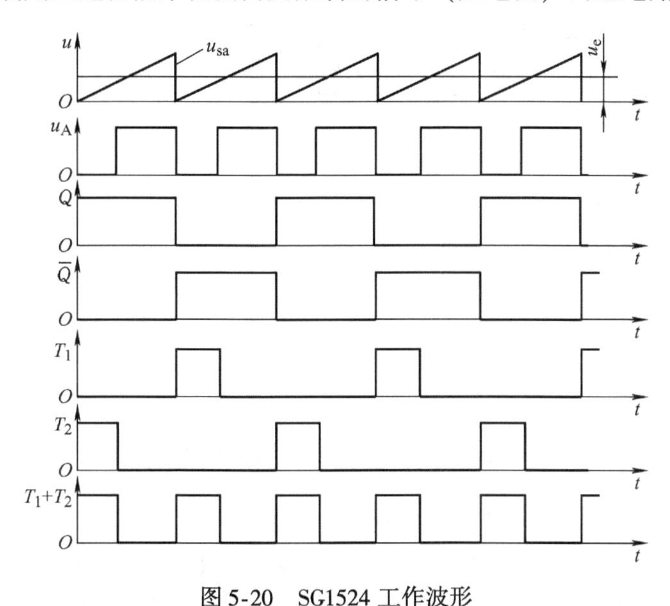

图5-20 SG1524工作波形

（2）SG3525APWM控制器 SG3525A是SG3524的改进型，凡是利用SG1524/SG2524/SG3524的开关电源电路都可以用SG3525A来代替。应用时应注意两者引脚连接的不同。

图5-21是SG3525A系列产品的内部原理图。

图5-21的右下角是SG3527A的输出级。除输出级以外，SG3527A与SG3525A完全相同。SG3525A的输出是正脉冲，而SG3527A的输出是负脉冲。表5-1是SG3525A的引脚连接。

表5-1 SG3525A的引脚连接

引脚号	引脚名	功能	引脚号	引脚名	功能
1	IN_-	误差放大器反相输入	9	COMP	频率补偿
2	IN_+	误差放大器同相输入	10	SD	关断控制
3	SYNC	同步	11	OUT_A	输出A
4	OUT_{osc}	振荡器输出	12	GND	地
5	C_T	定时电容器	13	V_C	集电极电压
6	R_T	定时电阻	14	OUT_B	输出B
7	DIS	放电	15	U_i	输入电压
8	SS	软启动	16	U_{REF}	基准电压

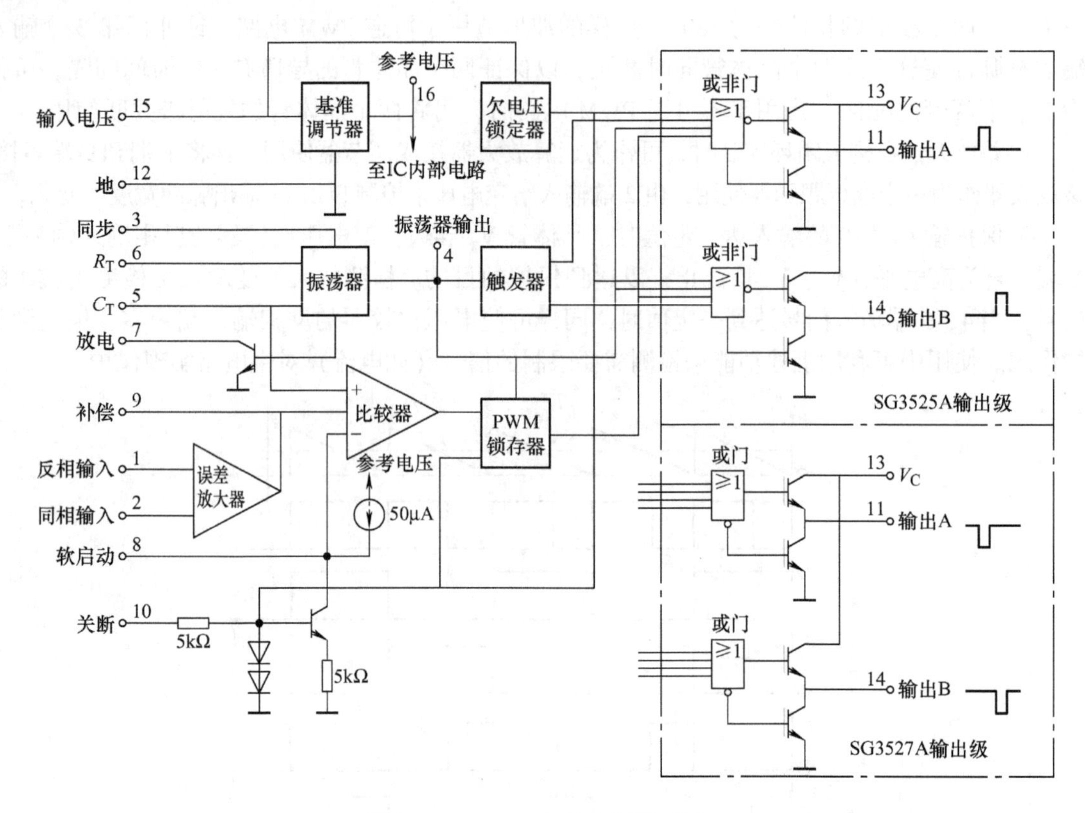

图 5-21　SG3525A 的内部原理图

与 SG1524/SG2524/SG3524 相比较，SG3525A 的改进之处为：芯片内部增加了欠电压锁定器和软启动电路；SG1524/SG2524/SG3524 没有限流电路，而是采用关断控制电路逐个对脉冲电流和直流输出电流进行限流控制；SG3525A 内设有高精度基准电压源，精度为 5.1V (1±1%)，优于 SG1524/SG2524/SG3524 的基准电源；误差放大器的供电由输入电压 U_i 来提供，从而扩大了误差放大器的共模电压输入范围；脉宽调制比较器增加了一个反相输入端，误差放大器和关断电路送到比较器的信号具有不同的输入端，这就避免了关断电路对误差放大器的影响；PWM 锁存器由关断置位，由振荡器来的时钟脉冲复位。这可保证在每个周期内只有比较器送来的单脉冲。当关断信号使输出关断时，即使关断信号消失，也只有下一个周期的时钟脉冲使锁存器复位，才能恢复输出。这就保证了关断电路能有效地控制输出关断。SG3525A 的最大改进是输出级的结构。它是双路吸收/流出输出驱动器。它具有较高的关断速率，适合于驱动功率 MOS 器件。

(3) SG3525A 的典型应用电路

1) SG3525A 驱动 MOSFET 的推挽式驱动电路如图 5-22 所示。其输出幅度和拉灌电流能力都适合于驱动功率 MOSFET。SG3525A 的两个输出端交替输出驱动脉冲，控制两个 MOSFET 交替导通。

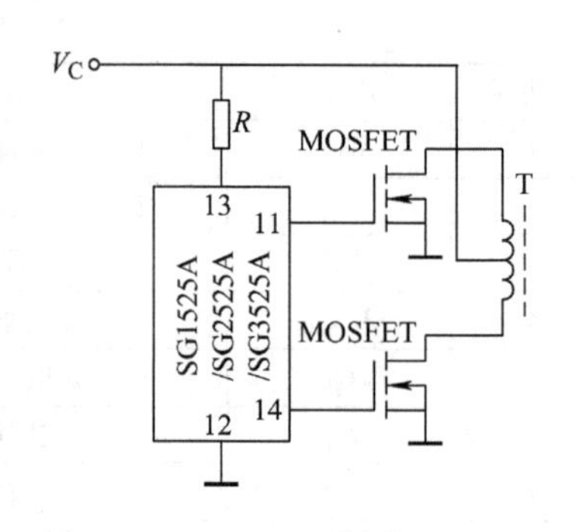

图 5-22　SG3525A 驱动 MOSFET 的推挽式驱动电路

2）SG3525A 驱动 MOSFET 的半桥式驱动电路如图 5-23 所示。SG3525A 的两个输出端接脉冲变压器 T_1 的一次绕组，串入一个小电阻（10Ω）是为了防止振荡。T_1 的两个二次绕组因同名端相反，以相位相反的两个信号驱动半桥上、下臂的两个 MOSFET。脉冲变压器 T_2 的二次侧接后续的整流滤波电路，便可得到平滑的直流输出。

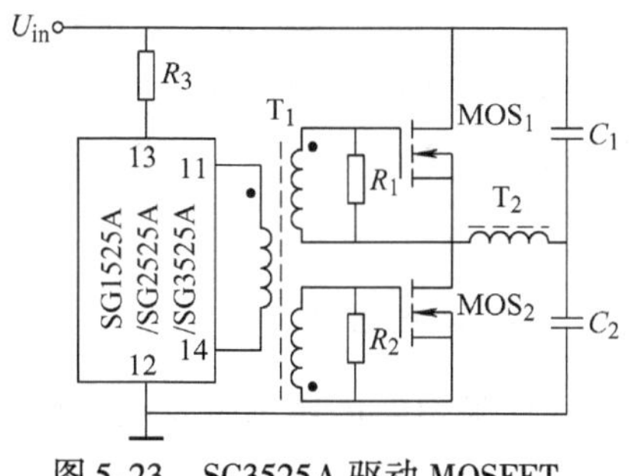

图 5-23　SG3525A 驱动 MOSFET 的半桥式驱动电路

项目实施　直流斩波电路安装与调试

一、实训目的

1）熟悉直流斩波电路的工作原理。
2）熟悉各种直流斩波电路的组成及其工作特点。
3）了解 PWM 控制与驱动电路的原理及其常用的集成芯片。
4）熟悉直流斩波电路故障的分析与处理。

二、仪器器材

模块化电力电子实训装置、双踪示波器、万用表。

三、实训内容及原理

1. 降压斩波电路

降压斩波电路的原理图及工作波形如图 5-24 所示。图中 V 为全控型器件 IGBT，VD 为续流二极管。

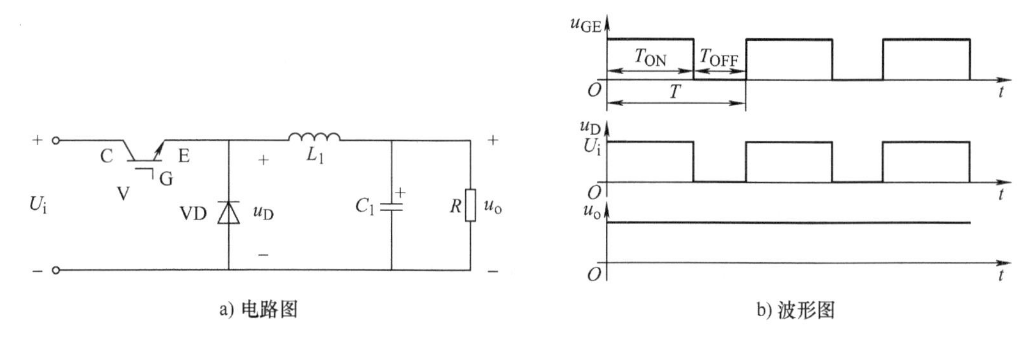

图 5-24　降压斩波电路的原理图及工作波形

负载电压的平均值为

$$U_o = \frac{T_{ON}}{T_{ON} + T_{OFF}}U_i = \frac{T_{ON}}{T}U_i = DU_i$$

式中，T_{ON}为 V 处于通态的时间；T_{OFF}为 V 处于断态的时间；T为开关周期；D为导通占空比，简称占空比或导通比（$D=T_{ON}/T$）。由此可知，输出到负载的电压平均值U_o最大为U_i，若减小占空比D，则U_o随之减小，由于输出电压低于输入电压，故称该电路为降压斩波电路。

2. 升压斩波电路

升压斩波电路的原理图及工作波形如图 5-25 所示。电路也使用一个全控型器件。

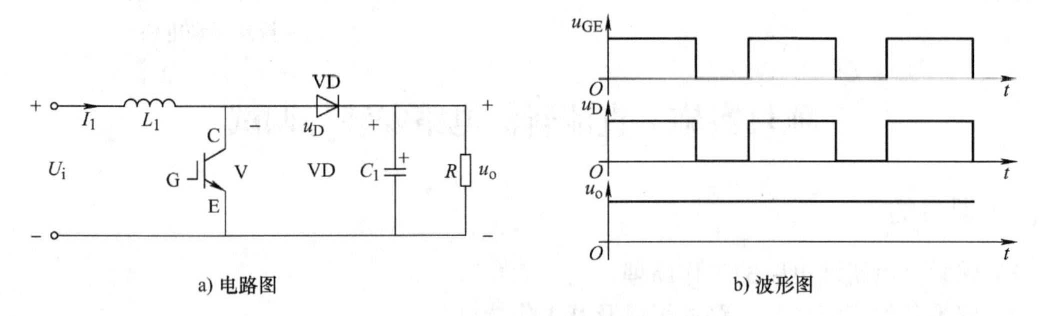

图 5-25　升压斩波电路的原理图及工作波形

负载电压的平均值为

$$U_o = \frac{T_{ON} + T_{OFF}}{T_{OFF}} U_i = \frac{T}{T_{OFF}} U_i$$

上式中的$\frac{T}{T_{OFF}} \geqslant 1$，输出电压高于电源电压，故称该电路为升压斩波电路。

3. 升降压斩波电路

升降压斩波电路的原理图及工作波形如图 5-26 所示。

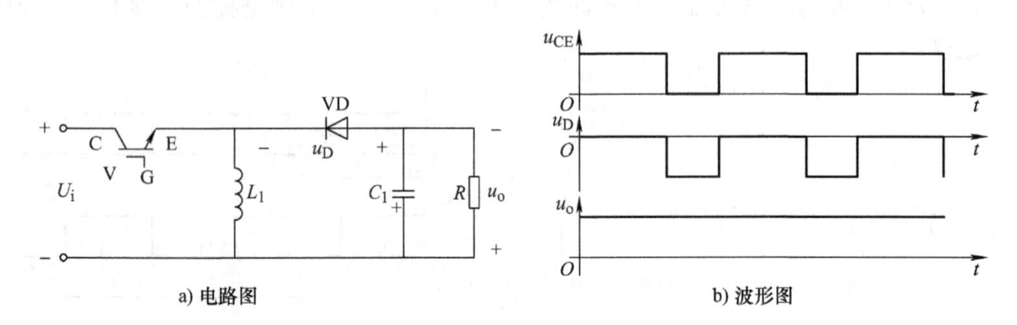

图 5-26　升降压斩波电路的原理图及工作波形

负载电压的平均值为

$$U_o = \frac{T_{ON}}{T_{OFF}} U_i = \frac{T_{ON}}{T - T_{ON}} U_i = \frac{D}{1 - D} U_i$$

若改变导通比D，则输出电压可以比电源电压高，也可以比电源电压低。当$0 < D < 1/2$时为降压，当$1/2 < D < 1$时为升压。

4. 库克斩波电路

库克斩波电路的原理图如图5-27所示。

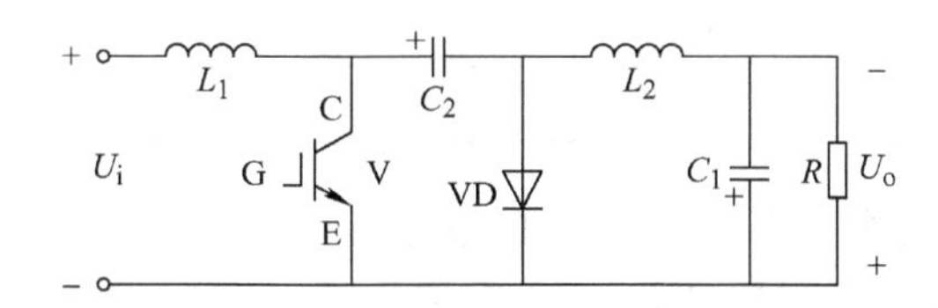

图5-27　库克斩波电路原理图

负载电压的平均值为

$$U_o = \frac{T_{ON}}{T_{OFF}}U_i = \frac{T_{ON}}{T - T_{ON}}U_i = \frac{D}{1 - D}U_i$$

若改变导通比 D，则输出电压可以比电源电压高，也可以比电源电压低。当 $0 < D < 1/2$ 时为降压，当 $1/2 < D < 1$ 时为升压。

5. 控制与驱动电路

控制电路以SG3525为核心构成，SG3525为美国Silicon General公司生产的专用PWM控制集成电路，它采用恒频脉宽调制控制方案，调节 u_r 的大小，在A（11脚）、B（14脚）两端可输出两个幅度相等、频率相等、占空比可调的矩形波（即PWM信号）。它适用于各开关电源、斩波器的控制。SG3525内部结构图在模块化组件上已完整给出，可调电位器已安装在模块化组件面板上，u_r 为对应2脚的输入值。

四、实训方法

1. 控制与驱动电路实训方法

1）根据直流斩波驱动电路的原理测试要求，在模块化电力电子实训装置上选取对应的模块。

2）根据选取的模块与对应的原理要求正确接线。

3）正确接线后，启动电源，首先调试控制与驱动电路，调节脉宽调节电位器改变 U_r，用双踪示波器分别观测SG3525的11脚与14脚的波形，观测输出PWM信号的变化情况，并填入表5-2中。

表5-2　改变 U_r，记录11脚、14脚、PWM信号变化情况

U_r/V	1.4	1.6	1.8	2.0	2.2	2.4	2.5
11脚（A）占空比（%）							
14脚（B）占空比（%）							
PWM信号占空比（%）							

4）用示波器分别观测A端、B端和PWM信号的波形，记录其波形类型、幅值和频率，并填入表5-3中。

表 5-3　记录 11 脚、14 脚、PWM 信号波形情况

观测点	11 脚（A 端）	14 脚（B 端）	PWM 信号
波形类型			
幅值 A/V			
频率 f/Hz			

5）用双踪示波器的两个探头同时观测 11 脚和 14 脚的输出波形，调节脉宽调节电位器，观测两路输出的 PWM 信号，测出两路信号的相位差，并测出两路 PWM 信号之间最小的“死区”时间。

2. 直流斩波电路实训方法

1）根据直流斩波电路的原理测试要求，在模块化电力电子实训装置上选取对应的模块。

2）调试直流斩波电路的输入电源，经模块化电源中的三相自耦调压器输出的单相交流电经整流模块中的单相不可控整流电路得到。接通交流电源，观测 U_i 波形，记录其平均值（注：本装置限定直流输出最大值为 50V，输入交流电压的大小由调压器调节输出）。

3）切断电源，根据前述主电路图，利用面板上的元器件连接好相应的斩波实训电路，并接上电阻负载，负载电流最大值限制在 200mA 以内。将控制与驱动电路的输出“V-G”、“V-E”分别接至 V 的 G 和 E 端。

4）检查接线正确，尤其是电解电容的极性不要接反，接通主电路和控制电路的电源。

5）用示波器观测 PWM 信号的波形、u_{GE} 的电压波形、u_{CE} 的电压波形及输出电压 u_o 和二极管两端电压 u_D 的波形，注意各波形间的相位关系。

6）调节脉宽调节电位器改变 U_r，观测在不同占空比 D 时，记录 U_i、U_o 和 D 的数值于表 5-4 中，从而画出 $U_o = f(D)$ 的关系曲线。

表 5-4　记录 U_i、U_o 和 D 的数值

U_r/V	1.4	1.6	1.8	2.0	2.2	2.4	2.5
占空比 D（%）							
U_i/V							
U_o/V							

五、实训报告

1）分析 SG3525 芯片产生 PWM 信号的工作原理。

2）整理各组实训数据，绘制各直流斩波电路的 U_i/U_o—D 曲线，并进行比较与分析。

3）讨论并分析实训中出现的故障现象，做出书面分析。

六、注意事项

1）在主电路通电后，不能用示波器的两个探头同时观测主电路元器件之间的波形，否

则会造成短路。

2）用示波器两探头同时观测两处波形时，要注意共地问题，否则会造成短路，在观测高压时应衰减 10 倍，在做直流斩波器测试实验时，最好使用一个探头。

知识拓展　全桥斩波可逆控制电路

一、全桥双极式斩波供电直流电力拖动

全桥斩波电路也称 H 型斩波电路，其电路如图 5-28 所示。在电路中，若 V_1、V_3导通，则有电流自电路 A 点经电动机流向 B 点，电动机正转；若 V_2、V_4导通，则有电流自 B 点经电动机流向 A 点，电动机反转。

双极式可逆斩波的控制方式是：V_1、V_3和 V_2、V_4成对做 PWM 控制，并且 V_1、V_3和 V_2、V_4的驱动脉冲工作在互补状态，即在 V_1、V_3导通时，V_2、V_4关断，在 V_2、V_4导通时，V_1、V_3关断，V_1、V_3和 V_2、V_4交替导通和关断。双极式可逆斩波控制有正转和反转两种工作状态、4 种工作模式，对应的电压电流波形如图 5-29 所示。

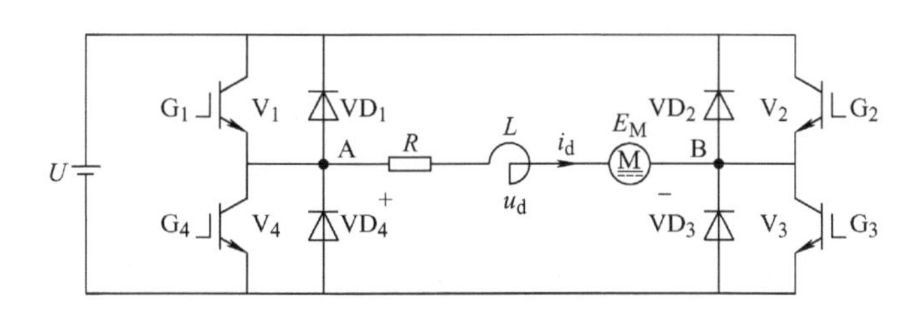

图 5-28　全桥斩波电路

模式 1 波形如图 5-29a 所示，t_1时 V_1、V_3同时驱动导通，V_2、V_4关断，电流 i_{d1}的路径是 $U_+ \to V_1 \to R \to L \to E_M \to V_3 \to U_-$，$L$ 电流上升，e_L 和 E_M 极性如图 5-30 所示。

模式 2 波形如图 5-29a 所示，在 t_2时 V_1、V_3关断，V_2、V_4驱动，因为电感电流不能立即为 0，这时电流 i_{d2}的通路是 $U_- \to VD_4 \to R \to L \to E_M \to VD_2 \to U_+$，$L$ 电流下降。因为电感经 VD_2、VD_4续流，短接了 V_2和 V_4，V_2和 V_4虽然已经被触发，但是并不能导通，e_L 和 E_M 极性如图 5-31 所示。

在模式 1 和 2 时，电流的方向是 A→B，电动机正转，设 V_1、V_3导通时间为 T_{ON}，关断时间为 T_{OFF}，因此 AB 间电压为

$$U_d = \frac{T_{ON}}{T_s}U - \frac{T_{OFF}}{T_s}U = \left(\frac{2T_{ON}}{T_s} - 1\right)U = DU$$

式中，占空比 $D = \dfrac{2T_{ON}}{T_s} - 1$。

当 $T_{ON} = T_s$时，$D = 1$；当 $T_{ON} = 0$ 时，$D = -1$。因此占空比的调节范围为 $-1 \leqslant D \leqslant 1$。当 $0 < D \leqslant 1$ 时，$U_d > 0$，电动机正转，电压电流波形如图 5-29a 所示。

模式 3 波形如图 5-29b 所示，如果 $-1 \leqslant D \leqslant 1$，$U_d < 0$，即 AB 间电压反向，在 V_2、V_4被驱动导通后，电流 i_{d3} 的流向是 $U_+ \to V_2 \to E_M \to L \to R \to V_4 \to U_-$，$L$ 电流反向上升，e_L 和 E_M 极性如图 5-32 所示，电动机反转。

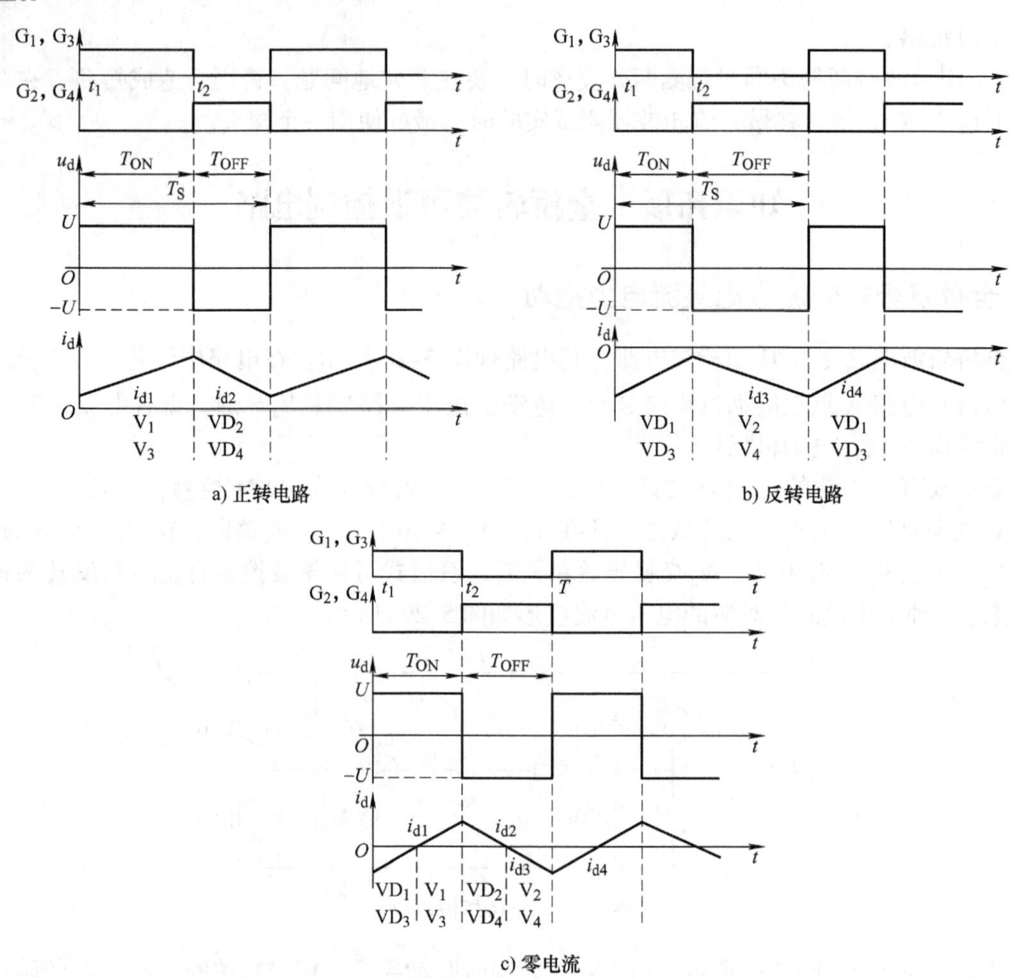

图 5-29　不同工作状态下电压电流波形

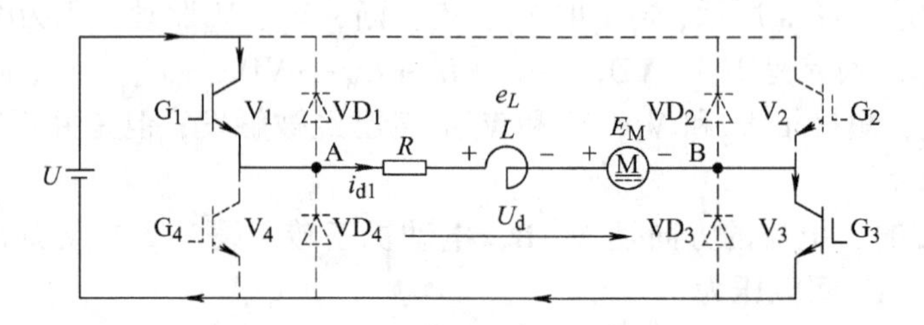

图 5-30　双极式斩波电路工作模式 1

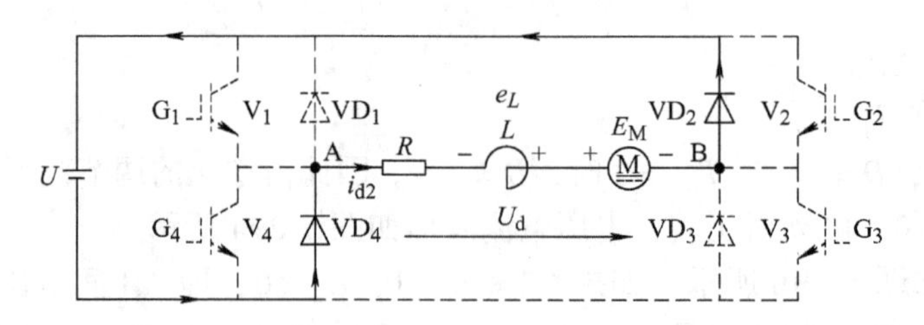

图 5-31　双极式斩波电路工作模式 2

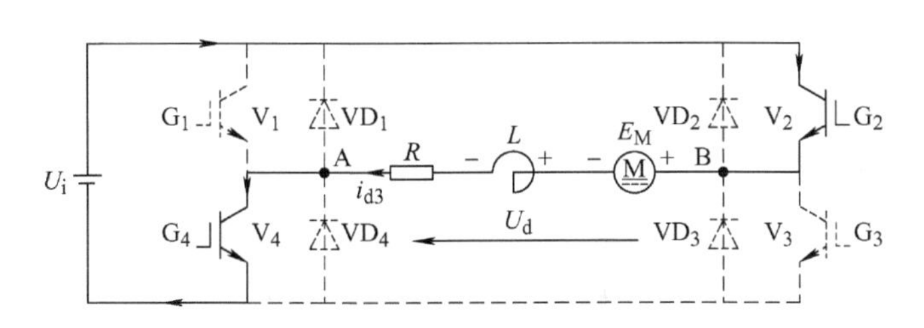

图 5-32　双极式斩波电路工作模式 3

模式 4 波形如图 5-29b 所示，在电动机反转状态，如果 V_2、V_4关断，L 电流要经 VD_1、VD_3续流，i_{d4} 的流向是 $U_- \rightarrow VD_3 \rightarrow E_M \rightarrow L \rightarrow R \rightarrow VD_1 \rightarrow U_+$，$L$ 电流反向下降。e_L 和 E_M 极性如图 5-33 所示。

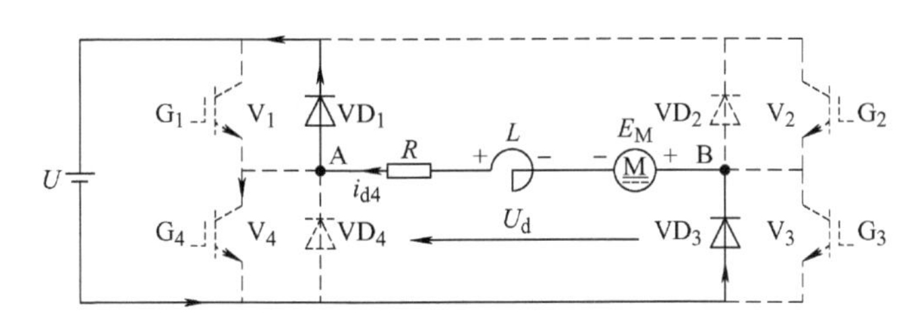

图 5-33　双极式斩波电路工作模式 4

模式 3 和 4 是电动机反转情况。如果 D 从 $1 \rightarrow -1$ 逐步变化，则电动机电流 i_d 从正逐步变到负，在这变化过程中电流始终是连续的，这是双极性斩波电路的特点。即使在 $D=0$ 时，$U_d=0$，电动机也不是完全静止不动，而是在正反电流作用下微振，电路以 4 种模式交替工作，如图 5-29c 所示。这种电动机的微振可以提高电动机的正反转响应速度，可以控制电动机的正反转，这也是比半桥式直流斩波电路优越的特点。

二、全桥单极式斩波供电直流电力拖动

单极式可逆斩波控制是在图 5-28 中使 V_1、V_4工作在互反的 PWM 状态，起调压作用，以 V_2、V_3控制电动机的转向，在正转时 V_3门极始终给正信号，始终导通，V_2门极给负信号，始终关断；反转时情况相反，V_2恒通，V_3恒关断，这就减小 V_2、V_3的开关损耗和直通可能。

单极式可逆斩波控制在正转、V_1导通时的工作状态与图 5-30 的模式 1 相同，在反转、V_4导通时的工作状态和图 5-33 的模式 3 相同。不同的是 V_1或 V_4关断时，电感 L 的续流回路与双极式斩波电路的模式 2 和模式 4 不同。

在正转、V_1关断时，因为 V_3恒通，电感 L 要经 $E_M \rightarrow V_3 \rightarrow VD_4$ 形成回路，如图 5-34 所示，电感的能量消耗在电阻上，$U_d=U_{AB}=0$。在 VD_4续流时，尽管 V_4有驱动信号，但是被导通的 VD_4短接，V_4不会导通。

但是，电感续流结束后（负载较小的情况），VD_4截止，V_4就要导通，电动机反电动势 E_M 将通过 V_4和 VD_3形成回路，如图 5-35 所示，电流反向，电动机处于能耗制动阶段，但仍有 $U_d=U_{AB}=0$。

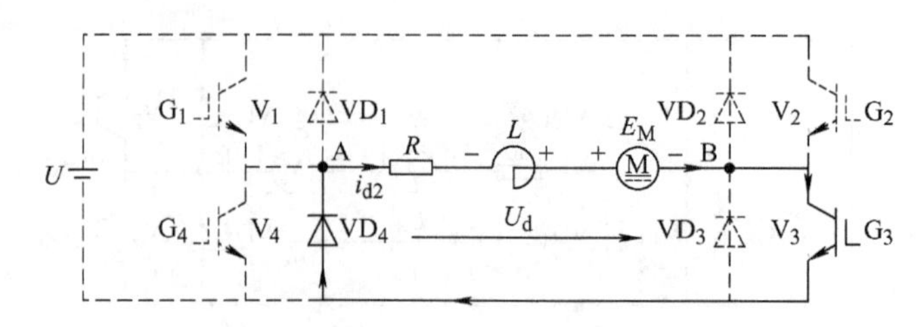

图 5-34　单极式可逆斩波控制正转时模式 1

在一个周期结束时，V_4关断，电感 L 将经 $VD_1 \rightarrow U \rightarrow VD_3$ 放电，如图 5-36 所示，电动机处于回馈制动状态，$U_d = U_{AB} = U$。

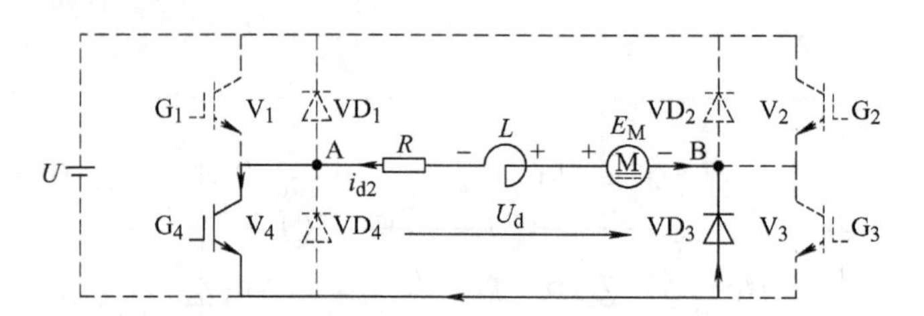

图 5-35　单极式可逆斩波控制正转时模式 2

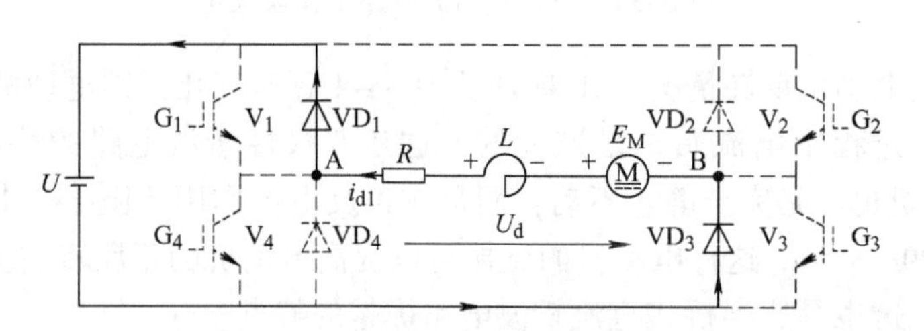

图 5-36　单极式可逆斩波控制正转时模式 3

不管何种情况，一个周期中负载电压 U_d 只有正半周，故称为单极式斩波控制。图 5-37 同时给出了负载较大和较小两种情况下的电流波形。

电动机反转时的情况与正转相似，图 5-32 的模式 3 也有类似的变化，读者可自行分析。因为单极式可逆斩波控制正转时 V_3恒通，反转时 V_2恒通，所以单极式可逆斩波控制的输出平均电压为

$$U_d = \frac{T_{ON}}{T_s}U = DU$$

式中，占空比 $D = \dfrac{T_{ON}}{T_s}$。

T_{ON}在正转时是 V_1的导通时间，在反转时是 V_4的导通时间；且在正转时 U_d 为“+”，反转时 U_d 为“-”。

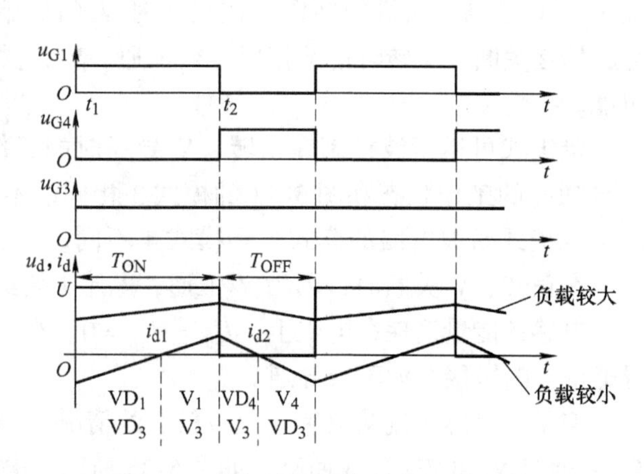

图 5-37　单极式斩波控制波形（正转）

项目小结

1. 电力晶体管（GTR）又称为双极型功率晶体管，具有自关断能力，属于电流型控制自关断器件。电力晶体管存在二次击穿损坏问题。

2. 功率场效应晶体管（功率 MOSFET）又称为电力场效应晶体管，仅由一种多数载流子参与导电，故也称为单极型电压控制器件。功率 MOSFET 具有自关断能力，不存在二次击穿问题，工作频率可以达到 1MHz。

3. 绝缘栅双极晶体管（IGBT）具有输入阻抗高、工作速度快、通态电压低、阻断电压高、承受电流大、驱动功率小且驱动电路简单的特性。

4. 降压斩波电路输出电压为 $U_o = DU$，由于 $D<1$，所以 $U_o<U$。

5. 升压斩波电路输出电压为 $U_o = \dfrac{U}{1-D}$，占空比 D 越接近于 1，U_o越高，因为在 VT 关断期间，电容 C 在电源 U 和电感反电动势的共同作用下充电，$u_C = u_o = U + \left| L\dfrac{di_L}{dt} \right|$，因此负载侧平均电压 U_o可以大于 U，电路起升压作用，并且 U_o的大小与电感值和 VT 导通时间以及电容和负载值都有关。

6. 升降压斩波电路输出直流电压为 $U_o = \dfrac{D}{1-D}U$，当 $0 \leqslant D \leqslant 0.5$ 时，$U_o<U$，在 $0.5<D<1$ 时，$U_o>U$，因此调节占空比 D，电路既可以降压也可以升压。

7. 库克斩波电路的特点是输入和输出端都串联了电感，减小了输入和输出电流的脉动，可以改善电路产生的电磁干扰问题。

8. 库克斩波电路与升降压斩波电路的降压和升压功能一样，但是库克斩波电路的电源和负载电流都是连续的，纹波很小，库克斩波电路只是对开关管和二极管的耐压和电流要求较高。

9. 双极式可逆斩波的控制方式是：V_1、V_3和 V_2、V_4成对作 PWM 控制，并且 V_1、V_3和 V_2、V_4的驱动脉冲工作在互补状态，即在 V_1、V_3导通时，V_2、V_4关断；在 V_2、V_4导通时，V_1、V_3关断，V_1、V_3和 V_2、V_4交替导通和关断。

10. 单极式可逆斩波控制是让 V_1、V_4工作在互反的 PWM 状态，起调压作用，以 V_2、V_3控制电动机的转向。在正转时 V_3门极给正信号，始终导通，V_2门极给负信号，始终关断；反转时情况相反，V_2恒通，V_3恒关断，这就减小了 V_2、V_3的开关损耗和直通可能。

项目测试

一、选择题

1. 功率场效应晶体管是（　　）控制型器件。

A. 电流　　B. 电压　　C. 电阻　　D. 不可控

2. 绝缘栅双极晶体管是（　　）控制型器件。

A. 电压　　B. 电流　　C. 电阻　　D. 不可控

3. 功率晶体管是（　　）控制型器件。

A. 单极性　　B. 双极性　　C. 电流型　　D. 不可控

4. 直流升压斩波电路中占空比 D 越接近于 1，(　　)。

A. U_o越高　　B. U_o越低　　C. 与 U_o值无关　　D. U_o值不变

5. 直流升压斩波电路 U_d的大小与 (　　) 值有关。

A. 频率 f　　B. 占空比 D　　C. 周期 T　　D. 初相位

6. 库克斩波电路当 (　　) 时，$U_o < U$，电路可以降压。

A. $0 \leqslant D \leqslant 0.5$　　B. $0.5 \leqslant D \leqslant 1$　　C. $1 \leqslant D$　　D. $1 \leqslant D \leqslant 2$

二、判断题

1. 工作温度升高，会导致 GTR 的寿命减短。(　　)
2. 实际使用电力晶体管时，必须要有电压电流缓冲保护措施。(　　)
3. 直流斩波电路中功率 MOSFET 工作在饱和区。(　　)
4. 功率 MOSFET 开关频率越高，所需要的驱动功率越大。(　　)
5. Buck-Boost 电路在 $0.5 \leqslant D < 1$ 时，$U_o > U$，电路可以升压。(　　)
6. 库克斩波电路的特点是输入和输出端都串联了电容，减小了输入和输出电流的脉动，可以改善电路产生的电磁干扰。(　　)

三、思考题

1. 电力晶体管和小信号晶体管有何区别？
2. 试说明 GTR、GTO 晶闸管、功率 MOSFET 和 IGBT 各自的优缺点。它们的应用场合有何不同？
3. 什么是直流斩波器？它有哪些应用？
4. 正激电路工作过程中为什么需要磁心复位？
5. 直流斩波器有哪几种控制方式？常采用的是哪种控制方式？
6. 试说明直流斩波器在电力传动中的应用。
7. 简述反激电路的工作原理。
8. 用全控型电力电子器件组成的斩波器比普通晶闸管组成的斩波器有哪些优点？

项目六　变频器

【项目描述】

变频器是一种静止的频率变换器，可将电网电源的 50Hz 频率交流电变成频率可调的交流电，作为电动机的电源装置，目前在国内外使用广泛。使用变频器可以节能、提高产品质量和劳动生产率等。图 6-1 为工业用西门子变频器。

图 6-1　SIEMENS MICROMASTER 420 通用变频器

【项目分析】

三相交流输入电压为 380V 的 420 通用变频器，首先通过不可控整流电路把交流电变为稳定的直流电，这在前面的整流电路中有介绍，直流电通过逆变电路变为可调的交流电输出，其中逆变主电路的组成及控制电路的组成与控制方式是怎样的、逆变电路如何工作等问题将在本项目中具体来学习。现在还有很多变频器在整流电路中用到 PWM 整流，因此，本项目也将简要介绍 PWM 整流电路。

任务一　通用变频器电路分析

一、学习目标

1）了解通用变频器的结构。
2）掌握变频器主电路的工作原理。

二、相关知识

1. 变频器的结构及原理

（1）变频器基本结构　通用变频器通常由主电路、控制电路和保护电路等组成。其基本结构如图 6-2 所示。

1）整流电路：对外部的工频交流电源进行整流，给逆变电路和控制电路提供所需的直流电。

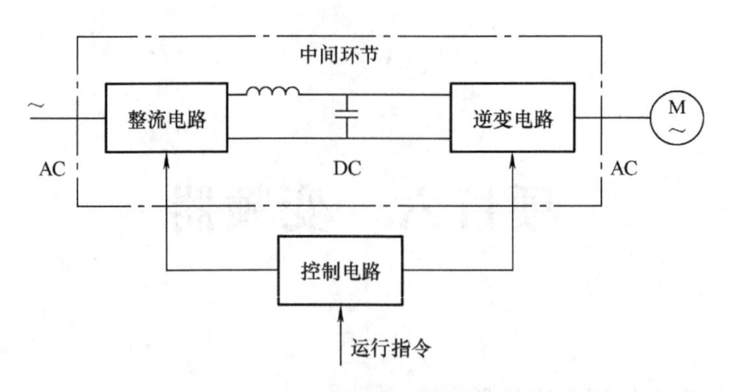

图 6-2 变频器基本结构

2）中间环节：对整流电路的输出进行平滑滤波，以保证逆变电路和控制电路能够获得质量较高的直流电。

3）逆变电路：将中间环节输出的直流电转换为频率和电压都任意可调的交流电。

4）控制电路：包括主控制电路、信号检测电路、基极驱动电路、外部接口电路以及保护电路。

（2）变频器主电路工作原理　目前已被广泛地应用在交流电动机变频调速中的变频器是交-直-交变频器，它是先将恒压恒频（CVCF：Constant Voltage Constant Frequency）的交流电通过整流器变成直流电，再经过逆变器将直流电变换成可控交流电的间接型变频电路。

在交流电动机的变频调速控制中，为了保持额定磁通基本不变，在调节定子频率的同时必须同时改变定子的电压。因此，必须配备变压变频（VVVF：Variable Voltage Variable Frequency）装置。它的核心部分就是变频电路，其结构框图如图 6-3 所示。

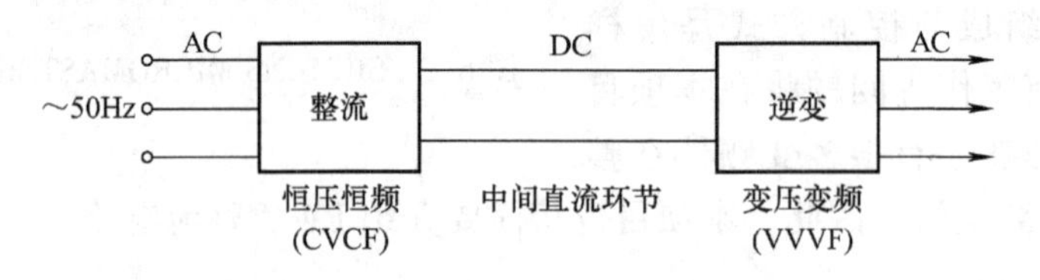

图 6-3 VVVF 变频器主电路结构框图

按照不同的控制方式，交-直-交变频器可分成以下三种方式：

1）采用可控整流器调压、逆变器调频的控制方式，其结构框图如图 6-4 所示。在这种装置中，调压和调频在两个环节分别进行，在控制电路上协调配合，结构简单，控制方便。但是，由于输入环节采用晶闸管可控整流器，当电压调得较低时，电网端功率因数较低。而

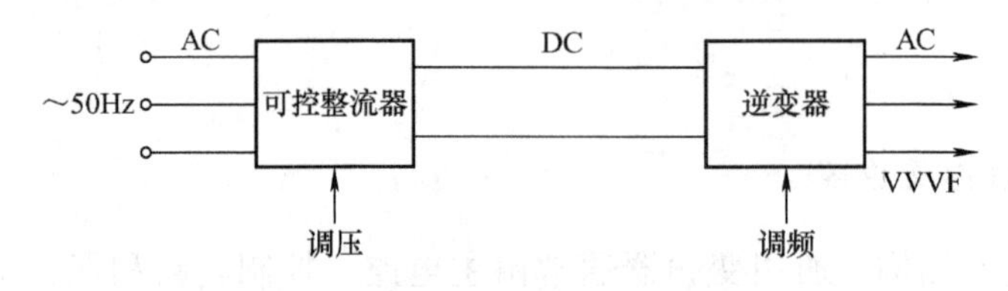

图 6-4 可控整流器调压、逆变器调频结构框图

输出环节多采用由晶闸管组成的多拍逆变器，每周换相六次，输出的谐波较大，因此这类控制方式现在用得较少。

2）采用不控整流器整流、斩波器调压、再用逆变器调频的控制方式，其结构框图如图6-5所示。整流环节采用二极管不控整流器，只整流不调压，再单独设置斩波器，用脉宽调压，这种方法克服了功率因数较低的缺点；但输出逆变环节未变，仍有谐波较大的缺点。

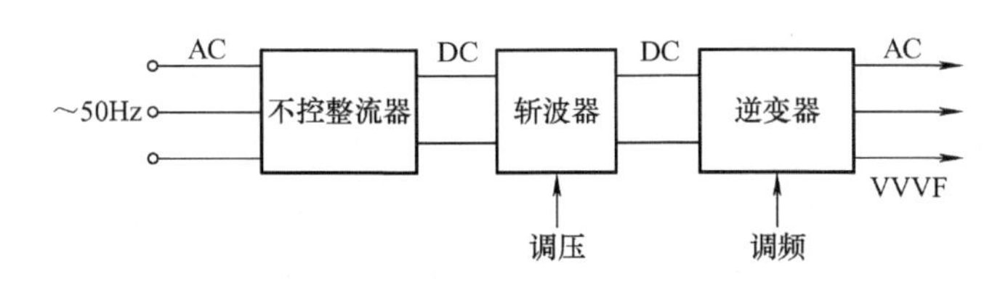

图6-5　不控整流器整流、斩波器调压、再用逆变器调频结构框图

3）采用不控制整流器整流、脉宽调制（PWM）逆变器同时调压调频的控制方式，其结构框图如图6-6所示。在这类装置中，用不控整流，则输入功率因数不变；用PWM逆变，则输出谐波可以减小。这样图6-4装置的两个缺点都消除了。PWM逆变器需要全控型电力半导体器件，其输出谐波减少的程度取决于PWM的开关频率，而开关频率则受器件开关时间的限制。采用绝缘双极晶体管（IGBT）时，开关频率可达10kHz以上，输出波形已经非常逼近正弦波，因而又称为SPWM逆变器，成为当前最有发展前途的一种装置形式。

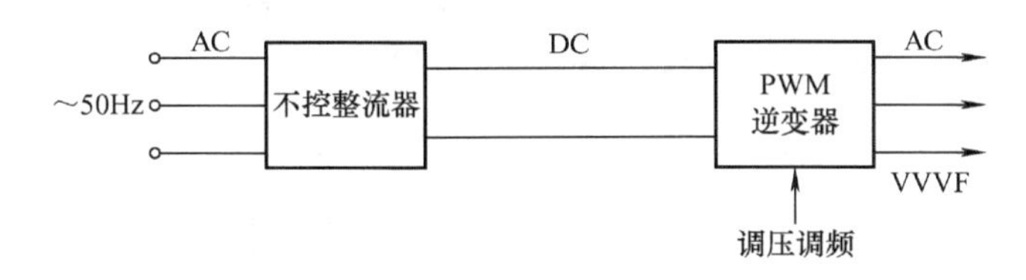

图6-6　不控制整流器整流、脉宽调制（PWM）逆变器同时调压调频结构框图

在交-直-交变频器中，当中间直流环节采用大电容滤波时，直流电压波形比较平直，在理想情况下是一个内阻抗为零的恒压源，输出交流电压是矩形波或阶梯波，这类变频器叫作电压型变频器，如图6-7a所示；当交-直-交变频器的中间直流环节采用大电感滤波时，直流电流波形比较平直，因而电源内阻抗很大，对负载来说基本上是一个电流源，输出交流电流是矩形波或阶梯波，这类变频器叫作电流型变频器，如图6-7b所示。

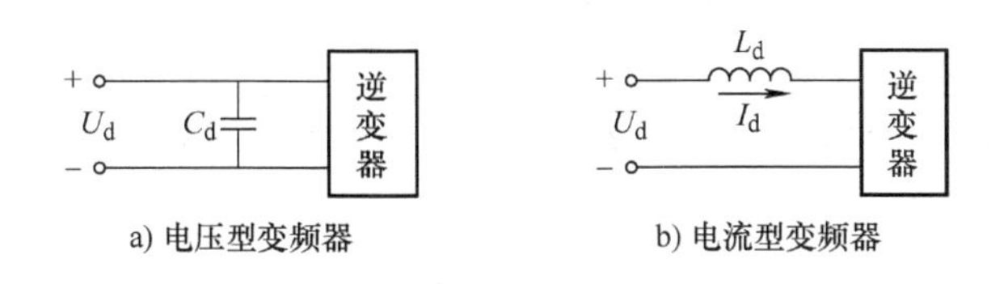

图6-7　变频器结构框图

2. 几种典型的交-直-交变频器的主电路

（1）交-直-交电压型变频电路　图6-8是一种常用的交-直-交电压型PWM变频电路。

它采用二极管构成整流器，完成交流到直流的变换，其输出直流电压 U_d 是不可控的；中间直流环节用大电容 C_d 滤波；电力晶体管 $V_1 \sim V_6$ 构成 PWM 逆变器，完成直流到交流的变换，并能实现输出频率和电压的同时调节；$VD_1 \sim VD_6$ 是电压型逆变器所需的续流二极管。

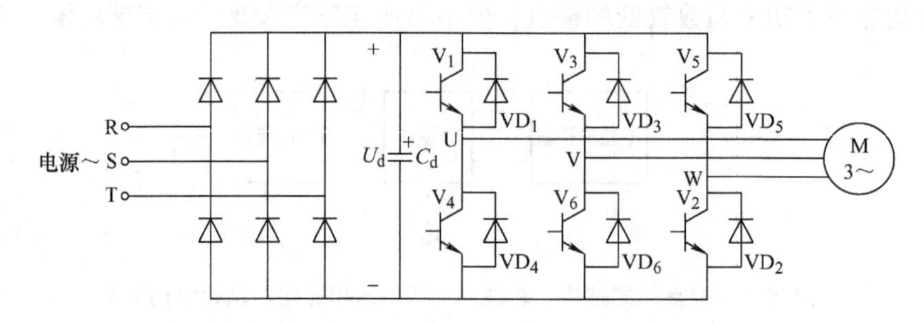

图 6-8　交-直-交电压型 PWM 变频电路

从图中可以看出，出于整流电路输出的电压和电流极性都不能改变，因此该电路只能从交流电源向中间直流电路传输功率，进而再向交流电动机传输功率，而不能从直流中间电路向交流电源反馈能量。当负载电动机由电动状态转入制动运行时，电动机变为发电状态，其能量通过逆变电路中的续流二极管流入直流中间电路，使直流电压升高而产生过电压，这种过电压称为泵升电压。为了限制泵升电压，可给直流侧电容并联一个由电力晶体管 V_0 和能耗电阻 R 组成的泵升电压限制电路，如图 6-9 所示。当泵升电压超过一定数值时，使 V_0 导通，能量消耗在 R 上。这种电路可运用于对制动时间有一定要求的调速系统中。

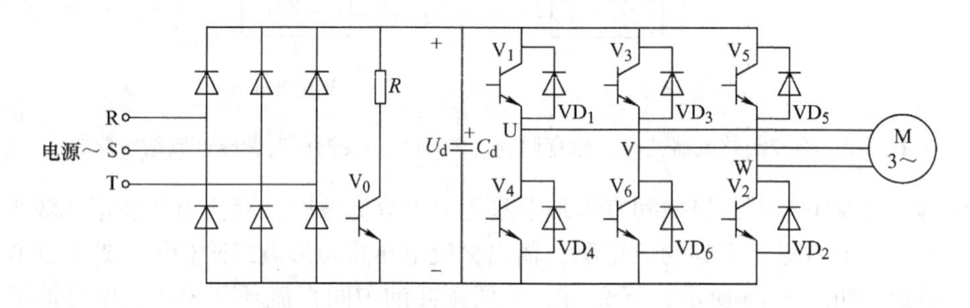

图 6-9　带有泵升电压限制电路的变频电路

（2）交-直-交电流型变频电路　图 6-10 给出了一种常用的交-直-交电流型变频电路。其中，整流器采用晶闸管构成的可控整流电路，完成交流到直流的变换，输出可控的直流电压，实现调压功能；中间直流环节用大电感 L_d 滤波；逆变器采用晶闸管串联二极管构成的电流型逆变电路，完成直流到交流的变换，并实现输出频率的调节。

图 6-11 给出了一种交-直-交电流型 PWM 变频电路，负载为三相异步电动机。逆变器为采用 GTO 晶闸管作为功率开关器件的电流型 PWM 逆变电路，图中的 GTO 晶闸管用的是反向导电型器件，因此，给每个 GTO 晶闸管串联了二极管以承受反向电压。整流电路采用晶闸管而不是二极管，这样在负载电动机需要制动时，可以使整流部分工作在有源逆变状态，把电动机的机械能反馈给交流电网，从而实现快速制动。

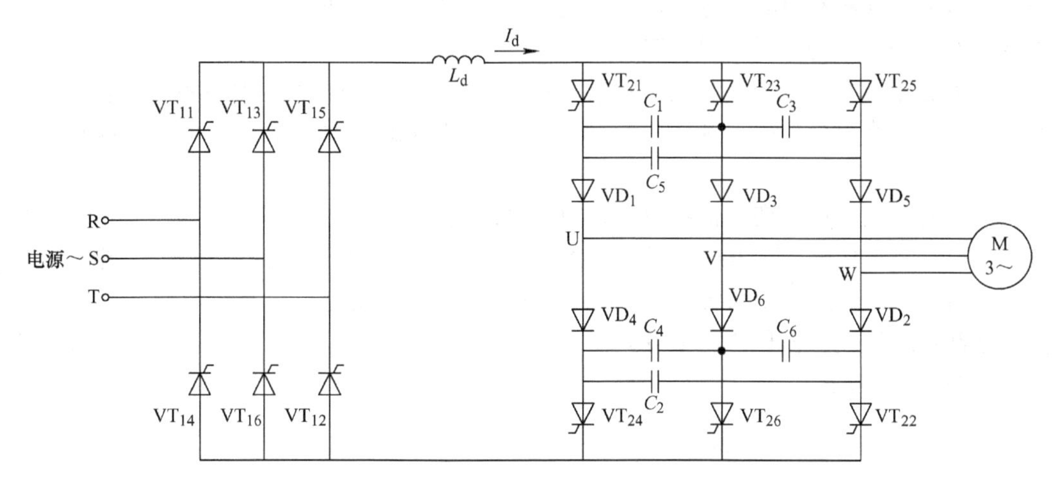

图 6-10　交-直-交电流型变频电路

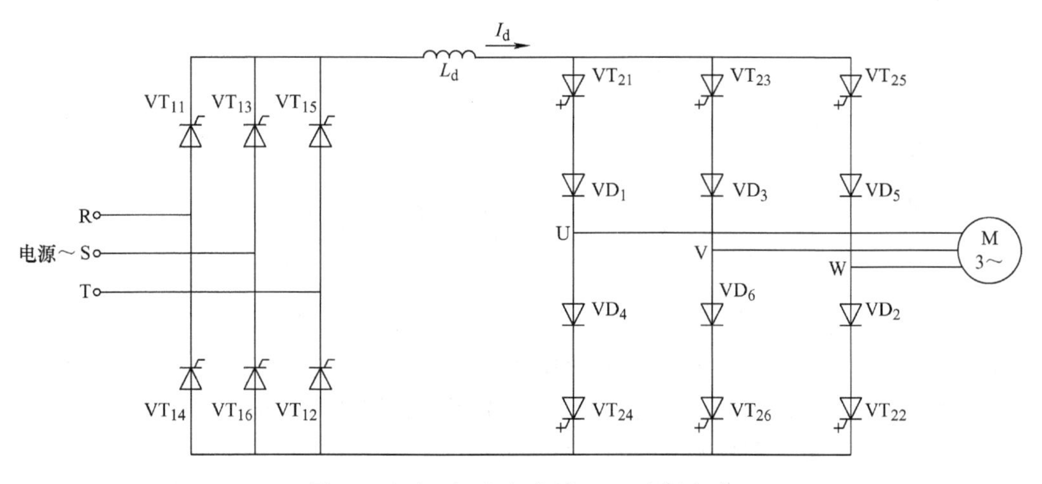

图 6-11　交-直-交电流型 PWM 变频电路

任务二　风电变流器分析

一、学习目标

1）了解风电变流器类型及功率差异需求。

2）掌握直驱与双馈风力发电主电路结构电路及原理。

二、相关知识

1. 风电变流器类型

在风力发电系统中，为了使风能利用率达到最大，风电机组一般采用的是变速恒频技术，即发电机随着不同风速的大小实现转速的改变，同时发电机输出的电压能够保持与电网电压恒频恒幅，这些都得益于变流器的作用。在目前国内外风电系统中，风电机组常采用的两种变流器为全功率变流器和双馈变流器。

全功率变流器主要用于直驱同步发电机系统，发电机所有的发电功率都由变流器馈送到电网，所以一般称为全功率变流器。全功率变流器的额定功率一般稍微大于发电机的额定功率。

双馈变流器主要用于变速恒频双馈风力发电系统中，变流器的一侧连接双馈异步发电机的转子，另一侧连接电网。发电机的转速控制通过变流器的电流控制来实现，发电机转子电流由变流器供给，通过改变转子电流的转差频率，来实现发电机定子输出电压与大电网同步。变流器相应地被习惯称作双馈变流器，双馈变流器额定功率一般只需为双馈异步发电机额定功率的1/3～1/2。

2. 全功率变流器工作原理

全功率变流器所采用的拓扑结构为三相电压型双PWM变流器的结构，图6-12为全功率双PWM变流器的总体拓扑图。

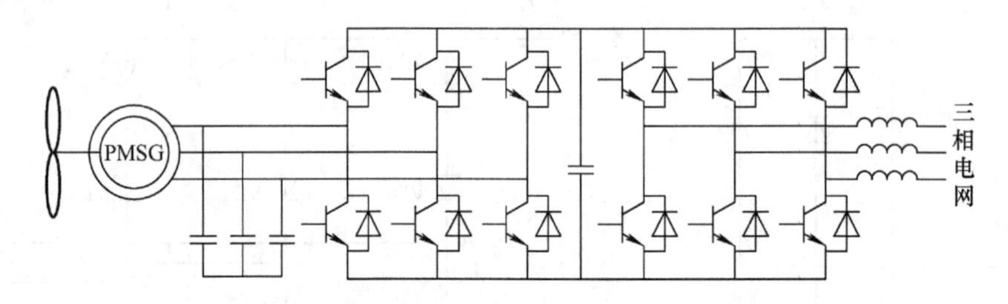

图6-12　全功率双PWM变流器总体拓扑图

机侧的三相电压型变流器的工作原理是将发电机输出的幅值、频率变化的三相交流电进行整流，然后对发电机的定子电流的d轴、q轴分量进行调节，来实现对永磁同步发电机输出的电磁转矩和定子侧无功功率的控制，在一般情况下为了使风电机组达到在额定风速下捕获最大风能的能力，我们会把无功功率给定为零。对于网侧的PWM变流器来说，它的工作原理主要是完成对直流电的逆变作用，并输出频率、幅值恒定达到电网要求的三相交流电。网侧变流器主要调节交流侧电流的d轴、q轴分量，控制好直流母线电压的稳定，达到电网侧有功功率与无功功率的解耦目的，并且系统运行在单位功率因数的条件下时，使输入电网侧的无功功率保持为零，同时为了保证馈入电网的电能质量达到国家标准，网侧变流器必须使输出电能的总谐波畸变率（THD）满足要求。

3. 双馈变流器工作原理

变流器主回路系统如图6-13所示。

变流器通过对双馈异步风力发电机的转子进行励磁，使得双馈异步风力发电机的定子侧输出电压的幅值、频率和相位与电网相同，并且可根据需要进行有功和无功的独立解耦控制。变流器控制双馈异步风力发电机实现软并网，减小并网冲击电流对发电机和电网造成的不利影响。

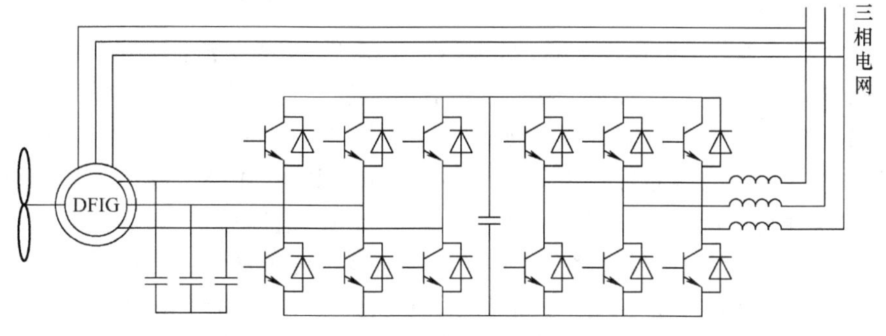

图 6-13　双馈风力发电机的主回路结构

任务三　PWM 型整流电路分析

一、学习目标

1）了解 PWM 型整流电路的优势及应用领域。

2）熟悉单相、三相电压型 PWM 整流器（VSR）的拓扑结构。

二、相关知识

目前变流装置中的很大一部分都需要整流环节，从而获得直流电压，因为常规的整流环节多采用二极管不控整流电路或晶闸管可控整流电路，所以对电网注入了大量的谐波和无功，造成了严重的电网“污染”。要想治理这种“污染”，最根本的措施就是使变流装置的网侧电流实现正弦化，并运行于单位功率因数。大量学者为此展开了大量研究工作。其核心思想就是，在整流器的控制中引入 PWM 技术，使整流器网侧电流正弦化，并可运行于单位功率因数。本任务对 PWM 型整流电路的分类、电路的基本类型与结构进行介绍，对其中开关管的工作原理，读者可查阅 PWM 型整流电路的专业书籍。

根据能量是否可以双向流动，有可逆 PWM 整流器和不可逆 PWM 整流器两种不同拓扑结构的 PWM 整流器。

因为 PWM 整流器实现了电流正弦化，并运行于单位功率因数，且能量可双向传输，所以真正实现了“绿色电能变换”。PWM 整流器网侧呈现出受控电流源特性，这一特性使 PWM 整流器及其控制技术得到了进一步的发展和拓宽，并且取得了更为广泛和更为重要的应用，如有源电力滤波（APF）、超导储能（SMES）、电气传动（ED）、静止无功补偿（SVG）、统一潮流控制（UPFC）、高压直流输电（HVDC）、新型 UPS 以及太阳能、风能等可再生能源的并网发电等。

随着电力电子技术的发展、研究与应用，PWM 整流技术得到广泛的发展和推广，至今已设计出多种 PWM 整流器。PWM 整流器的分类如图 6-14 所示。

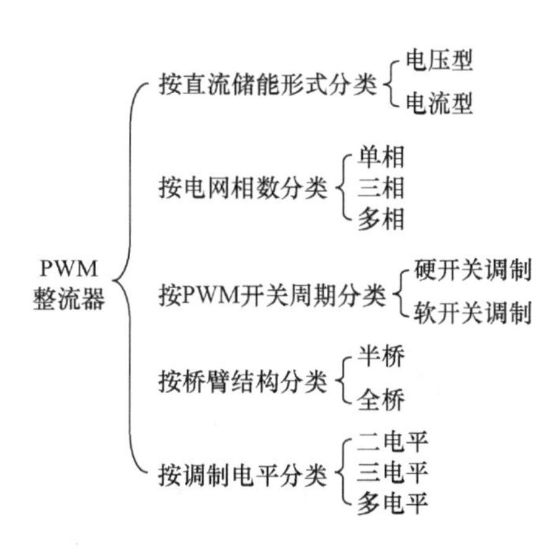

图 6-14　PWM 整流器分类

由图 6-14 可知 PWM 整流器具有多种多样的分类，实际使用中通过主电路结构和控制技术把 PWM 整流器基本分为电压型 PWM 整流器与电流型 PWM 整流器两种类型。不管是电压型整流器还是电流型整流器，其主电路结构都具有对偶性，主要区别在于电压型 PWM 整流器的结构简单、损耗较低、控制方便，所以一直是人们重点研究的对象，并且电压型 PWM 整流器的开关管是场效应晶体管（电压控制）；而电流型 PWM 整流器由于需要较大的直流储能电感，以及存在交流侧滤波问题，并且电流型 PWM 整流器的开关管是双极型大功率晶体管（电流控制），所以它的发展受到了制约。随着技术的革新，超导技术的发展使得电流型 PWM 整流器有了更大的优势，因为超导线圈可以直接作为直流储能电感，克服了电流型 PWM 整流器原有的不足。电压型 PWM 整流器的主要特征是直流侧采用电容进行直流储能，使电压型 PWM 整流器直流侧呈现出低阻抗的电压源特征；电流型 PWM 整流器的主要特征是直流侧采用电感进行直流储能，从而使电流型 PWM 整流器直流侧呈现高阻抗的电流源特征。

下面介绍几种常见的 VSR 电路拓扑结构。

（1）单相 VSR 拓扑结构　图 6-15a 为单相半桥型 VSR 主电路，图 6-15b 为单相全桥型 VSR 主电路。由图 6-15 可知，两种 VSR 交流侧具有相同的电路结构。在图 6-15a 中，单相半桥型 VSR 主电路只有其中一个桥臂有功率开关管，而另一桥臂则是由两个电容相互串联而成的；在图 6-15b 中，单相全桥型 VSR 主电路中含有 4 个功率开关管，构成 H 桥结构。由图 6-15 可知，相对单相半桥型 VSR 而言，单相全桥型 VSR 的主电路拓扑结构较为复杂，且功率开关管数是单相半桥型 VSR 的两倍，故其造价成本相对高。通过不断深入探索可以得出，如若两种单相 VSR 在网侧电路参数具有一样的网侧电流控制特性，则单相半桥型 VSR 直流电压是单相全桥型 VSR 直流电压的两倍，此时需提高单相全桥型 VSR 的耐压值。如果对电容进行均压控制，可以使单相半桥型 VSR 中的电容中点电位不发生变化。

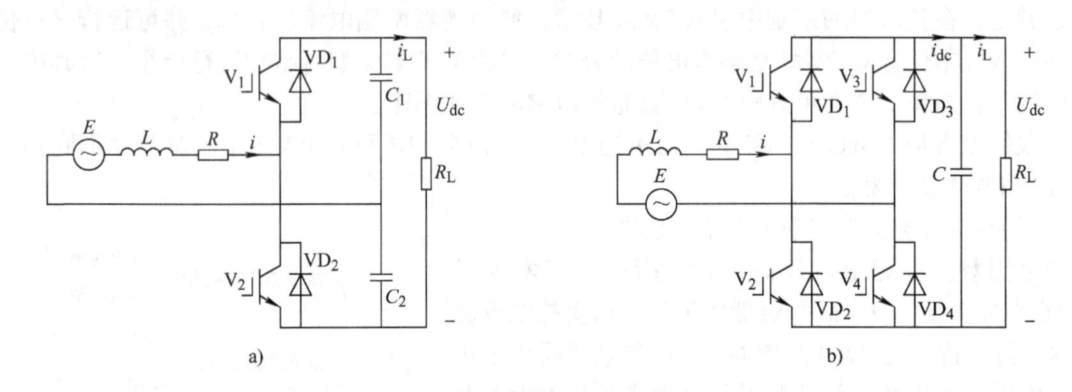

图 6-15　单相 VSR 电路结构

（2）三相 VSR 拓扑结构　图 6-16 和图 6-17 分别给出了三相半桥型 VSR 和三相全桥型 VSR 主电路拓扑结构。三相半桥型 VSR 网侧采用的是三相对称无中性线连接方式，并且通过 6 只功率开关管连接成桥臂，其结构上与三相逆变器有些相似。三相半桥型 VSR 是三相 VSR 相关研究设计中的代表作品，所以其应用相对较多。三相半桥型 VSR 适用于三相电网平衡系统，当三相电网不平衡的时候其控制性能将恶化，严重时甚至可能发生故障。为了弥补三相半桥型 VSR 的缺点，我们可以采用三相全桥设计方法，如图 6-17 所示。当电网不平衡时，三相全桥型 VSR 控制性能并不会受到严重影响，但因为三相全桥所需功率开关管是三相半桥的一倍，所以三相全桥电路的应用较少。

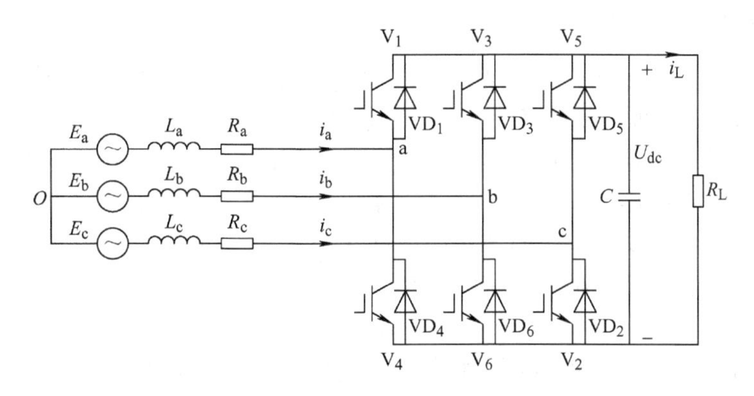

图 6-16　三相半桥型 VSR 主电路结构

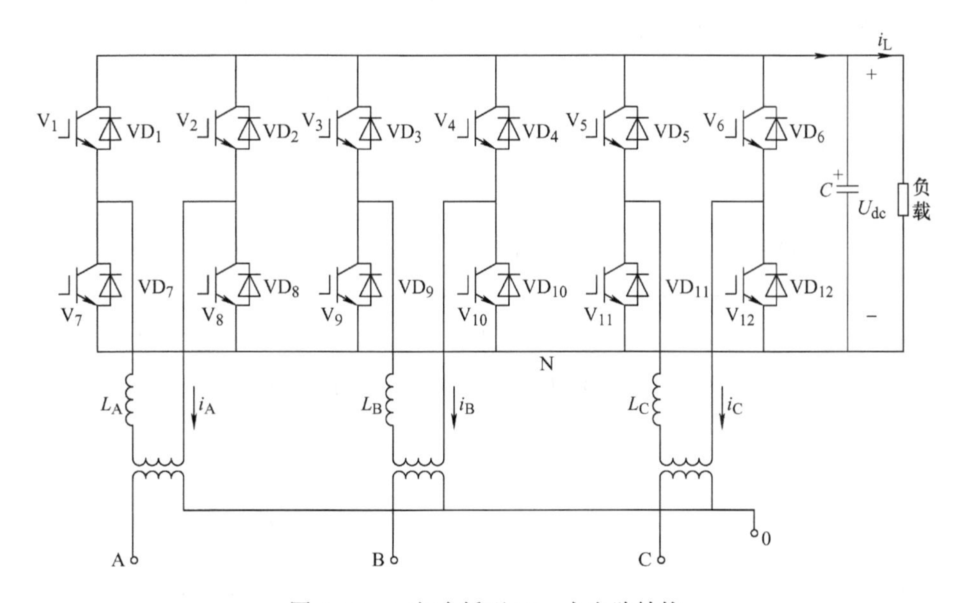

图 6-17　三相全桥型 VSR 主电路结构

任务四　PWM 型逆变电路分析

一、学习目标

1）了解 PWM 控制的基本原理。

2）熟悉 PWM 变频电路的拓扑结构及工作原理。

3）熟悉 PWM 变频电路的调制控制方式。

4）掌握 SPWM 波形的生成方法。

二、相关知识

1. PWM控制的基本原理

在采样控制理论中有一个重要结论：冲量（脉冲的面积）相等而形状不同的窄脉冲（如图6-18所示），分别加在具有惯性环节的输入端，其输出响应波形基本相同，也就是说尽管脉冲形状不同，但只要脉冲面积相等，其作用的效果基本相同。这就是PWM控制的重要理论依据。如图6-19b所示，一个正弦半波完全可以用等幅不等宽的脉冲列来等效，但必须做到正弦半波所等分的6块阴影面积与相对应的6个脉冲列的阴影面积相等，其作用的效果就基本相同，对于正弦波的负半周，用同样方法可得到PWM波形来取代正弦负半波。

在PWM波形中，各脉冲的幅值是相等的，若要改变输出电压等效正弦波的幅值，只要按同一比例改变脉冲列中各脉冲的宽度即可。直流电源 U_d 采用不可控整流电路获得，不但使电路输入功率因数接近于1，而且整个装置控制简单，可靠性高。下面主要分析单相和三相桥式PWM变频电路的工作原理。

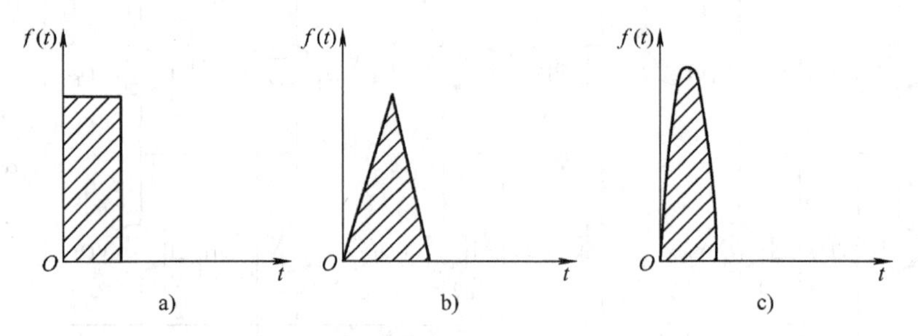

图6-18　冲量相等而形状不同的各种窄脉冲

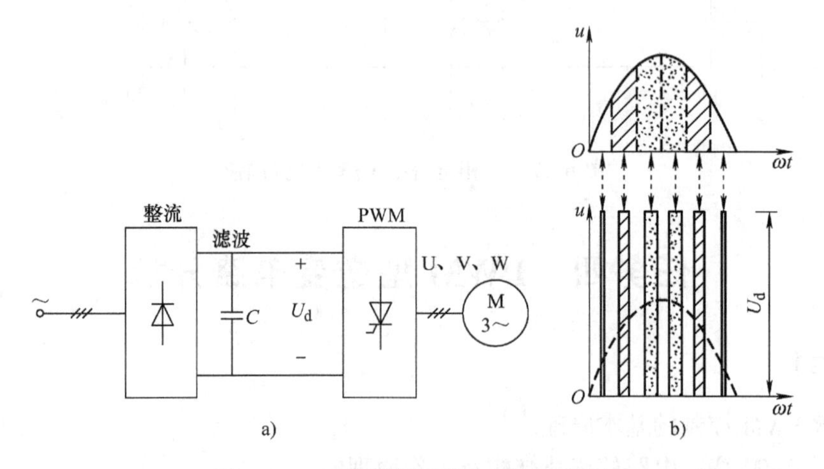

图6-19　PWM控制的基本原理示意图

（1）单相桥式PWM变频电路的工作原理　电路如图6-20所示，采用GTR作为逆变电路的自关断开关器件。负载为电感性负载，控制方法可以有单极性与双极性两种。

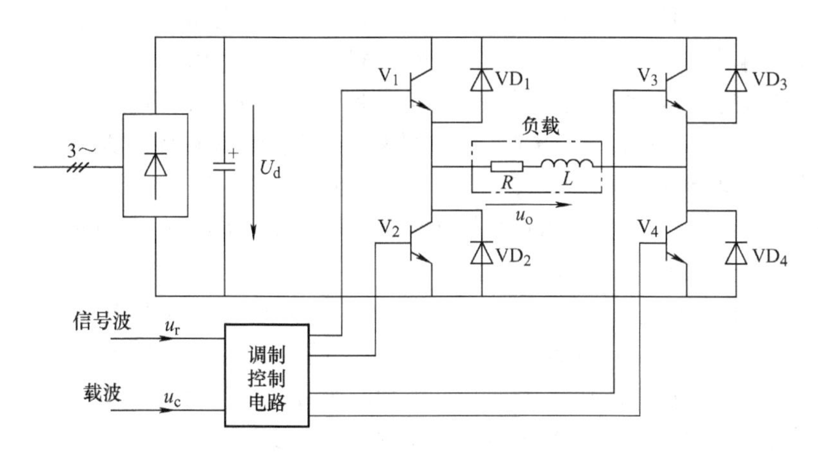

图 6-20 单相桥式 PWM 变频电路

1）单极性 PWM 控制方式工作原理。按照 PWM 控制的基本原理，如果给定了正弦波频率、幅值和半个周期内的脉冲个数，PWM 波形各脉冲的宽度和间隔就可以准确地计算出来。依据计算结果来控制逆变电路中各开关器件的通断，就可以得到所需要的 PWM 波形，但是这种计算很繁琐，较为实用的方法是采用调制控制，如图 6-21 所示，把所希望输出的正弦波作为调制信号 u_r，把接受调制的等腰三角形波作为载波信号 u_c。对逆变桥 V_1 ~ V_4的控制方法是：

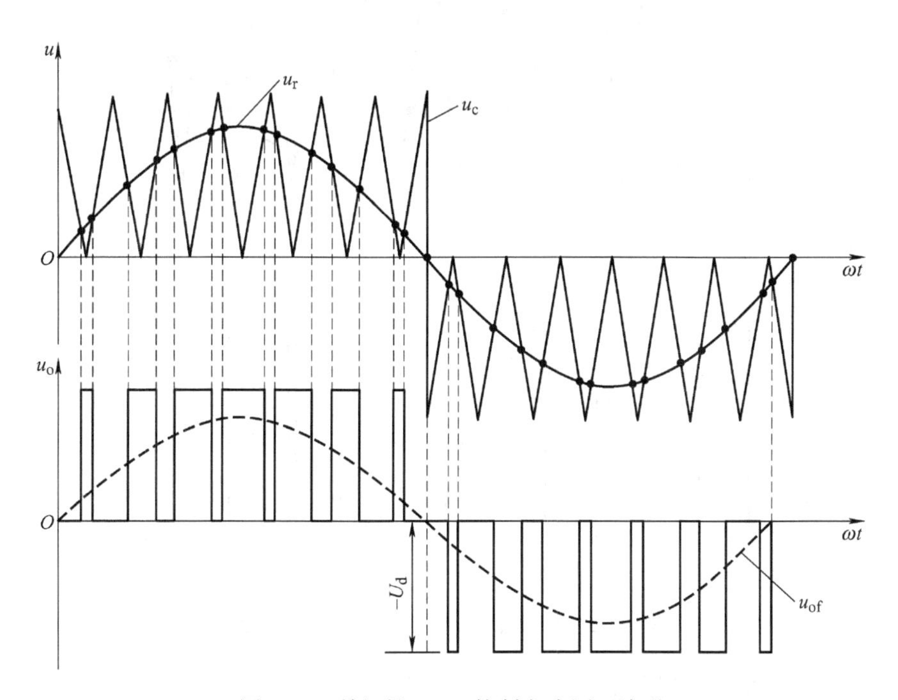

图 6-21 单极性 PWM 控制方式原理波形

① 当 u_r正半周时，让 V_1一直保持通态，V_2保持断态。在 u_r与 u_c正极性三角波交点处控制 V_4的通断，在 $u_r > u_c$各区间，控制 V_4为通态，输出负载电压 $u_o = U_d$；在 $u_r < u_c$各区间，控制 V_4为断态，输出负载电压 $u_o = 0$，此时负载电流可以经过 VD_3与 V_1续流。

② 当 u_r负半周时，让 V_2一直保持通态，V_1保持断态。在 u_r与 u_c负极性三角波交点处控

制 V_3的通断。在 $u_r<u_c$各区间，控制 V_3为通态，输出负载电压 $u_o=-U_d$；在 $u_r>u_c$各区间，控制 V_3为断态，输出负载电压 $u_o=0$，此时负载电流可以经过 VD_4与 V_2续流。

逆变电路输出的 u_o为 PWM 波形，如图 6-21 所示，u_{of}为 u_o的基波分量。由于在这种控制方式中的 PWM 波形只能在一个方向变化，故称为单极性 PWM 控制方式。

2）双极性 PWM 控制方式工作原理。电路仍然如图 6-20 所示，调制信号 u_r仍然是正弦波，而载波信号 u_c改为正负两个方向变化的等腰三角形波，如图 6-22 所示。

对逆变桥 $V_1\sim V_4$的控制方法是：

① 在 u_r正半周，当 $u_r>u_c$的各区间，给 V_1和 V_4导通信号，而给 V_2和 V_3关断信号，输出负载电压 $u_o=U_d$；在 $u_r<u_c$的各区间，给 V_2和 V_3导通信号，而给 V_1和 V_4关断信号，输出负载电压 $u_o=-U_d$。这样逆变电路输出的 u_o为两个方向变化等幅不等宽的脉冲列。

② 在 u_r负半周，当 $u_r<u_c$的各区间，给 V_2和 V_3导通信号，而给 V_1和 V_4关断信号，输出负载电压 $u_o=-U_d$；当 $u_r>u_c$的各区间，给 V_1和 V_4导通信号，而给 V_2与 V_3关断信号，输出负载电压 $u_o=U_d$。

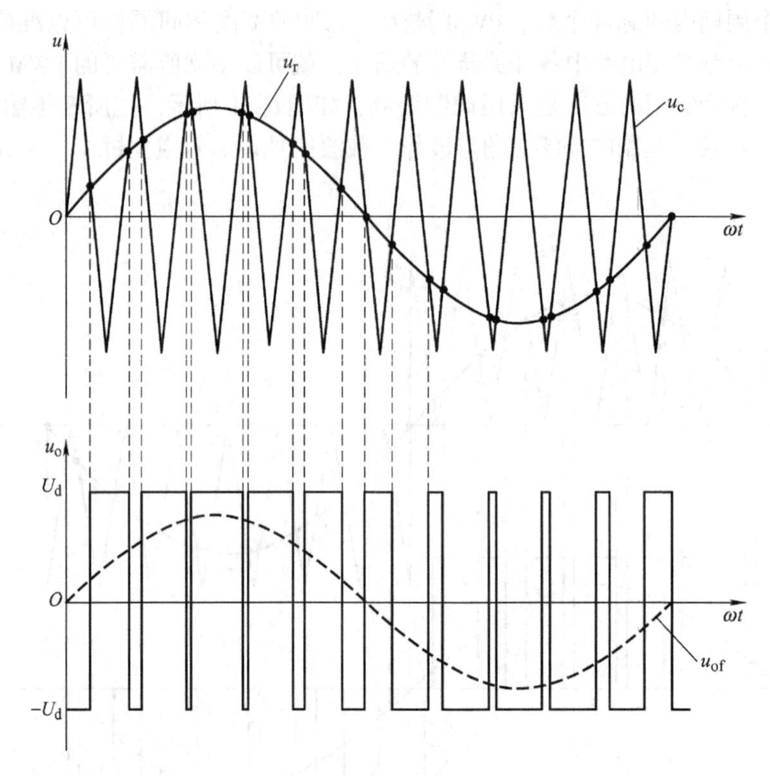

图 6-22　双极性 PWM 控制方式原理波形

双极性 PWM 控制的输出电压 u_o波形如图 6-22 所示，它为两个方向变化等幅不等宽的脉冲列。这种控制方式的特点是：同一平桥上下两个桥臂晶体管的驱动信号极性恰好相反，处于互补工作方式；电感性负载时，若 V_1和 V_4处于通态，给 V_1和 V_4以关断信号，则 V_1和 V_4立即关断，而给 V_2和 V_3以导通信号，由于电感性负载电流不能突变，电流减小，感性的电动势使 V_2和 V_3不可能立即导通，而是二极管 VD_2和 VD_3导通续流，如果续流能维持到下一次 V_1与 V_4重新导通，负载电流方向始终没有变，则 V_2和 V_3始终未导通。只有在负载电流较小无法连续续流的情况下，在负载电流下降至零，VD_2和VD_3续流完毕后，V_2和V_3才导通，负载电流才反向流过负载。但是不论是VD_2、VD_3导通还是V_2、V_3导通，u_o均为$-U_d$。从V_2、V_3导通向V_1、V_4切换情况也类似。

（2）三相桥式PWM变频电路的工作原理　电路如图6-23所示，本电路采用GTR作为电压型三相桥式逆变电路的自关断开关器件，负载为电感性。从电路结构上看，三相桥式PWM变频电路只能选用双极性控制方式，其工作原理如下：

三相调制信号u_{rU}、u_{rV}和u_{rW}为相位依次相差120°的正弦波，而三相载波信号是共用一个正负方向变化的三角形波u_c，如图6-24所示。U、V和W相自关断开关器件的控制方法相同，现以U相为例：在$u_{rU}>u_c$的各区间，给上桥臂电力晶体管V_1以导通驱动信号，而给下桥臂V_4以关断信号，于是U相输出电压相对直流电源U_d中性点N′的电压为$u_{UN'}=U_d/2$；在$u_{rU}<u_c$的各区间，给V_1以关断信号，V_4为导通信号，输出电压$u_{UN'}=-U_d/2$。

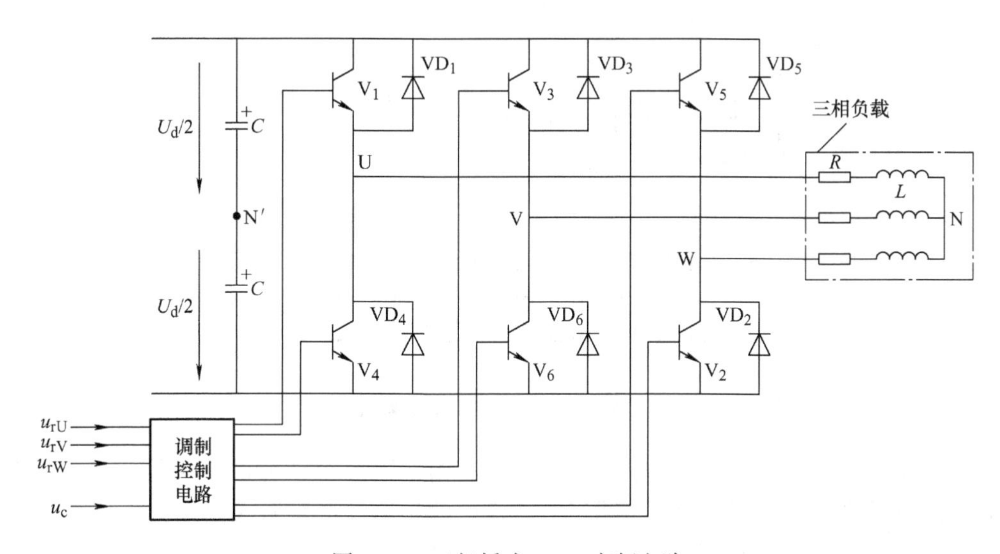

图6-23　三相桥式PWM变频电路

图6-23电路中，$VD_1\sim VD_6$二极管的作用是为电感性负载换相过程提供续流回路。其他两相的控制原理与U相相同。三相桥式PWM变频电路输出的三相PWM波形分别为$u_{UN'}$、$u_{VN'}$和$u_{WN'}$，如图6-24所示。U、V和W三相之间的线电压的PWM波形以及输出三相相对于负载中性点N的相电压PWM波形，读者可按下列计算式求得。线电压为

$$\begin{cases}u_{UV}=u_{UN'}-u_{VN'}\\u_{VW}=u_{VN'}-u_{WN'}\\u_{WU}=u_{WN'}-u_{UN'}\end{cases}$$

相电压为

$$\begin{cases}u_{UN}=u_{UN'}-\dfrac{1}{3}(u_{UN'}+u_{VN'}+u_{WN'})\\u_{VN}=u_{VN'}-\dfrac{1}{3}(u_{UN'}+u_{VN'}+u_{WN'})\\u_{WN}=u_{WN'}-\dfrac{1}{3}(u_{UN'}+u_{VN'}+u_{WN'})\end{cases}$$

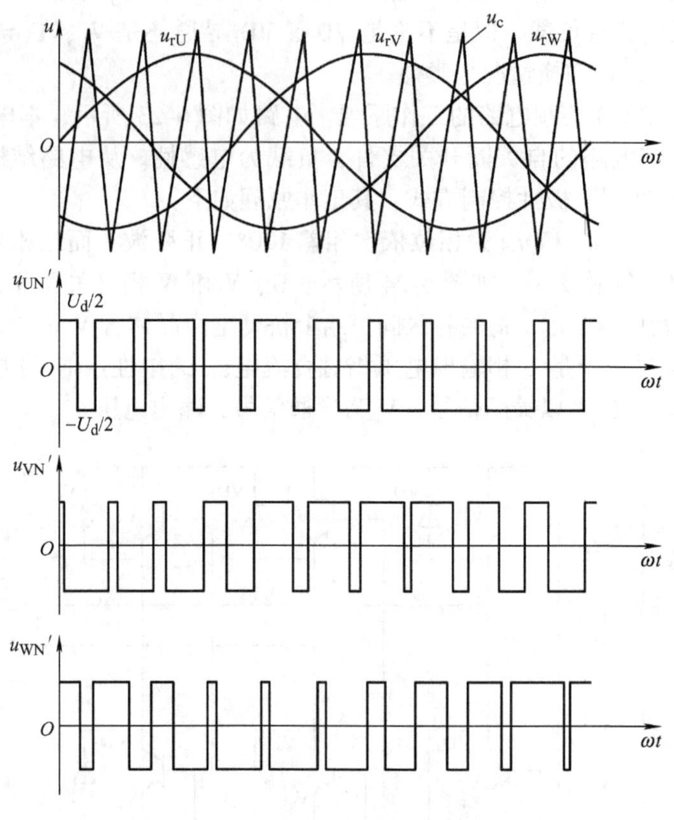

图 6-24　三相桥式 PWM 变频波形

在双极性 PWM 控制方式中，理论上要求同一相上下两个桥臂的开关管驱动信号相反，但实际上，为了防止上下两个桥臂直通造成直流电源短路，通常要求先施加关断信号，经过 Δt 的延时才给另一个施加导通信号。延时时间的长短主要由自关断功率开关器件的关断时间决定。这个延时将会给输出 PWM 波形带来偏离正弦波的不利影响，所以在保证安全可靠换相的前提下，延时时间应尽可能取小。

2. PWM 变频电路的调制控制方式

在 PWM 变频电路中，载波频率 f_c 与调制信号频率 f_r 之比称为载波比，即 $N=f_c/f_r$。根据载波和调制信号是否同步，PWM 逆变电路有异步调制和同步调制两种控制方式，现分别介绍如下。

（1）异步调制控制方式　当载波比 N 不是 3 的整数倍时，载波与调制信号就存在不同步的调制，即异步调制三相 PWM，如 $f_c=10f_r$，载波比 $N=10$，不是 3 的整数倍。在异步调制控制方式中，通常 f_c 固定不变，逆变输出电压频率的调节是通过改变 f_r 的大小来实现的，所以载波比 N 也跟随变化，就难以同步。

异步调制控制方式的特点是：

1）控制相对简单。

2）在调制信号的半个周期内，输出脉冲的个数不固定，脉冲相位也不固定，正负半周的脉冲不对称，而且半周期内前后 1/4 周期的脉冲也不对称，输出波形就偏离了正弦波。

3）载波比 N 越大，半周期内调制的 PWM 波形脉冲数就越多，正负半周不对称和半周内前后 1/4 周期脉冲不对称的影响就越大，所以在采用异步调制控制方式时，要尽量提高载波频率 f_c，使不对称的影响尽量减小，输出波形接近正弦波。

（2）同步调制控制方式　在三相逆变电路中当载波比 N 为 3 的整数倍时，载波与调制信号能同步调制。图 6-25 所示为 $N=9$ 时的同步调制控制的三相 PWM 变频波形。

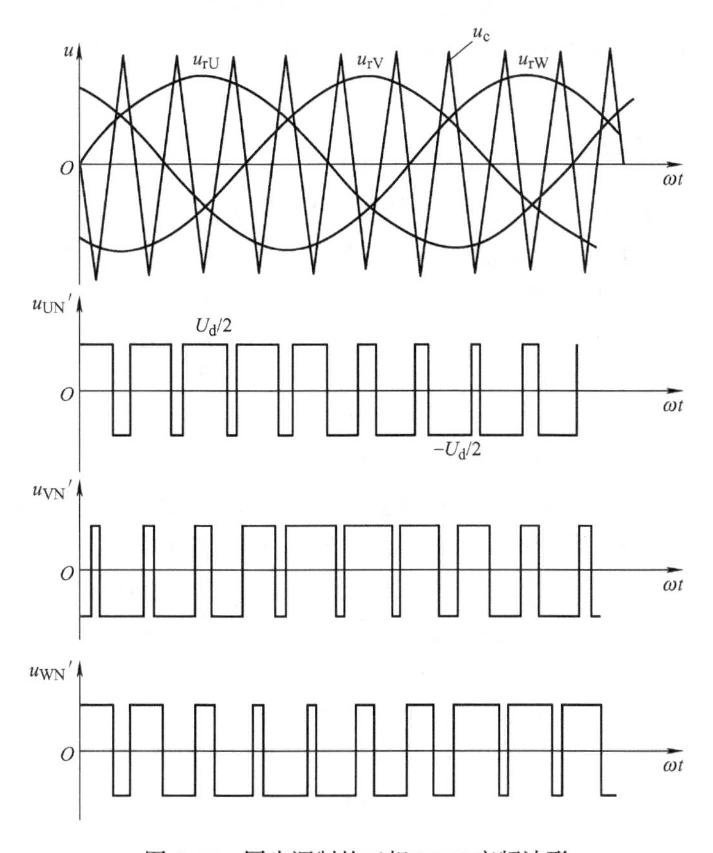

图 6-25　同步调制的三相 PWM 变频波形

在同步调制控制方式中，通常保持载波比 N 不变，若要增高逆变输出电压的频率，必须同时提高 f_c 与 f_r，且保持载波比 N 不变，保持同步调制不变。

同步调制控制方式的特点是：

1）控制相对较复杂，通常采用微机控制。

2）在调制信号的半个周期内，输出脉冲的个数是固定不变的，脉冲相位也是固定的。正负半周的脉冲对称，而且半个周期内脉冲排列的左右也是对称的，输出波形等效于正弦波。但是，当逆变电路要求输出频率 f_o 很低时，由于半周期内输出脉冲的个数不变，所以由 PWM 调制而产生 f_o 附近的谐波频率也相应很低，这种低频谐波通常不易滤除，而对三相异步电动机造成不利影响，例如电动机噪声变大、振动加大等。

为了克服同步调制控制方式低频段的缺点，通常采用“分段同步调制”的方法，即把逆变电路的输出频率范围划分成若干个频率段，每个频率段内都保持载波比恒定，而不同频率段所取的载波比不同：

1）在输出频率为高频率段时，取较小的载波比，这样载波频率不致过高，能在功率开关器件所允许的频率范围内。

2）在输出频率为低频率段时，取较大的载波比，这样载波频率不致过低，谐波频率也较高且幅值也小，也易滤除，从而减小了对异步电动机的不利影响。

综上所述，同步调制控制方式效果比异步调制控制方式好，但同步调制控制方式较复杂，一般要用微机进行控制。也有的电路在输出低频率段时采用异步调制控制方式，而在输出高频率段时换成同步调制控制方式。这种综合调制控制方式，其效果与分段同步调制控制方式接近。

3. SPWM 波形的生成

按照前面介绍的 PWM 逆变电路的基本原理和控制方法，可以用模拟电路构成三角波载波和正弦调制波发生电路，用比较器来确定它们的交点，在交点时刻对功率开关器件的通断进行控制，就可以生成 SPWM 波形。但这种模拟电路结构复杂，难以实现精确控制。微机控制技术的发展使得用软件生成 SPWM 波形变得比较容易，因此，目前 SPWM 波形的生成和控制多用微机来实现。这里介绍用软件生成 SPWM 波形的几种基本算法。

（1）自然采样法　按照 SPWM 控制的基本原理，在正弦波和三角波的自然交点时刻控制功率器件的通断，这种生成 SPWM 波形的方法称为自然采样法。正弦波在不同相位角时其值不同，因而与三角波相交所得到的脉冲宽度也不同。另外，当正弦波频率变化或幅值变化时，各脉冲的宽度也相应变化。要准确生成 SPWM 波形，就应准确地算出正弦波和三角波的交点。

图 6-26 给出了用自然采样法产生 SPWM 波形。图中取三角波的相邻两个峰值之间为一个周期，为了简化计算，可设三角波峰值为标幺值 1，正弦调制波为

$$u_r = a\sin\omega_r t$$

式中，a 为调制度，$0\leqslant a<1$；ω_r 为正弦调制信号的角频率。

从图 6-26 中可以看出，在三角波载波一个周期 T_c 内，其下降段和上升段各自与正弦调制波有一个交点，分别为 A 和 B，并设 A 和 B 所对应的时刻分别为 t_A 和 t_B。脉冲宽度 δ 可由下式求出。

$$\delta = t_B - t_A$$

（2）规则采样法　自然采样法是最基本的 SPWM 波形生成法，它以 SPWM 控制的基本原理为出发点，可以准确地计算出各功率开关器件的通断时刻，所得的波形很接近正弦波。但是这种方法计算量过大，因而在工程中实际使用并不多。规则采样法是一种应用较广泛的工程实用方法，它的效果接近自然采样法，但计算量比自然采样法小得多。

图 6-27 为采用锯齿波作为载波的规则采样法。由于锯齿波的一条边是垂直的，因而它和正弦调制波的交点时刻是确定的，所需计算的只是锯齿波斜边和正弦调制波的交点时刻，即图 6-27 中 t_A。这使计算量明显减小。

锯齿波是非对称的波形，用锯齿波作为载波时只控制脉冲的上升沿或下降沿时刻中的一个交点。这种调制方式称为单边调制，而用三角波作为载波信号时称为双边调制。单边调制比双边调制计算量小，这是优点；但其输出波形中含有偶次谐波，总的谐波分量也比双边调制大，这是缺点。

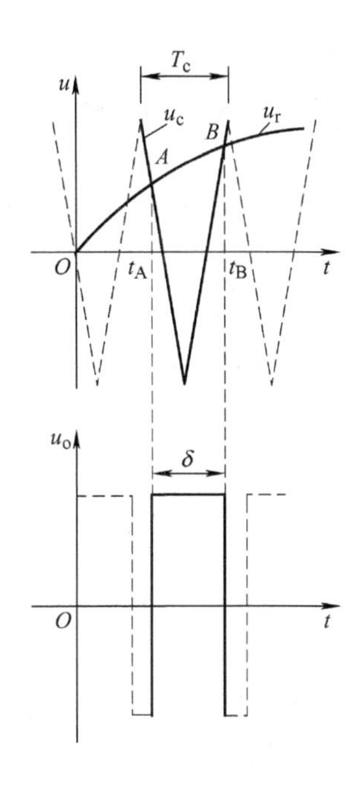

图 6-26　产生 SPWM 波形的自然采样法

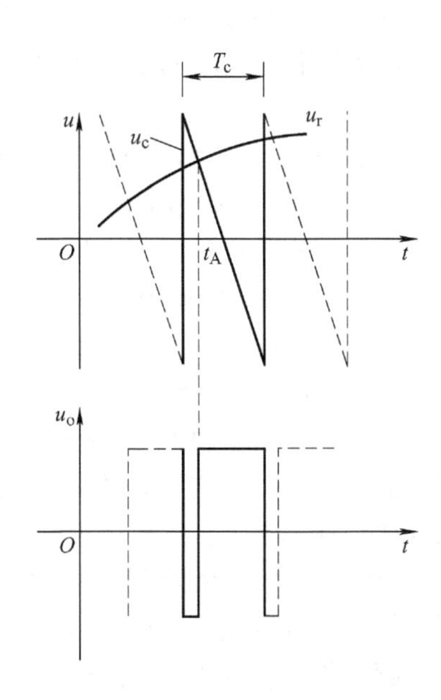

图 6-27　采用锯齿波作为载波的规则采样法

实际应用较多的还是采用三角波作为载波的规则采样法。在自然采样法中，每个脉冲的中点并不和三角波中点（即负峰点）重合。规则采样法则使两者重合，即使每个脉冲的中点都以相应的三角波中点为对称，这样就使计算大为简化。如图 6-28 所示，在三角波的负峰时刻 t_D对正弦调制波采样得到 D 点，过 D 点作一水平直线和三角波分别交于 A 点和 B 点，在 A 点时刻 t_A和 B 点时刻 t_B控制功率开关器件的通断。可以看出，用这种规则采样法所得到的脉冲宽度 δ 和用自然采样法所得到的脉冲宽度非常接近，所以此方法最为常用。

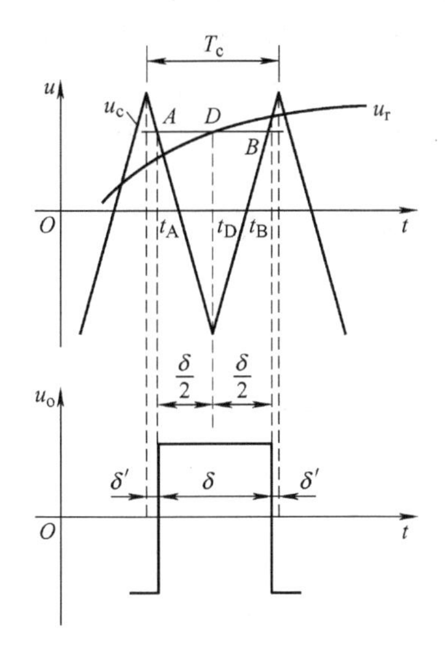

图 6-28　采用三角波作为载波的规则采样法

（3）低次谐波消去法　以消去 PWM 波形中某些主要的低次谐波为目的，通过计算来确定各脉冲的时刻，这种方法称为低次谐波消去法。在这种方法中，已经不用载波和正弦调制波比较，但其目的仍是使输出波形尽可能接近正弦波，因此也算是SPWM波形生成的一种方法。

上述各种SPWM生成方法均用于同步调制方式中，因为在异步调制方式中，信号波各周期内脉冲发生的时刻并不相同。在用微机控制生成SPWM波形时，通常有查表法和实时计算法两种方法。查表法是根据不同的开关时刻和频率先离线计算出各开关器件的通断时刻，把计算结果存于EPROM中，运行时查表读出所需要的数据进行实时控制。这种方法适用于计算量较大、在线计算困难的场合，但所需内存容量往往较大。实时计算法是不进行离线计算，而是运行时进行在线计算求得所需的数据。这种方法适用于计算量不大的场合。实际所用的方法往往是上述两种方法的结合。即先离线进行必要的计算存入内存，运行时再进行较为简单的在线计算。这样既可保证快速性，又不会占用大量的内存。

自然采样法计算量大，一般采用查表法。当调制频率和调制度变化范围较大、开关时刻和频率分级较细时，需要的内存容量较大。

规则采样法通常事先存入正弦函数表和不同载波频率的$T_c/2$，运行时根据所要求的T_c、开关时刻和频率等进行乘法和加法运算，即可求出开关器件的通断时刻。这种方法的开关时刻和频率都可以是连续变化的。

低次谐波消去法计算复杂，也只能用查表法。当想要消去的谐波种类较多时，要控制的开关时刻的个数就要增加，需要存入的数据也就繁多。因此，可以在输出频率较低时采用规则采样法，而在输出频率较高、半周期内脉冲数较少时采用低次谐波消去法。

除上述用微机控制产生SPWM波形外，专门用来产生SPWM波形的大规模集成电路芯片也得到了较多的应用。较早推出的这类专用芯片有HEF4752。该芯片可以输出三对互补的SPWM信号来驱动三相桥式逆变电路，从而实现交流电动机的变频调速。芯片的输入控制信号全为数字量，适合微机控制。SLE4520是另一种专用SPWM芯片，其开关频率和输出频率分别可达20kHz和2.6kHz，有三个输出通道提供三相逆变桥六个20mA电流的驱动信号，可用来驱动IGBT逆变电路。采用专用芯片可简化硬件电路和软件设计，降低成本，提高可靠性。目前，DSP芯片在SPWM控制中应用也很广泛。

项目实施　单相正弦波脉宽调制（SPWM）逆变电路安装与调试

一、实训目的

1）熟悉单相交-直-交变频电路原理及电路组成。

2）熟悉ICL8038、M57962L的功能。

3）掌握SPWM波产生的原理。

4）分析交-直-交变频电路在不同负载时的工作情况和波形，并研究工作频率对电路工作波形的影响。

二、仪器器材

模块化电力电子实训装置、数字示波器、万用表。

三、实训内容及原理

采用 SPWM（正弦波脉宽调制），通过改变调制频率，实现交-直-交变频的目的。实训电路由三部分组成：即主电路、驱动电路和控制电路。

1. 主电路

如图 6-29 所示，整流部分（AC－DC）为不可控整流电路；逆变部分（DC－AC）由 4 只 IGBT 组成单相桥式逆变电路，采用双极性调制方式。输出经 *LC* 低通滤波器，滤除高次谐波，得到频率可调的正弦波（基波）交流输出。

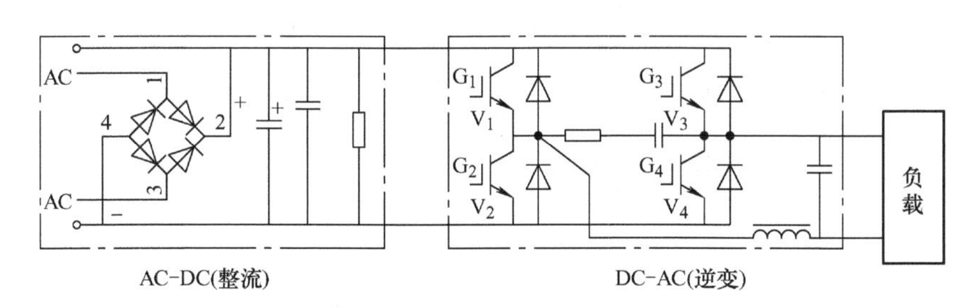

图 6-29　主电路结构原理图

所需负载为电阻性负载或电感性负载，在满足一定条件下，可接电阻起动式单相笼型异步电动机。

2. 驱动电路

如图 6-30（以其中一路为例）所示，采用 IGBT 专用驱动芯片 M57962L，其输入端接控制电路产生的 SPWM 信号，其输出可用以直接驱动 IGBT。其特点如下：

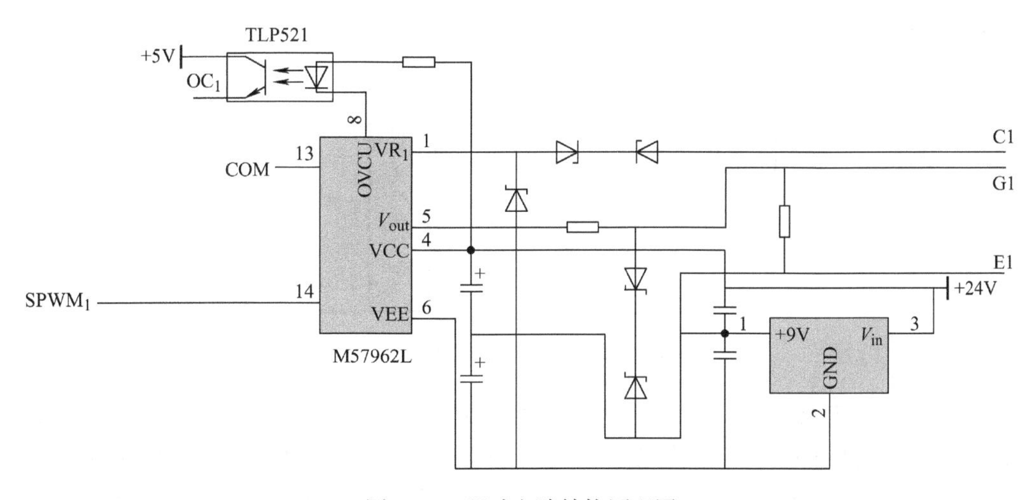

图 6-30　驱动电路结构原理图

1）采用快速型的光耦合器实现电气隔离。

2）具有过电流保护功能，通过检测 IGBT 的饱和压降来判断 IGBT 是否过电流，过电流时 IGBT 的 C、E 极之间的饱和压降升到某一定值，使 8 脚输出低电平，使光耦合器 TLP521 的输出端 OC_1 呈现高电平，经过电流保护电路（见图 6-31）使 4013 的输出端 Q 呈现低电平，送控制电路，起到了封锁保护作用。

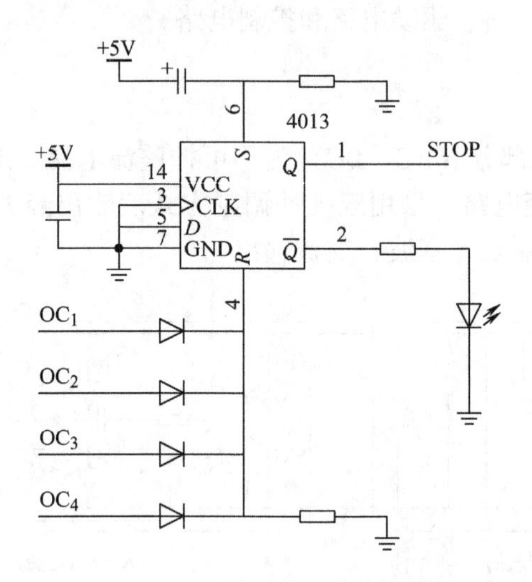

图 6-31　保护电路结构原理图

3. 控制电路

控制电路如图 6-32 所示，它是由两片集成函数信号发生器 ICL8038 为核心组成的，其中一片 ICL8038 产生正弦调制波 u_r，另一片产生三角载波 u_c，将此两路信号经比较器 LM311 异步调制后，产生一系列等幅、不等宽的矩形波 u_m，即 SPWM 波。u_m 经反相器后，生成两路相位相差 180°的 ± PWM 波，再经触发器 CD4528 延时后，得到两路相位相差 180°并带一定死区范围的两路 $SPWM_1$ 和 $SPWM_2$ 波，作为主电路中两对开关管 IGBT 的控制信号。各波形的观测点均已引到面板上，可通过示波器进行观测。

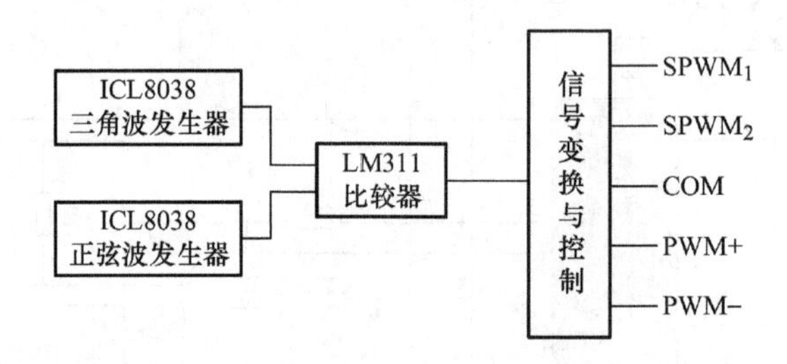

图 6-32　控制电路结构框图

为了便于观察 SPWM 波，面板上设置了“测试”和“运行”选择开关，在“测试”状态下，三角载波 u_c 的频率为 180Hz 左右，此时可较清楚地观察到异步调制的 SPWM 波，但在此状态下不能带载运行，因载波比 N 太低，不利于设备的正常运行。在“运行”状态下，三角载波 u_c 频率为 10kHz 左右，因波形的宽窄快速变化致使无法用普通示波器观察到 SPWM 波形，通过带储存的数字示波器的存储功能也可较清晰地观测 SPWM 波形。

正弦调制波 u_r 频率的调节范围设定为 5 ~ 60Hz。控制电路还设置了过电流保护接口端

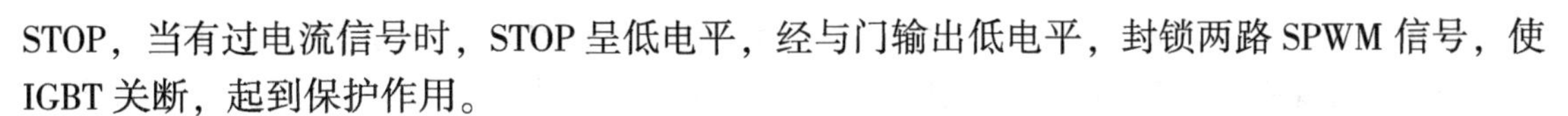

STOP，当有过电流信号时，STOP 呈低电平，经与门输出低电平，封锁两路 SPWM 信号，使 IGBT 关断，起到保护作用。

四、实训方法

1）根据单相交-直-交变频电路的原理测试要求，在模块化电力电子实训装置上选取对应的模块。

2）根据选取的模块与对应的原理要求正确接线。

3）控制信号的观测。在主电路不接直流电源时，打开控制电源开关，并将 PAC22-1 挂箱左侧的钮子开关拨到“测试”位置。

① 观察正弦调制波信号 u_r的波形，测试其频率可调范围。

② 观察三角载波 u_c的波形，测试其频率。

③ 改变正弦调制波信号 u_r的频率，再测量三角载波 u_c的频率，判断是同步调制还是异步调制。

④ 比较“PWM +”、“PWM –”端和“$SPWM_1$”、“$SPWM_2$”端的区别，仔细观测同一相上下两管驱动信号之间的死区延迟时间。

4）带电阻负载及电感性负载。在上一步骤之后，将 PAC22 – 1 挂箱面板左侧的钮子开关拨到“运行”位置，将正弦调制波信号 u_r的频率调到最小，选择不同负载进行实训：

① 将输出接灯泡负载，然后将控制屏上的交流调压输出端接至 PAC09A“不控整流滤波电路”交流输入端，再把 PAC09A“不控整流滤波电路”直流输出端接至 PAC22 – 1 的直流电输入端。启动电源后，通过调节调压器，使整流后输出直流电压保持为 200V。然后由小到大调节正弦调制波信号 u_r的频率，观测负载电压的波形，记录其波形参数（幅值、频率）。

② 将 PAC10 上的 100mH 电抗器与上步骤的灯泡负载串联，组成电感性负载。然后将主电路接通由 PAC09A 提供的直流电源（通过调节交流侧的调压器，使输出直流电压保持为 200V），由小到大调节正弦调制波信号 u_r的频率观测负载电压的波形，记录其波形参数（幅值、频率）。

5）带电动机负载（选做）。主电路输出接 DJ21 – 1 电阻起动式单相笼型异步电动机，起动前必须先将正弦调制波信号 u_r的频率调至最小，然后将主电路接通由 PAC09 提供的直流电源，并由小到大调节交流侧的自耦调压器输出的电压，观察电动机的转速变化，并逐步由小到大调节正弦调制波信号 u_r的频率，用示波器观察负载电压的波形，用转速表测量电动机的转速的变化，并记录。

五、实训报告

1）整理并画出“测试”“运行”状态时各测试点的典型波形。

2）对比、分析 SPWM 逆变电路在不同负载时的输出电压波形，并给出书面分析。

3）讨论并分析实训中出现的故障现象，做出书面分析。

六、注意事项

1）双踪示波器有两个探头，可同时测量两路信号，但这两个探头的地线都与示波器的外壳相连，所以两个探头的地线不能同时接在同一电路的不同电位的两个点上，否则这两点会通过示波器外壳发生电气短路。为此，为了保证测量的顺利进行，可将其中一根探头的地线取下或外包绝缘，只使用其中一路的地线，这样就从根本上解决了这个问题。当需要同时观察两个信号时，必须在被测电路上找到这两个信号的公共点，将探头的地线接于此处，两探头分别接至被测信号，只有这样才能在示波器上同时观察到两个信号，而不发生意外。

2）在“测试”状态下，请勿带负载运行。

3）面板上的“过电流保护”指示灯亮，表明过电流保护动作，此时应检查负载是否短路，若要继续实训，应先关机后，再重新开机。

4）当作交流电动机变频调速时，通常是与调压一起进行的，以保持压频比 V/f = 常数，本装置是采用手动调节输入的交流电压。

知识拓展　软开关技术

一、问题的提出

软开关的提出是基于电力电子装置的发展趋势，新型的电力电子设备要求小型、轻量、高效和良好的电磁兼容性，而决定设备体积、质量、效率的因素通常又取决于滤波电感、电容和变压器设备的体积和质量。解决这一问题的主要途径就是提高电路的工作频率，这样可以减少滤波电感、变压器的匝数和铁心尺寸，同时较小的电容容量也可以使得电容的体积减小。但是，提高电路工作频率会引起开关损耗和电磁干扰的增加，开关的转换效率也会下降。因此，不能仅仅简单地提高开关工作频率。软开关技术就是针对以上问题而提出的，是以谐振辅助换相手段，解决电路中的开关损耗和开关噪声问题，使电路的开关工作频率得以提高。

二、软开关的基本概念

1. 硬开关与软开关

硬开关在开关转换过程中，由于电压、电流均不为零，出现了电压、电流的重叠，导致开关转换损耗的产生；同时由于电压和电流的变化过快，也会使波形出现明显的过冲产生开关噪声。具有这样的开关过程的开关被称为硬开关。开关转换损耗随着开关频率的提高而增加，使电路效率下降，最终阻碍开关频率的进一步提高。

如果在原有硬开关电路的基础上增加一个很小的电感、电容等谐振元件，构成辅助网络，在开关过程前后引入谐振过程，使开关开通前电压先降为零（零电压开通），或关断前电流先降为零（零电流关断），这样就可以消除开关转换过程中电压、电流重叠的现象，降低甚至消除开关损耗和开关噪声，这种电路称为软开关电路。具有这样开关过程的开关称为软开关。

2. 零电压开关与零电流开关

根据上述原理可以采用两种方法，即在开关关断前使其电流为零，则开关关断时就不会产生损耗和噪声，这种关断方式称为零电流关断；或在开关开通前使其电压为零，则开关开通时也不会产生损耗和噪声，这种开通方式称为零电压开通。在很多情况下，不再指出开通或关断，仅称零电流开关（Zero Current Switch，ZCS）和零电压开关（Zero Voltage Switch，ZVS）。零电流关断或零电压开通要靠电路中的辅助谐振电路来实现，所以也称为谐振软开关。

三、软开关电路简介

软开关技术问世以来，经过不断发展和完善，前后出现了许多种软开关电路，到目前为止，新型的软开关拓扑仍不断出现。由于存在众多的软开关电路，而且它们各自有不同的特点和应用场合，因此对这些电路进行分类是很必要的。

根据电路中主要的开关元件是零电压开通还是零电流关断，可以将软开关电路分成零电压电路和零电流电路两大类。通常，一种软开关电路要么属于零电压电路，要么属于零电流电路。

根据软开关技术发展的历程可以将软开关电路分成准谐振电路、零开关 PWM 电路和零转换 PWM 电路。

由于每一种软开关电路都可以用于降压型、升压型等不同电路，因此可以用图 6-33 所示来表示，不必画出各种具体电路。实际使用时，可以从基本开关单元导出具体电路，开关和二极管的方向应根据电流的方向做相应调整。

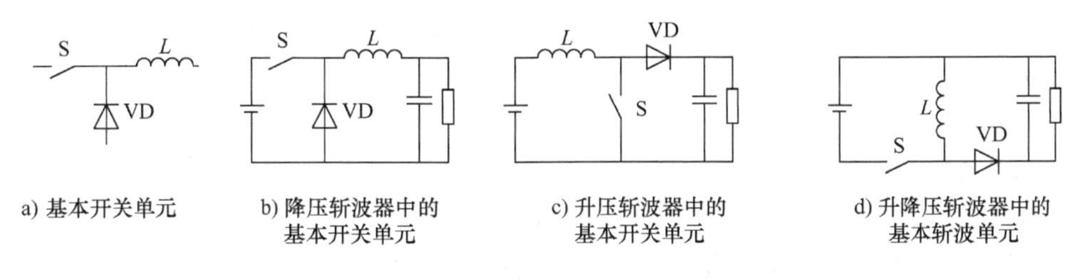

图 6-33 基本开关单元

1. 准谐振电路

这是最早出现的软开关电路，其中有些电路现在还在大量使用。准谐振电路可以分为：

1）零电压开关准谐振电路（ZVSQRC）。

2）零电流开关准谐振电路（ZCSQRC）。

3）零电压开关多谐振电路（ZVSMRC）。

4）用于逆变器的谐振直流环节电路（Resonant DC Link）。

图 6-34 给出了前三种软开关电路的基本开关单元，谐振直流环节电路如图 6-35 所示。

准谐振电路中电压或电流的波形为正弦波，因此称之为准谐振。谐振的引入使得电路的开关损耗和开关噪声都大大下降，但也带来一些负面问题：谐振电压峰值很高，要求器件耐压必须提高；谐振电流的有效值很大，电路中存在大量的无功功率的交换，造成电路导通损耗加大；谐振周期随输入电压、负载变化而改变，因此电路只能采用脉冲频率调制（Pulse Frequency Modulation，PFM）方式来控制，变频的开关频率给电路设计带来困难。

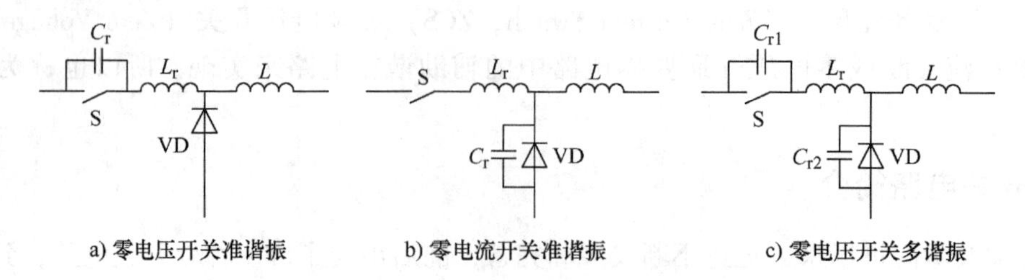

图 6-34　准谐振电路的基本开关单元

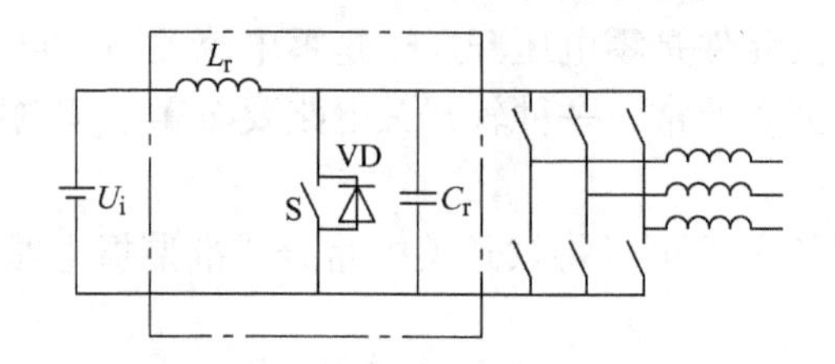

图 6-35　谐振直流环节电路

2. 零开关 PWM 电路

这类电路中引入了辅助开关来控制谐振的开始时刻，使谐振仅发生于开关过零前后。零开关 PWM 电路可以分为：

1）零电压开关 PWM 电路（ZVSPWM）。

2）零电流开关 PWM 电路（ZCSPWM）。

这两种电路的基本开关单元如图 6-36 所示。

与准谐振电路相比，这类电路有很多明显的优势：电压和电流基本上是方波，只是上升沿和下降沿较缓，开关承受的电压明显降低，电路可以采用开关频率固定的 PWM 控制方式。

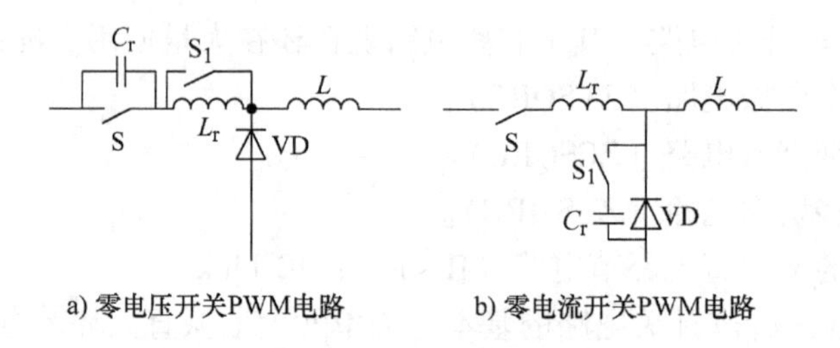

图 6-36　零开关 PWM 电路的基本开关单元

3. 零转换 PWM 电路

这类软开关电路还是采用辅助开关控制谐振的开始时刻，不同的是，谐振电路是与主开关并联的，因此输入电压和负载电流对电路的谐振过程的影响很小，电路在很宽的输入电压范围内且从零负载到满载都能工作在软开关状态。而且电路中无功功率的交换被削减到最小，这使得电路效率有了进一步提高。零转换 PWM 电路可以分为：

1）零电压转换 PWM 电路（ZVTPWM）。

2）零电流转换 PWM 电路（ZCTPWM）。

这两种电路的基本开关单元如图 6-37 所示。对于上述各类电路的详细分析，感兴趣的读者可参阅有关资料。

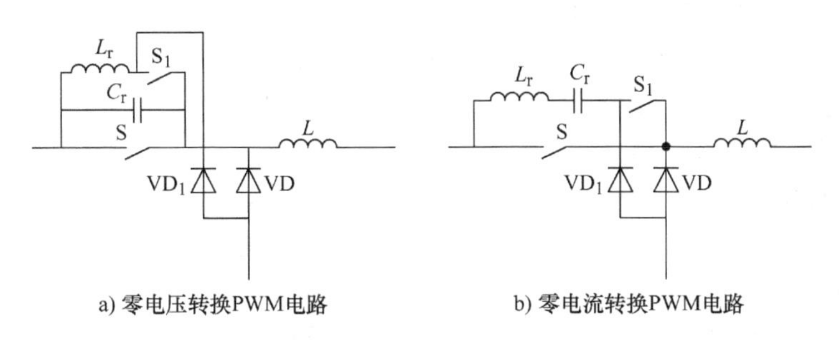

图 6-37　零转换 PWM 电路的基本开关单元

项目小结

1. 变频器按照变换方式可以分为交-直-交变频器和交-交变频器两类。其中，交-直-交变频器又被称为间接变频器，交-交变频器又被称为直接变频器，现在使用的大多数变频器为交-直-交变频器。

2. 交-直-交变频器的主电路包括整流电路、中间电路和逆变电路三个组成部分。整流电路把电源供电的交流电压变换为直流电压。中间电路包括滤波电路和制动电路等不同形式。

3. 电压型逆变电路的输入端并接有大电容，输入直流电源为恒压源，逆变电路将直流电压变换成交流电压输出。

4. 电流型逆变电路的输入端串接有大电感，输入直流电源为恒流源，逆变电路将输入的直流电流变化为交流电流输出。

5. 在风力发电系统中，风电机组一般采用变速恒频技术。根据风力发电机的种类不同，风电机组常采用的变流器可分为全功率变流器和双馈变流器。全功率变流器主要用于直驱同步发电机系统，双馈变流器主要用于变速恒频双馈风力发电系统。

6. 根据能量是否可以双向流动，有可逆 PWM 整流器和不可逆 PWM 整流器两种不同拓扑结构的 PWM 整流器。因为 PWM 整流器实现了电流正弦化，并运行于单位功率因数，且能量可双向传输，所以真正实现了“绿色电能变换”。

7. PWM 逆变电路的优点：可以得到接近正弦波的输出电压，满足负载需要。通过对输出脉冲宽度的控制就可改变输出电压的大小，大大加快了逆变电路的动态响应速度。

8. 根据载波比是否改变，PWM 控制方式可以分为同步调制控制和异步调制控制两种方式。

9. 软件生成 SPWM 波形的基本算法：自然采样法、规则采样法和低次谐波消去法。

项目测试

一、选择题

1. 变频调速中的变频器一般由（　　）组成。

A. 整流器、滤波器、逆变器　　B. 整流器、滤波器

C. 放大器、滤波器、逆变器　　D. 逆变器

2. 电压型逆变器的直流端（　　）。

A. 串联大电容　　B. 串联大电感

C. 并联大电感　　D. 并联大电容

3. 逆变器的任务是把（　　）。

A. 直流电变成交流电　　B. 交流电变成直流电

C. 直流电变成直流电　　D. 交流电变成交流电

4. 单相半桥逆变器（电压型）有（　　）个导电臂。

A. 1　　B. 2　　C. 3　　D. 4

5. 单相半桥逆变器（电压型）的直流端接有两个相互串联的（　　）。

A. 大电感　　B. 小电感

C. 容量足够大的电容　　D. 容量足够小的电容

6. 三相 PWM 逆变系统同步调制时，为保持三相之间对称、互差 120°相位角，N 应取（　　）。

A. 2 的倍数　　B. 3 的倍数　　C. 4 的倍数　　D. 5 的倍数

7. 正弦波脉宽调制（SPWM）通常采用（　　）相交方案来产生脉冲宽度按正弦波分布的调制波形。

A. 直流参考信号与三角波载波信号

B. 三角波载波信号与锯齿波载波信号

C. 正弦波参考信号与锯齿波载波信号

D. 三角波载波信号与锯齿波载波信号

二、判断题

1. 变频器总是把直流电能变换成 50Hz 交流电能。（　　）

2. 变频调速装置属于无源逆变的范畴。（　　）

3. PWM 逆变电路中，采用不可控整流电源供电，也能正常工作。（　　）

4. 单相半桥逆变器（电压型）的输出电压为正弦波。（　　）

5. 电压型逆变器是用大电感来缓冲无功能量的。（　　）

6. 变频调速实际上是改变电动机内部旋转磁场的速度达到改变输出转速的目的。（　　）

三、思考题

1. 请查资料，列举 5 种不同厂家的变频器。

2. 试比较有源逆变与无源逆变的不同。

3. 举例说明单相 SPWM 逆变器怎样实现单极性调制和双极性调制。在三相桥式 SPWM

逆变器中，采用的是哪种调制方法？

4. 交-直-交变频器主要由哪几部分组成？试简述各部分的作用。
5. 试说明 PWM 控制的基本原理。
6. 什么是脉宽调制型逆变电路？它有什么优点？
7. 单极性和双极性 PWM 有什么区别？
8. 什么叫异步调制，什么叫同步调制？
9. 试说明 SPWM 变频电路的优点。

参 考 文 献

[1] 王兆安，黄俊．电力电子技术［M］．4 版．北京：机械工业出版社，2017.
[2] 徐立娟，张莹．电力电子技术［M］．北京：高等教育出版社，2006.
[3] 马宏骞．电力电子技术及应用项目教程［M］．北京：电子工业出版社，2011.
[4] 王楠，沈倪勇，莫正康．电力电子应用技术［M］.4 版．北京：机械工业出版社，2014.
[5] 张静之．变流技术及应用［M］．北京：中国劳动社会保障出版社，2006.
[6] 张静之，刘建华．电力电子技术［M］．2 版．北京：机械工业出版社，2016.
[7] 张孝三．维修电工（高级）［M］．上海：上海科学技术出版社，2007.
[8] 陆志全．电力电子与变频技术［M］．北京：机械工业出版社，2015.
[9] 曲昀卿．电力电子技术及应用项目教程［M］．北京：北京理工大学出版社，2016.
[10] 颜世钢，张承慧．电力电子技术问答［M］．北京：机械工业出版社，2007.